导弹预警系统概论

Introduction to Missile Early Warning System

曲卫 李云涛 杨君 等编著

国防工业出版社

·北京·

内 容 简 介

导弹预警系统是国家战略系统的重要组成部分。本书较为全面地梳理了弹道导弹预警系统、装备、技术与作战运用,内容系统性、应用性较强。全书分为6章:第1章介绍战略预警体系的概念与内涵、作用、探测手段、使命任务、体系组成和体系特点;第2章系统介绍战略预警系统的现状与发展,重点介绍了美国、俄罗斯战略预警系统建设、发展以及启示;第3章介绍弹道导弹预警系统的概述、组成、系统功能、关键技术以及国外导弹预警体系建设启示;第4章分析弹道导弹威胁评估相关技术,主要介绍了战略导弹发展现状、分析了弹道导弹目标弹性、典型的突防手段、突防关键事件判断、威胁能力评估等相关技术;第5章系统介绍弹道导弹预警技术与原理,主要介绍了雷达预警技术、光学预警技术、目标识别技术、信息融合技术等;第6章重点分析美国导弹防御体系与作战运用相关系统与技术,介绍了美国导弹预警体系基本情况,分析了美国导弹防御体系的作战运用、作战指挥等问题,美国地基中段反导试验的组织、发展与典型试验,以及美国地基中段防御系统的发展与特点。

本书可作为高等院校态势感知专业、雷达专业高年级本科生、研究生的教材和参考书,也可供从事相关专业研究的工程技术人员参考。

图书在版编目(CIP)数据

导弹预警系统概论/曲卫等编著. —北京:国防工业出版社,2024.1 重印
ISBN 978-7-118-12713-3

Ⅰ.①导… Ⅱ.①曲… ②李… ③杨… Ⅲ.①导弹预警系统 Ⅳ.①E927

中国版本图书馆 CIP 数据核字(2022)第 205402 号

※

国防工业出版社出版发行
(北京市海淀区紫竹院南路23号　邮政编码100048)
天津嘉恒印务有限公司印刷
新华书店经售

*

开本 710×1000　1/16　印张 16½　字数 300 千字
2024 年 1 月第 1 版第 2 次印刷　印数 2001—3500 册　定价 92.00 元

(本书如有印装错误,我社负责调换)

国防书店:(010)88540777　　书店传真:(010)88540776
发行业务:(010)88540717　　发行传真:(010)88540762

前 言

战略预警事关国家安全和战略利益拓展,是国家安全体系中重要的组成部分。为了抢占军事领域的战略制高点,争取军事战略主动,其发展历来受到各个国家的重视。战略预警体系是国家和军队利用侦察、监视、探测、通信和信息融合等资源,对威胁国家安全的战略袭击和重大危机预先发出警报的组织模式、制度安排和运作方式。战略预警是一个国家战略能力的重要组成部分,是赢得情报优势、决策优势和行动优势的先决条件,是掌握战略主动、遏制危机、打赢战争、控制局势的关键环节,直接关系到国家的安危和战争的胜负。战略预警的主要使命任务是:对空中、临近空间、空间和海上、海下目标实施大区域、全高度预警监视,尽早发现、连续监视、有效识别,为战略决策、防空反导、战略反击和联合作战,提供实时准确的预警和目标指示情报支援,主要包括导弹预警系统、防空预警系统、空间目标监视系统、海上(水下)预警系统以及信息传输与处理系统。

在这些系统中,导弹预警系统是战略预警系统重要的组成部分,其综合运用多种技术手段,对来袭导弹目标进行及早发现、可靠预警、全程监视和准确交引,是保障国家重大战略安全的基础性设施,对于保证国家空天安全,保障国家在政治、军事、经济等领域的战略安全具有举足轻重的地位,是慑敌以止战、反敌于外线、抗敌于多维的重要力量。导弹预警系统的核心任务是对战略核反击作战进行即时可靠预警,对战略反导和防空天打击实施全域态势掌控和准确目标交引。导弹预警系统是整个战略预警系统的核心,其主要的任务是为指挥机构、反击作战部队以及其他相关机构提供实时、准确的导弹预警情报以及毁伤效果评估情报。

编著本书的目的是使读者能够系统、全面地了解和掌握战略预警系统相关概念与内涵,了解和掌握导弹预警系统相关装备发展、关键技术和导弹预警系统的基本作战流程和指挥关系,有针对性地学习和掌握弹道导弹目标特性、突防手段以及威胁能力评估等知识。

本书共分为6章。第1章战略预警概述,对战略预警系统的概念、内涵进行研究分析,给出现代战争意义上的战略预警的定义。接着对战略预警的探测作用、探测手段、使命任务、体系组成以及特点进行分析。第2章战略预警系统的现状与发展,首先介绍了美、俄战略预警系统建设概况,然后从战略预警系统的发展历程、导弹预警体系、防空预警体系、空间目标监视系统、战略预警中心等方面分别对美、俄战略预警系统的发展和体系组成进行介绍。第 3 章弹道导弹预警装备体系,介绍了弹道导弹预警系统的概述,从助推段、中段、再入段三个阶段对导弹预警系统的组成进行了阐述,然后对导弹预警系统的功能、关键技术进行分析,最后给出了国外导弹预警体系建设的启示。第 4 章弹道导弹威胁评估,主要介绍了国外主要战略弹道导弹的发展现状,分析了弹道导弹目标和临近空间飞行器的目标特性,对弹道导弹典型突防手段进行了阐述,研究了弹道导弹突防关键事件判断和目标威胁能力评估方法。第 5 章弹道导弹预警技术与原理,概要介绍了雷达预警技术、光学预警技术、目标识别技术、信息融合技术等涉及导弹预警系统的关键技术。第 6 章美国导弹防御体系与作战运用,从预警探测系统、指挥控制系统、地基中段防御系统、海基中段防御系统和末段防御系统 5 个方面详细介绍了美国导弹预警体系,研究了美国导弹防御体系的作战运用问题,详细分析了导弹防御作战运用流程设计、作战运用交班准则;对美国导弹防御体系的作战指挥进行了分析,包括指挥关系、指挥机构、指挥流程和信息流程;分析了美国地基中段反导试验组织与发展以及美国地基中段防御体系的发展和特点。

  本书主要由航天工程大学曲卫、李云涛、杨君、朱卫纲、邱磊、何永华,北京跟踪与通信技术研究所姚刚,北京航天飞行控制中心童菲、张婧,中国卫星海上测控部邵远光编写。其中第 1 章~第 3 章由曲卫编写,第 4 章由曲卫、杨君、邱磊编写,第 5 章由曲卫、姚刚、朱卫纲、童菲编写,第 6 章由曲卫、张婧、邵远光编写。全书由曲卫统稿,并对全书进行修改、补充和完善,何永华完成全书校对。本书在编写过程中,全面总结了近年来导弹预警系统最新的发展现状和技术成果,同时也参考和引用了较多导弹预警技术相关著作以及论文所阐述的原理与技术。

  由于作者水平有限,书中难免存在疏漏和不妥之处,敬请读者批评指正。

曲卫

2021 年 2 月 7 日

目 录

第1章 战略预警概述 ... 1
1.1 引言 ... 1
1.2 战略预警的概念与内涵 ... 1
1.3 战略预警的作用 ... 5
1.3.1 作用对象 ... 5
1.3.2 作用时间 ... 6
1.3.3 作用空间 ... 7
1.4 战略预警的探测手段 ... 7
1.5 战略预警的使命任务 ... 8
1.6 战略预警的体系组成 ... 9
1.7 战略预警的体系特点 ... 12

第2章 战略预警系统的现状与发展 ... 15
2.1 美、俄战略预警系统建设概况 ... 15
2.1.1 美军战略预警体系建设概况 ... 15
2.1.2 俄军战略预警体系建设概况 ... 16
2.1.3 美、俄战略预警体系主要特点 ... 16
2.2 美军的战略预警系统 ... 17
2.2.1 发展历程 ... 17
2.2.2 导弹预警体系 ... 18
2.2.3 防空预警体系 ... 34
2.2.4 空间目标监视系统 ... 38
2.2.5 水下预警探测系统 ... 50
2.2.6 战略预警中心 ... 52
2.3 俄军的战略预警系统 ... 55
2.3.1 发展历程 ... 55
2.3.2 防空预警体系 ... 57

2.3.3　导弹预警系统 ·· 59
　　2.3.4　空间目标监视系统 ·· 64
　　2.3.5　俄罗斯战略预警中心 ··· 65
2.4　美、俄战略预警系统发展启示 ·· 66

第3章　弹道导弹预警装备体系

3.1　弹道导弹预警系统概述 ·· 69
3.2　导弹预警系统组成 ·· 71
　　3.2.1　助推段预警装备 ··· 72
　　3.2.2　中段预警装备 ·· 76
　　3.2.3　再入段预警装备 ··· 80
3.3　导弹预警系统功能 ·· 80
　　3.3.1　支援反导作战行动 ·· 81
　　3.3.2　支援战略核反击作战 ··· 81
　　3.3.3　支援反临近空间武器 ··· 82
　　3.3.4　目标情报获取 ·· 82
3.4　导弹预警系统关键技术 ·· 82
3.5　国外导弹预警体系建设启示 ·· 83

第4章　弹道导弹威胁评估

4.1　战略弹道导弹发展现状 ·· 87
　　4.1.1　发展概况 ·· 87
　　4.1.2　发展趋势分析 ·· 97
　　4.1.3　战略弹道导弹特点以及发展 ··· 98
4.2　弹道导弹目标特性 ·· 99
　　4.2.1　弹道导弹目标 ·· 99
　　4.2.2　临近空间飞行器 ··· 106
4.3　弹道导弹典型突防手段 ·· 108
　　4.3.1　稀薄大气层典型突防手段 ··· 108
　　4.3.2　导弹助推段、中段典型突防手段 ·· 109
　　4.3.3　再入大气层典型突防手段 ··· 111
4.4　弹道导弹突防关键事件判断 ·· 112
　　4.4.1　目标分离事件 ·· 113

    4.4.2 目标翻滚事件 ·· 115
    4.4.3 导弹调姿事件 ·· 115
    4.4.4 导弹机动事件 ·· 116
    4.4.5 目标关键事件的判别方法 ······································ 117
  4.5 弹道导弹目标威胁能力评估 ·· 118
  4.6 弹道导弹目标威胁意图评估 ·· 121
  4.7 弹道导弹威胁目标排序 ·· 123
    4.7.1 威胁排序的基本原则 ·· 125
    4.7.2 威胁排序的基本方法 ·· 126
    4.7.3 弹道导弹威胁指标分析 ·· 127
    4.7.4 弹道导弹威胁权系数的定量分析 ································ 128
    4.7.5 目标威胁排序计算模型 ·· 129
    4.7.6 目标威胁排序仿真分析 ·· 130

第5章 弹道导弹预警技术与原理 ·· 135
  5.1 雷达预警技术 ·· 135
    5.1.1 远程预警雷达 ·· 135
    5.1.2 超视距雷达 ·· 139
    5.1.3 高分辨成像雷达 ·· 141
    5.1.4 多功能相控阵雷达 ·· 144
  5.2 光学预警技术 ·· 147
    5.2.1 光学探测原理 ·· 147
    5.2.2 天基红外预警技术 ·· 148
    5.2.3 天基紫外探测技术 ·· 151
    5.2.4 双探测器技术 ·· 152
    5.2.5 典型装备与能力 ·· 153
  5.3 目标识别技术 ·· 158
    5.3.1 导弹防御系统作战中的目标识别 ································ 159
    5.3.2 基于弹道特征的目标识别方法 ···································· 165
    5.3.3 基于结构特征的识别方法 ·· 169
    5.3.4 目标综合特征识别方法 ·· 171
  5.4 信息融合技术 ·· 174
    5.4.1 数据层融合 ·· 175

5.4.2　特征层融合 ·· 176
　　5.4.3　决策层融合 ·· 177

第6章　美国导弹防御体系与作战运用 ····························· 179
6.1　美国弹道导弹预警体系 ····································· 179
　　6.1.1　预警探测系统 ·· 180
　　6.1.2　指挥控制系统 ·· 188
　　6.1.3　地基中段防御系统 ···································· 194
　　6.1.4　海基中段防御系统 ···································· 199
　　6.1.5　末段拦截系统 ·· 204
6.2　美国导弹防御体系作战运用 ································· 209
　　6.2.1　作战运用流程设计 ···································· 209
　　6.2.2　作战运用交班准则 ···································· 214
　　6.2.3　导弹防御作战实例分析 ································ 215
6.3　美国导弹防御体系作战指挥 ································· 217
　　6.3.1　美军联合作战指挥关系 ································ 217
　　6.3.2　美国导弹防御体系的各层级指挥机构 ···················· 221
　　6.3.3　美国导弹防御体系的指挥流程 ·························· 227
　　6.3.4　美国导弹防御作战信息流程 ···························· 231
6.4　美国地基中段反导试验分析 ································· 234
　　6.4.1　美国地基中段反导试验组织与发展阶段 ·················· 234
　　6.4.2　美国地基中段反导试验 FTG-11 试验分析 ················ 236
6.5　美国地基中段防御系统的发展与特点 ························· 239
　　6.5.1　美国地基中段防御系统的技术限制 ······················ 239
　　6.5.2　美国导弹防御体系发展动向 ···························· 241
　　6.5.3　美国导弹防御体系发展特点 ···························· 244

参考文献 ·· 248

缩略语 ·· 252

第1章 战略预警概述

1.1 引　言

随着空天时代和信息时代的到来,战略预警已经成为当今世界主要国家军队建设的战略制高点。关于战略预警,目前世界上还没有完全统一的概念和提法。学术界对它有着不同的认识和理解,有的认为战略预警是对战争威胁征候的预警,有的认为是对大规模战略空袭的预警,有的则认为是对战略导弹和核打击的预警。在我国,围绕战略预警是"情报"还是"作战"一直存在着很大的争议,军方对战略预警的界定更偏重于强调对战略武器攻击的探测和发出警报的能力。我国将战略与作战行动紧密结合起来以实现从传感器到射手的一体化作战能力,并将战略预警作为新型的作战力量给予高度重视和发展。

1.2 战略预警的概念与内涵

我国军方权威工具书对战略预警的概念进行了界定:1991年版《中国军事百科词典》对战略预警概念的界定为"运用侦察警戒系统对敌战略袭击兵器进行探测、监视并预先发出警报的战略警戒措施";1997年版《中国军事百科全书》对战略预警概念的界定为"为早期发现、跟踪、识别和报知来袭的战略武器所采取的措施。主要包括对地地战略导弹、潜地导弹和战略轰炸机等空袭兵器的预警";1997年版《军语》对战略预警概念的界定为"对敌战略袭击的预警警报。主要利用现代化先进探测和通信技术手段,建立灵敏完善的战略预警系统,及时查明敌战略袭击的动向,并迅速准确地传达有关情报和号令";1998年版《军事词典》对战略预警概念的界定为"用先进的探测和通信技术手段,建立完善的战略预警系统,及时查明敌战略武器袭击的动向,并迅速准确地传递情报和号令";2002年版《国防科技名词大典》中对战略预警概念的界定为"为早期发现、跟踪、识别来袭的远程弹道导弹、战略轰炸机和巡航导弹等战略武器并及时发出警报所采取的措施"。以上各种对战略预警概念的表述虽然各有不同,但均将"战略预警"界定为对战略突袭武器的预警,从战略预警主体和客观对象来分析,战略预警本身属于情报保障的范畴。2011年12月新版《军语》对战略预警的概念有了新的阐述,将"战略预警"词条的位置从旧版"战争·战略"调整到"侦察情报"一栏,从这个改变可以看出,我国官方和军事学术界将战略预警视为情报工作的一部分,并将战略与概念界定为"对敌战略袭击作出预先警报的活动,分为早期预警和即时预警。早期预警指对敌战略袭击的企图、征候及战略武器动向作出预先警报的活动,主要分为中长期预警和近期预警;即时预警指对来袭兵器的发射和接近情况作出预先警报的活动"。这个定义将战略预警的对象从对敌战略武器来袭拓展到战略袭击的企图与征候,因此该界定包含了多样化的重大战略威胁突袭,反映了信息时代最新变化。同时,2007年新版《中国军事百科全书》也明确将恐怖袭击预警纳入了战略预警的范畴中。

  对于战略预警概念的界定,西方学术界对于战略预警的对象基本上达成了普遍的共识,即战略突袭,而突袭的对象不限于战略进攻武器,还包含各种重大战略威胁,战略预警就是对这些战略突袭的征候及其背后反映的意图进行预报。2012年7月修订的美国《国防部军事及相关术语词典》认为,预警是对潜在敌人的各种活动中隐藏的危险进行通告和告知,这些活动包括常规防御措施、战备状态的大幅提升以及恐怖主义行动或政治、经济、军事挑衅。因此,美国对战略预警概念界定来自防止敌方突袭,2007年版美军《联合情报》(JP2-0)将预警情报称为征候与预警(indications and warning)情报,是七大情报产品中的一种。从1956年起就在美国中央情报局从事情报分析的资深研究员杰克·戴维斯(Jack Davis)明确:"战略预警,属于情报分析领域,是一个需要不断进行重新评估和持续改进的、独特的分析难题,每一个情报分析人员同时也是战略预警人员。"对于预警流程而言,一般意义上的情报流程由计划与指导、收集、处理与加工、分析与生产、分发与整合以及评估与反馈六种相互联系的情报行动组成。詹姆斯·沃茨(James J. Wirtz)在《新春攻势:战争中的情报失误》(*The Tet Offensive*: *Intelligence Failure in War*)中将完整的预警流程分为信息的搜集、分析、决策反应及警报分发。沃茨所提出的预警流程,将决策反应环节列入情报流程中,重点强调情报与行动、情报与决策之间应保持良好的互动,情报流程需要整合到决策流程之中。在战略预警工作中,由于其时效性和与决策互动紧密的要求,从某种意义上说,预警情报的生成流程是简化了的或不完整的。美国军方和情报界对"战略预警"界定相对清晰,从1999年版《国防部军事及相关术语词典》开始,至2014年的最新修订版,美军未修正过战略预警的定义,均指"威胁性行动开始前发出的警报"。与之相对应,美军将战术预警界定为"威胁性或敌对行动开始后依靠机械探测设备发出的警报"。2011年出版的《情报术语：关于国内外威胁的情报专业人员辞典》(Words of Intelligence: An Intelligence Professional's Lexicon for Domestic and Foreign Threats)认为，战略预警是"对于可能发生的攻击或敌人发起的可能即将来临的敌对活动的预报""以利其在真正的敌对行动发生前制定预防性的反应举措"。美国杰出的预警情报分析专家辛西娅 M·克莱博(Cynthia M. Grabo)在其名为《预判突然袭击：战略预警分析》(Anticipating Surprise: Analysis for Strategic Warning)的经典之作中说道："战略预警一般被认为是较长期的预警。预警部门应该尽可能早地提供预警情报信息。"因此，无论是美国军方、情报界还是学术界都普遍认为战略预警是具有前瞻性和预见性的，是威胁性行动开始前较长一段时间的早期或者中长期预警，是情报部门对于重大战略威胁征候以及其背后所反映意图的预先判断与警告，其核心是建立在科学基础之上的需要更多情报分析的艺术。这种预警可以使防御方有足够的时间为自己赢得主动，将威胁消灭在萌芽中，真正做到居安思危，防患于未然。

我国军方和学术界长期以来对战略预警的概念界定类似于美国对战术预警的界定，战术预警是反应性的，是对迫近的或已经发生的敌方威胁性行为的即时通报(短期)，是作战部门依靠技术系统对于来袭目标的监控与探测，这种预警只能被动地应付或减少已经发生威胁所造成的损失。因此其发生时间是对敌战略武器突袭开始后，依靠技术系统对于来袭目标的发现、跟踪与识别。随着对战略预警概念理解的深入，2011年《军语》在战略预警概念界定中对于预警的时间与方式都进行了拓展丰富和科学分类，该定义将"威胁性行动是否已经开始"作为关键分水岭，将战略预警按照时间维度进行了科学而明确的分类，分为早期预警和即时预警，早期预警主要针对的是威胁性行动发生前战略袭击的企图、征候及战略武器动向的预先警报，属于传统意义上的平时情报活动，需要更多的情报分析和评估。即时预警则是威胁性行动已经开始后敌方来袭的发现与探测，如在陆、海、空、天电网各维空间内战略兵器的突袭，更多依靠的是高精尖战略预警技术系统的监控和自动反应。继而在此基础上，把以往旧版的定义统一归为即时预警，而新拓展的内容则归为早期预警，从概念上分清了战略预警各类别之间的逻辑关系和层次结构。

美国在战略预警研究领域起步很早，实践经验丰富、理论发展成熟，尤其是在信息时代的潮流中已经"捷足先登"，从某种程度上来说，美国对于战略预警概念的诠释已不仅仅是其个体行为，虽然仍然带有相当程度的"美国特色"，但更多的是反映了战略预警所存在的"普适性规律"，引领了世界战略预警理论发展的潮流，代表了信息化条件下战略预警的发展方向。在具体的战略预警概念界定过程中并不能采取简单移植、生搬硬套，这是因为美国的理论有其自身的特定国情体制、战略思维文化和话语体系,应该对其进行批判性的区分和灵活性的变通,在结合我国实际情况的基础上方能融汇各家之长为己所用。美军在界定战略预警时把重心放在"预警"上,我国在界定战略预警时则把重心放在"战略"上。路径选择的迥异,一方面,以往对于美军"技术至上"而"缺乏战略"的传统认知已经走向片面;另一方面,在当前中美军事领域技术水平存在一定差距的情况下,我国在超越阶段中理论与行为上的自觉极具重要性和紧迫性。我国新版《军语》中关于战略预警内涵的界定,结合了西方学术界的先进理念以及我国战略预警的现实情况,对于战略预警的时间、方式以及具有争议性的不同观点和预警类别都划归战略预警的范畴。《军语》面对的是全军各个职能部门,而全军各个职能部门对于战略预警的基本需求和功能定位由于各自立足点不同也会有不同层面的差异。因此,全军各个职能部门需要在战略预警的一般性需求下,结合自身实际,进行"因地制宜"的针对性回应。例如:情报部门更加侧重早期预警,强调征候的分析与评估,旨在为决策者提供前瞻性的预先警报;作战部门则更加侧重即时预警,强调对敌打击的第一时间发现和快速反应。新版《军语》将两种情况都包含到战略预警范畴里,一方面为全军不同职能部门对于战略预警的理解提供了一个统一的概念框架和合作基础;另一方面考虑到各个职能部门的特殊性,对战略预警作出了灵活的科学分类,使各职能部门能够结合自身实际,实现了战略预警概念界定统一基础下的灵活特殊性。

  我国在战略预警概念体系的构建过程中,首先,应该建构一个科学统一的顶层战略预警概念。综合考虑战略预警的本质及内涵外延等各种因素,为战略预警理论研究奠定基础和划定范围,提供战略预警理论研究的统一平台和理论框架,为战略预警研究的各个方向与领域提供一个共同合作的基础;其次,在统一的战略预警总概念下,依照预警内涵与外延的各个特性与领域进行科学分类,使各个战略预警子概念更加明确清晰,使预警研究成果在各自有序的前提下实现对于整个战略预警理论体系的丰富;最后,各个战略预警职能部门应该在战略预警总概念的统一大前提和框架下,坚持"求同存异"的原则,各取所需、协同发展,立足于各自不同的领域,以满足战略预警对于其自身的特殊要求为目标,对于自身战略预警子概念的实践与理论给出自己的科学界定,不断赋予这些基本问题新的内涵,在自己的预警领域中作出独特的贡献。

  从系统观念上来理解,战略预警应属于信息获取系统,而战略预警系统是指某个国家或国家集团为早期发现、跟踪、识别和预警来袭的战略武器而建立的系统,是国家防御体系的重要组成部分,是防御敌方突然袭击的早期警报系统。自

20世纪60年代有关对于预警问题的思考后,关于预警理论就从军事理论研究扩展到教育、管理等各个领域。伴随着科学技术的进步和社会生产力的发展,军事领域的预警理论成果已经在非军事领域涉及宏观管理、环境保护、社会政治、国民经济等各个领域得到广泛应用。战略预警的理论在非军事领域的应用势必将战略预警的概念和内涵更加广泛化,一些涉及战略预警的领域不断出现,如高等教育战略预警、网络安全战略预警、恶劣天气预警、旅游景区环境承载力预警系统、教育预警系统、区域可持续发展预警系统研究、企业经营风险预警系统、地质灾害气象预警系统等。

综合国内外、军内外的研究成果,对战略预警的概念与内涵可以从广义概念和狭义概念两个方面去理解。从广义上理解战略预警就是在军事或者非军事领域为实施战略防御所采取的应对措施。因此在广义的战略预警中,以军事战略预警为主体,涉及宏观管理、环境保护、社会政治、国民经济等非军事领域。从狭义上理解战略预警主要针对军事方面的应用,是为了实现对洲际导弹、战略轰炸机、巡航导弹、空间目标以及各类新质航天器等来袭的战略目标实现早期发现、跟踪与识别。综合战略预警在军事领域的应用以及各方面研究成果,我们认为现代意义上的战略预警是国家为进行战略防御与反击,综合运用陆、海、空、天各种探测监视手段和各类情报信息,对陆基、海基、空基、空间、临近空间等具有战略毁伤意义的来袭目标及其发射平台实施早期发现、跟踪识别、即时预警、持续监视,并引导防御武器对其进行拦截摧毁的活动。战略预警系统是进行这类活动的综合电子信息系统。从这个概念上去理解,对战略预警和战略预警系统的定义包含了六个层次的内容:一是明确战略预警系统是国家层面的建设与使用,目的是国家的战略防御;二是表明战略预警的手段与措施是"综合运用陆、海、空、天各种探测监视手段和各类情报信息";三是明确战略预警的对象是"具有战略毁伤意义的来袭目标及其发射平台";四是明确了战略预警的功能为"早期发现、跟踪识别、即时预警、持续监视";五是明确战略预警系统本身是一个"综合电子信息系统";六是明确战略预警的内涵和外延,将早期预警与即时预警有机融合,确保战略预警能够在统一的概念体系中发展。

1.3 战略预警的作用

1.3.1 作用对象

美国的战略预警体系是当今世界最庞大、最先进、预警程序最复杂的系统,具有立体、全面、集成系统等特性。美国的战略预警系统是从北美防空司令部任务的不断转化演变中发展起来的。从作用对象看,战略预警系统就是为应对战略进攻武器而发展起来的,因而预警的对象随着战略威胁的发展而趋于多样化。

在20世纪50年代,苏联和美国率先发展核武器和远程战略轰炸机,美国研制了亚声速洲际战略轰炸机B-52,战略轰炸机是当时的重点预警对象,美国还针对此威胁建成了"反飞机预警线"。

1957年,苏联先于美国发射了洲际弹道导弹,随着弹道导弹的发展,使战略进攻形式发生了重大变化,对装有核弹头、速度快、弹道高、射程远的洲际弹道导弹的防御成为突出问题。从20世纪60年代开始,战略预警的重点由防轰炸机转到预警弹道导弹。为此,美国又建立了"北方弹道导弹预警系统""潜射弹道导弹预警系统",发展了相控阵雷达和预警卫星,同时改进和完善了对轰炸机的战略预警。

20世纪90年代后,越来越多的国家和地区都已经拥有了弹道导弹,因而从那时起,弹道导弹预警就成为战略预警系统的发展核心。军用卫星在90年代直接参与了局部战争。针对航空航天飞行技术的发展以及现有预警监视系统存在的不足,美军持续加大对预警监视系统的投入,升级已有的早期预警雷达,开发新型天基预警系统,竭力加大预警系统探测能力和范围。

2000年后,高超声速临近空间武器迅速成为新的战略预警对象。进入21世纪,战略预警的作用对象呈现空间分布全维度化和全方向性,空间、空中、海上、水下战略攻击武器和平台都成为战略预警的对象,战略预警的目标由传统的空中目标、弹道导弹目标延伸至水下战略目标以及各种新型空中空间目标,如隐身目标、巡航导弹目标、高超声速目标等。

1.3.2 作用时间

战略预警作用对象的多样性以及空间分布特性决定着战略预警的作用时间也呈现预先性,并且贯穿预警监视和作战反击的全过程。从战略预警的作用时间看,是从敌方战略谋划开始,一直到敌方作战准备、武器发射这一时间阶段。在这期间,战略预警的重点任务是情报收集、侦察监视、识别跟踪,这个阶段的战略预警极其重要,其提供战略预警情报的有效性、准确性和及时性,是后期进行战略决策和战略反击的关键。

预警监视任务中的情报收集、侦察监视以及识别跟踪,会一直持续到我方的武器发射和拦截反击,为武器提供准确导引信息,并对武器的打击效果进行评估,为后期持续的反击作战提供及时高效的情报支撑。因此,战略预警系统对于战略防御和战略进攻这两种战争模式都能够发挥重要的作用,而战略预警系统本身又与战略打击系统共同构成了国家的战略威慑体系。

1.3.3 作用空间

根据现代意义上对战略预警的定义,战略预警的作用空间已经极大地延伸,包括水下、水面、地面、空中、临近空间和太空,未来可能扩展到电磁与网络空间,在物理空间上以覆盖国家本土及海上战略通道为主,并向其他相关热点区域拓展。

对于不同的国家来说,其战略预警的作用空间有着极大的区别,这由主要的威胁方向和来袭战略武器以及平台的特性决定。对于导弹防御预警而言,要求能够对来袭的远程和洲际弹道导弹、高超声速飞行器的助推段和部分中段、中近程导弹全程进行连续跟踪、准确识别,因此其作用空间是主要威胁方向的空中、空间部分;对于防空预警而言,要求对先进作战飞机和新型巡航导弹、临近空间目标进行全高度探测和连续跟踪,因此其作用空间主要集中在重点威胁方向的近地空中、高空以及近层空间部分;对于空间目标监视而言,要求能够对空间轨道上的各类航天器、空间碎片实施侦察监视,提供空间目标的位置和属性情报,形成空间目标态势,因此其作用空间主要集中在空间上;对于海上(水下)预警而言,要求能够完成对海上(水下)目标发现、跟踪和识别的任务,因此其作用空间集中的主要战略方向是海上和水下。

1.4 战略预警的探测手段

战略预警系统和战略进攻武器的发展本质上就是"矛"与"盾"的关系,矛盾双方彼此消长,相互促进,螺旋发展。从战略预警的探测手段看,其探测的手段也是随着战略威胁对象的发展而不断地发展变化。20世纪60年代,主要依靠远程雷达、预警机应对战略轰炸机威胁;70年代,为了应对弹道导弹威胁,出现了预警卫星、大型相控阵雷达;进入80年代,出现了超视距雷达、新型天基探测手段以及性能提升的天基红外、地基雷达等;进入21世纪,为了应对新质战略目标的威胁,军事强国开始探索新型的探测手段。战略威胁的多样化发展与预警手段相对滞后的矛盾,使战略系统呈现出不同的时代特征。

战略预警的信息处理呈现崭新的特性,包括多个层次:首先是各种观测手段获取的数据,如雷达回波、光学图像,以及其他情报数据;其次对这些数据加工处理,形成战略威胁目标的特征级信息和属性级信息,特征信息包括目标位置、速度、温度、谱特征等,属性级信息包括目标类型、国别、用途、发射点/落点、轨道等;最后通过信息融合等技术,形成目标威胁等级、批次等态势信息,供战略决策和拦截反击使用。

1.5 战略预警的使命任务

战略预警的使命任务主要包括以下四个方面。

1. 支持国家战略决策

一个国家要进行准确地战略决策,就需要监视周边国家、热点地区的导弹和航天发射,及时掌握世界战略威胁活动,为国家作出正确判断和决策提供依据。当国家遭受战略弹道导弹等武器袭击时,需要能够及时、准确地辨明敌方身份,确认其发射位置和威胁等级,对于不构成威胁的他国战略活动,获得其活动时间、地点以及目标的性质、打击地域等,为制定国家安全战略、争取国家权益和外交行动主动权提供有力保障。

2. 支撑联合作战行动

预警信息是战场环境的实时信息,从具体的作战行动需求分为四个方面。

(1)对于被动防御作战。当面临来袭目标威胁时,利用早期预警信息可以尽早对可能被打击对象采取隐蔽、转移、伪装、加固、电子对抗、启用人防工程等防御措施,最大限度地降低己方损失。

(2)反击作战。当获知敌对国家向己方进行导弹攻击后,需要及时确定发射导弹所属敌对国家和地区,以及导弹威胁程度、打击性质、落点位置和落地时间、发射点位置和发射时间,为反击武器确定打击对象提供信息。

(3)对于防空反导作战。早期的预警信息可使防空反导武器系统提前进入临战状态,确定其最佳部署位置,引导其搜索雷达及时探测威胁目标。

(4)空间攻防。对空间目标和空间攻防武器的监视预警,是实现利用空间力量形成打击能力的基础和保障。

3. 支撑情报数据收集

通过收集建立目标特征数据库,为提高战略预警系统性能积累数据,为国防战略以及武器发展提供信息支撑。

4. 支撑导弹航天装备验证

战略预警系统可为本国导弹防御以及各类新型武器系统的研制建设提供验

证手段,优化总体设计方案。

1.6 战略预警的体系组成

战略预警体系是国家和军队利用侦察、监视、探测、通信与信息融合等资源,对威胁国家安全的战略袭击和重大危机预先发出警报的组织模式、制度安排和运作方式。战略预警系统的体系从功能模块上,主要包括探测手段、通信系统和预警中心三大块。战略预警系统作用对象就是战略威胁目标及其发射平台,它的服务对象是作战指挥中心,其他手段获得的情报信息为战略预警系统提供辅助信息。战略预警体系结构如图 1.1 所示。

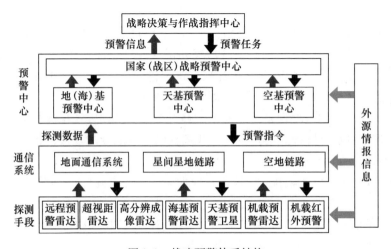

图 1.1 战略预警体系结构

基于对战略预警的定义,战略预警是一个国家全时全向防御,分为对潜在威胁的常规战略预警和对直接威胁目标的即时战略预警。战略预警是一个国家战略能力的重要组成部分,是赢得情报优势、决策优势和行动优势的先决条件,是掌握战略主动、遏制危机、打赢战争、控制局势的关键环节,直接关系到国家的安危和战争的胜负。战略预警的主要使命任务是对空中、临近空间、空间和海上、海下目标实施大区域、全高度预警监视,尽早发现、连续监视、有效识别,为战略决策、防空反导、战略反击和联合作战,提供实时准确的预警和目标指示情报支援。其主要包括以下五个系统。

(1) 导弹预警系统。要求全域或者重点方向上能够对来袭的远程和洲际弹道导弹以及各类先进高超声速飞行器的助推段和中段、再入段,进行早期预警、连续跟踪、准确识别,并推算发射点、预测落点,预警时间和探测精度能满足导弹防御拦截和战略反击作战的需要。其主要的能力包括具备对各类型导弹发射的早期预警能力、导弹飞行过程的连续监视能力和导弹弹头目标的准确识别能力。

（2）防空预警系统。要求在全域或者主要方向上能够对先进作战飞机、新型巡航导弹、临近空间飞行器以及其他先进飞行器进行全高度探测和连续跟踪，预警时间和探测精度满足防空作战的需要。其主要能力包括超视距远程监视能力，隐身目标、巡航导弹以及临近空间目标的探测跟踪能力。

（3）空间目标监视系统。要求能担负对航天器、太空碎片等空间目标监视，兼顾导弹预警、临近空间目标探测、空间环境监测以及小行星等目标的监测任务，探测范围将覆盖各种轨道空间，具有探测识别 5 cm 以上低轨目标和 10 cm 以上中高轨目标的能力。

（4）海上（水下）预警系统。要求能够具备对海上（水下）目标发现、跟踪、识别任务。对重要海域和战略通道海上（水下）目标实现早期预警和概略定位，对重点海域的海上（水下）目标实现跟踪和识别，实现对周边国家和地区潜艇和反潜兵力活动情况的掌握，为海上作战提供预警信息保障，为海上作战兵力提供预警信息和目标指示，保障水下作战武器系统的使用。

（5）信息传输与处理系统。要求能够对多源战略预警情报进行实时传输和综合处理，生成全球战略态势，为指挥决策提供及时准确的预警情报保障。其主要的能力包括三个方面：

① 情报收集与传输能力，具备实时收集、有效传输各种预警情报信息的能力；

② 情报处理能力，能够对各类预警情报信息进行相互印证、融合处理、目标识别、威胁判断，形成完整准确的目标威胁态势；

③ 情报分发能力，能够与指挥控制、武器系统进行有机交联，为战略决策、防空反导、空间攻防作战、战略反击和隐蔽疏散等提供预警情报保障。

空间目标监视与导弹预警系统是紧密结合在一起的。空间目标监视的核心任务是建立并维持空间目标编目库。一方面，空间目标监视系统获取空间目标态势，这些空间目标特性数据能够消除太空中的卫星背景，对于及时检测、识别导弹目标起着重要的作用；另一方面，执行空间目标监视与导弹预警任务的装备可以共用，在数据上可以互联互通，绝大多数的导弹预警装备都可以兼负空间目标监视任务。因此，空间目标监视系统和弹道导弹预警体系的建设可以统一进行规划开展，遵循统一规划、体系推进的原则，实行按分工统筹建设，按任务协同运用，数据归口管理、统一分发。

在战略预警系统的三大模块中，探测手段是战略预警系统的前提条件，没有它，就没有信息的来源，它相当于人的眼睛和耳朵。对于导弹预警而言，战略预警系统包括天基探测手段、地基探测手段、空基探测手段以及海基探测手段等。天基探测手段主要包括各类型光学/红外预警卫星,主要解决对来袭战略打击武器的早期发现、早期预警问题,通常包括地球同步轨道卫星、高椭圆轨道卫星和低轨卫星。同步轨道卫星主要用于南北纬60°之间的导弹预警,高椭圆轨道卫星主要用于北极地区的导弹预警,低轨卫星主要用于弹道导弹飞行中段的持续监视。地基和海基探测手段通常包括远程预警雷达、超视距雷达、高分辨雷达等,主要解决对来袭战略打击武器的近远探测、跟踪识别、目标指引等,通常包括P波段、L波段远程预警相控阵雷达和X波段、S波段多功能相控阵雷达。其中,P波段和L波段雷达主要用于尽早发现并稳定跟踪来袭目标,概略预测目标轨迹和打击目标范围;X波段和S波段雷达主要用于识别来袭导弹弹头、精确测量弹道轨迹,引导反导拦截武器摧毁目标;空基探测手段主要包括预警雷达和预警红外等探测手段,主要实现对导弹目标主动段的早期发射、预警和探测。

对于防空预警而言,作为获取空中目标情报的主要信息源,防空预警雷达在军事电子信息系统中占有极其重要的地位。当前,在以信息为主导的陆、海、空、天一体化战争形态下,防空预警雷达面对的作战环境、作战任务和作战对象不断发生变化。除了常规的作战飞机威胁之外,隐身飞机逐渐成为主要的空中打击平台,而战术弹道导弹、巡航导弹则是主要的远程精确打击武器。面对日益复杂和严峻的作战环境,防空预警雷达必须具备对防区内的常规飞机、隐身飞机、巡航导弹、战术弹道导弹的探测与跟踪能力,同时兼顾临近空间超高速目标的搜索与截获,并为防空反导武器系统提供持续、精确的引导信息。因此,防空反导一体化多功能雷达的研发成为防空预警雷达装备体系的重要发展方向。

对于空间目标监视而言,该系统执行目标探测和捕获、目标轨道确定、目标编目以及目标特性识别等任务,目前各国已经研制或者正在研制的空间目标监视装备主要包括地基监视装备和天基监视装备。其中,地基监视装备包括地基探测/跟踪雷达、地基精密跟踪雷达、地基深空光学观测装备等,部分地基雷达可以与导弹防御系统共用;天基监视装备包括高轨可见光/红外监视装备、中低轨可见光/红外监视装备以及中低轨雷达监视装备等。

对于水下预警探测而言,其主要综合利用侦察、监视、探测和通信等手段,对来自水下的威胁目标和武器进行早期发现、跟踪、识别、上报,为组织对抗提供实时预警信息保障,是战略预警体系的重要组成部分,主要包括水听器阵列、拖线阵列监视系统。水听器阵列主要布放于大洋深海,用于对敌潜艇跟踪和定位,并引导己方潜艇、反潜飞机等对其进行拦截,拖曳式拖线阵列监视系统由海洋监测船扩大对远海水域潜艇活动的检测范围。另外,各类型船舰和潜艇也可利用水下探测设备获取水下信息,利用空间、空中传感器及时收集情报,提供完整的战场空间态势,为反潜部队提供及时准确的情报信息。

  各类型手段探测的数据经过对应的通信设施传递到对应的预警中心或者信息处理中心。预警中心是整个战略预警系统的核心,可以分为地基预警中心、天基预警中心、空基预警中心以及海基预警中心等,这些分预警中心之间可以互相引导,同时将数据或经过处理的信息传递给国家(战区)战略预警中心。国家战略预警中心对所有信息进行处理加工,形成确认的预警信息送给作战指挥中心,为作战决策提供依据。这是战略预警系统工作的正向信息流程。从反方向来看,作战指挥中心向预警中心下达预警任务,预警中心对任务解析规划后通过通信链路向相应的探测手段下达预警指令,探测手段根据指令实施探测。在实际建设和运行过程中可能还有其他特殊情况,例如有时可以没有国家战略预警中心,而只有分预警中心直接与作战指挥中心之间互相交联。国家战略预警中心有时可以绕过分预警中心而直接给相应的探测手段下达预警指令,并获取探测数据,这些特殊情况需要根据不同国家在不同时期的实际情况而定。

  战略预警体系随着现代信息化战争的发展和新型打击武器的发展而逐步地建立、发展和完善,是传统防御体系向防天的延伸和拓展,是国家防御体系的重要组成部分。建设战略预警体系主要目的是防范和应对来自空、海、天的战略武器打击,为高层战略决策服务,为防空反导、空间攻防作战、战略反击等提供可靠高效的信息支撑。同时对战略预警力量的部署应基于对主要威胁方向的判断,实施重点部署;立足尽早、尽远、尽快发现的基本原则,尽可能前伸部署、全球部署;各种预警探测装备应组网运用,成网成体系的部署,形成信息有效共享融合机制,提高装备使用效能。

1.7 战略预警的体系特点

  战略预警体系对国家安全以及在未来高技术战争中的地位与作用已经被世界军事大国所认识,战略预警系统的建设也在全球各个国家展开。从国外战略预警体系的建设情况看,美国和俄罗斯的战略预警系统建设起步最早、发展时间最长、建设经验最为丰富,战略预警系统建设相对完善。战略预警体系伴随空天打击武器的发展而逐步发展建立,并一直处于发展变化之中。构建战略预警体系主要目的是防范和应对来自陆、海、空、天的战略打击,为高层战略决策提供支撑,为防空反导、反潜、反航空母舰、空间攻防作战和空间态势感知提供信息支撑。战略预警体系的建设将直接影响国家战略防御态势的稳定,由于该体系建设规模巨大、构成要素多样复杂,所要求的时效性、可靠性、稳定性强,一体化程度要求高,建设周期长、耗资巨大,须从本国国情出发,基于对国际安全态势的正确判断和对战略威胁的评估,重点加强顶层设计,合理规划布局,分阶段、螺旋式逐步推进建设。

进入21世纪以来,随着各国战略调整的加速发展,发达国家尤其是军事强国在战略调整过程中所表现的进攻性和外向性,战略预警面临空天、空海一体化、信息主导的武器智能化和综合多样性等,对国家安全稳定和各国战略预警体系的建设发展提出新的挑战,呈现出新的特点。

1. 战略预警体系建设成为军事大国争夺战略制高点

世界强国普遍将战略预警体系建设作为提升国家战略与威慑能力的加强建设,其主要表现在:一是战略预警体系在未来高技术战争中具有支柱性能力,是精确掌握战场态势,应对各类型突防武器袭击的保障;二是战略预警体系所形成的战略优势能够让使用战略性进攻武器一方在交战过程中获得主动权,完善的战略预警体系对于谋求战略主动和战略优势方面具备重要的意义;三是战略预警体系具备强大的威慑效应。功能强大、反应灵敏、全球覆盖的战略预警体系能够营造对己方强有力的战略态势,实现对局部地区甚至全球重点地区的战略威慑。

2. 综合集成一体化的战略预警系统建设是未来趋势

一是防空预警和导弹防御预警呈现一体化趋势。当前世界主要国家在防空作战上,普遍由反常规飞行器转向反空天多样、综合性来袭目标,由传统的空中战场转向空间、近层空间战场。二是战术预警与战略预警一体化趋势明显。战术预警主要对大气层以下的国土疆域以及周边的空海地目标实施预警监视,提供预警情报,为战役指挥、战场控制等提供情报支援;战略预警主要对弹道导弹、远程空天打击武器、远海上(水下)武器平台进行预警监视,二者呈现出一体化的发展趋势。三是水下预警探测体系成为战略预警重要的组成部分。水下预警探测体系对于形成战略预警体系作战能力,保障水下作战、国家安全以及海军整体作战行动至关重要。四是预警监视、指挥控制和火力系统呈现一体化发展趋势。预警监视系统所提供的情报信息满足作战行动中对情报的需求,实现对情报数据的准确获取和融合处理,实现对情报信息高效分发,实现预警系统、指挥控制系统和火力系统无缝交联,将预警能力的提升有效转换为体系作战效能的提升。

3. 战略预警体系建设重在加强科学统筹和顶层设计

一是科学统筹。战略预警系统是规模庞大的信息系统,各国应该根据国情和实际需要,在建设中稳步推进,分步走、分阶段针对重点方向、重点威胁推进战略预警体系建设,统筹设计符合国情的战略预警体系建设规划和建设方案。二是加强顶层设计。为了避免在建设过程中出现弯路和错路,实现建设效益的最大化,应强调做好顶层设计,确保战略预警体系建设标准的统一性,应对战略威胁的预警探测资源合理的时空布局与信息融合。体系建设要突出对重点战略威胁方向的装备建设,战略预警装备的部署应针对现实或者潜在的主要作战对手,应体现出极强的针对性,对于不构成战略打击威胁的方向可以弱化部署。三是坚持战略预警的统一领导。应成立国家级的战略预警建设强有力的领导机构,统筹预警体系建设的总体规划与论证,制定长期的建设目标,指导协调各军种建设战略预警系统。四是进行战略预警体系的信息与情报综合集成。通过建设信息网络,将分散的预警探测资源相互连通,实现天、空、地一体化的数据与信息融合处理,解决天基、地基、空基、海基预警监视情报的融合处理,是实现对目标的多元探测数据的融合识别和与武器系统的高效交联。

4. 天基系统与全球分布式指挥控制网络建设成为重点

建立以天基卫星侦察、天基导弹预警、全球分布式指挥控制与通信为核心的战略预警系统已经成为发展趋势,基于天基传感器体系实现对各类先进目标探测的技术和方法迅猛发展。军民兼容和协作在战略预警体系的建设中将愈加凸显,充分利用民间丰富的探测资源,如航空、航天、航管、气象、测控、海洋监测等探测系统作为战略预警资源的重要补充。在天基系统建设方面,为了实现军事效应的最大化,将军用载荷搭载在商用卫星上实现全球组网的探测能力也是重要的发展方向;另外,民用的航天测控、空间目标监视等方面也体现出较强的军民共用特性,建设军民分工明确但能协调发展、相互支撑的空间预警监视系统能够极大地提升战略预警信息的可靠性和战场生存能力。

战略预警系统预警能力的强弱直接关系到情报获取能力的高低,直接影响指挥员的指挥决策和部队的作战行动。由于战略预警体系面临着陆、海、空、天多维战场环境,目标种类众多,活动范围极为广泛,空间目标、空中目标、海上目标、水下目标交织,各类型的空中空间飞行器、海上水下目标、各类型导弹目标活动范围已经拓展到全高度、全方向、全纵深的广阔空间。多维的空间以及多样化的目标对战略预警系统的能力提出严峻的考验。

第2章 战略预警系统的现状与发展

2.1 美、俄战略预警系统建设概况

美、俄战略预警体系建设始于20世纪50年代,可以划分为三个建设阶段:第一个阶段,20世纪50年代,该阶段以应对携带核武器的战略轰炸机为重点,建立以陆基防空雷达为主体的战略轰炸机警戒线;第二个阶段,20世纪60年代到80年代,该阶段以应对洲际弹道导弹和潜射导弹卫星为重点,兼顾导弹、航天试验的需要,主要部署P波段、L波段远程预警雷达和同步轨道、高椭圆轨道红外预警卫星,初步建立陆、海、天基相结合的反导预警网和空间目标监视网;第三个阶段,20世纪80年代至今,以更新装备、完善体系为重点,部署陆基、海基X波段、陆基和舰载S波段多功能雷达,完善升级远程预警雷达和预警卫星,推进低轨预警卫星星座建设,实现陆、海、空、天预警系统一体化运行,提高全球预警反应时间和目标跟踪识别能力。

2.1.1 美军战略预警体系建设概况

美国的战略预警系统是当今世界最庞大、最先进、预警程序最复杂的系统,具有立体、全面、集成等特性。它对于保障美国的世界霸主地位具有奠基石的意义。美国的战略预警系统是从北美防空司令部任务的不断转化演变中发展起来的。为了对付苏联核武器和远程轰炸机的威胁,美国于20世纪50年代建立了反飞机预警线。随着弹道导弹的发展,从60年代开始,战略预警的重点由防轰炸机转到预警弹道导弹。为此,美国又建立了"北方弹道导弹预警系统""潜射弹道导弹预警系统",发展了相控阵雷达和预警卫星,同时改进和完善了对轰炸机的战略预警。为了保障国家战略安全需求,美国高度重视其水下预警探测体系的建设和发展。美国水下预警探测体系最早是从美苏水下对抗开始建设的。水下预警探测体系可综合利用侦察、监视、探测和通信等手段,对来自水下的威胁目标和武器进行早期发现、跟踪、识别、上报,为组织对抗行动提供实时的预警信息保障。水下预警探测体系成为美国战略预警体系的重要组成部分,对于形

成体系作战能力,保障水下作战乃至海军整体作战行动至关重要。针对航空航天飞行技术的发展以及现有预警监视系统存在的不足,美军持续加大对预警监视系统的投入,升级已有的早期预警雷达,开发新型天基预警系统,竭力加大预警系统探测能力和范围。

当前,美国的战略预警体系主要针对俄罗斯、中国、伊朗、朝鲜等国家,以本土和亚太、欧洲基地为依托,基本形成覆盖全球的前置型部署态势。美军战略预警力量的主体在空军,由空军直接负责预警卫星、远程预警雷达的运行管理,主管弹道导弹预警和空间目标监视系统建设;陆军负责部分X波段预警雷达的管理控制;海军负责"宙斯盾"舰载S波段雷达的管理控制;国防部负责海基X波段试验雷达的管理控制。美国已经构建了包括反导预警系统、防空预警系统、空间目标监视系统、水下预警探测系统和战略预警中心在内的战略预警体系,形成了以陆基预警监视系统为主,空、海、天基优势互补的战略预警体系,初步建成了陆、海、空、天一体化预警网。

2.1.2 俄军战略预警体系建设概况

俄罗斯战略预警体系建设始于20世纪50年代。最初苏联战略预警的重点是亚声速战略轰炸机,60年代后苏联将战略预警的重点转移到预警弹道导弹上。在继承苏联战略预警系统的基础上,随着经济实力的逐步恢复,经过十多年的发展,俄罗斯已经拥有了一支强大的战略预警力量。俄罗斯的战略预警力量由侦察卫星、导弹预警卫星、地基远程预警雷达和预警机组成,同时国家空间探测和跟踪系统也为战略预警系统提供信息支援。

俄罗斯的战略预警体系建设主要针对美国,以首都莫斯科为中心、以本土为依托形成区域性的环形防御部署态势。俄罗斯战略预警力量的主体在空天防御兵,所有大型相控阵和预警卫星均由空天防御司令部集中管理。俄罗斯经过十多年的发展,已经拥有了一支强大的战略预警力量,其战略预警体系由防空预警系统、弹道导弹预警系统和空间预警监视系统三部分组成,构成了地面、空中和空间"三位一体"的立体预警监视体系。其中,防空预警系统是以地面防空预警系统为主体、以空中预警系统为支撑,采取要地和区域相结合的防空预警装备部署;弹道导弹预警系统则由地面预警雷达系统和天基预警卫星系统构成;空间目标监视系统主要以地基系统为主,包括地基雷达、光学和光电探测器。

2.1.3 美、俄战略预警体系主要特点

从美、俄战略预警体系的建设情况来看,主要有以下四个特点:一是基于战略威胁方向来确定战略预警力量的部署和建设规划;二是研发部署天基、地基、

第 2 章
战略预警系统的现状与发展

海基等多平台、多种手段,功能呈现一体化的预警卫星和预警雷达;三是防空反导一体化建设,坚持战略预警与拦截打击一体化系统建设,战略预警系统与武器平台实现信息同步收发共享,预警信息直接支持战略决策和防空防天作战行动;四是战略预警的主体力量编成在以空军为主的军种。

2.2 美军的战略预警系统

2.2.1 发展历程

美军为不断提升战略预警体系能力,实现跨要素、跨军种、跨战区的全球战略预警资源协同,战略预警体系发展经历要素分散建设、分领域要素集成、能力一体化建设三个阶段。

1. 要素分散建设阶段

20世纪40—70年代,美国主要是以威胁目标来牵引,开展骨干预警装备研制部署。防空预警方面,发展了AN/FPS-117远程对空警戒三坐标雷达、AN/FPS-124补盲雷达、AN/FPS-118后向散射超视距雷达以及EC-121预警机、E-2预警机、E-3预警机等防空预警骨干装备,实现对空中威胁目标的预警探测;导弹预警方面,针对陆基、潜射弹道导弹预警需求,研制部署了AN/FPS-50警戒雷达、AN/FPS-49跟踪雷达、AN/FPS-108大型相控阵雷达、DSP红外预警卫星等重点用于对弹道导弹预警的装备,形成了具备对苏联方向来袭并从北极上空飞过的洲际弹道导弹进行预警的初始能力;空间目标监视方面,针对卫星、碎片等空间目标的监视需求,美国研制部署了可探测到高度28000km的空间监视系统(SPASUR)、空军空间跟踪(SPACETRACK)系统、陆军多普勒锁相(DOPLOC)系统、远程探测系统、靶场测量系统以及各种光电监测系统等,实现了空间目标的探测、跟踪、识别和分类编目能力。通过系列骨干装备的研制和系统建设,美军初步形成了对空中目标、弹道导弹、空间目标等威胁目标的探测和预警能力。总体而言,该阶段主要是以装备研制、部署为重点,以填补预警探测能力空白为主要目的。

2. 分领域要素集成阶段

20世纪80—90年代,美国以骨干装备要素为基础,以夏延山预警信息系统为核心,按照防空预警、导弹预警、空间目标监视分类集成预警资源,实现了预警信息集中处理、集中应用。防空预警方面,依托北美防空防天司令部新建7个区域作战控制中心,通过对空监视雷达和民用航空的航路管制雷达合并使用,建立了防空指挥控制系统,实现了防空预警态势统一生成。研制联合对地攻击巡航导弹防御架高组网传感器(JLENS)网络系统,重点解决对巡航导弹的预警探测问题;反导预警方面,90年代末,建设国家级战斗管理命令、控制和通信系统,以信息系统为核心,连通协调各种预警手段,形成美国本土全方位预警能力;空间目标监视系统方面,80年代,以建设空间监视网为契机,集成全军各类空间目标监视装备,改造提升反导预警装备空间目标探测能力,实现反导预警装备对空间目标监视的兼用。该阶段在开展新型装备研制部署、现有装备改进完善的同时,加强各系统的体系建设和信息系统建设,并以信息系统为核心,实现系统内装备要素的集成和信息共享。

3. 能力一体化建设阶段

2000年以来,美国弹道导弹防御的作战范围从战区、本土扩展到了全球,原有理论和系统难以适应需求变化,因此美军以网络中心战理论为指导,基于全球信息栅格(GIG),美军按照统一的系统架构和技术体制,以作战指挥官综合指挥与控制系统(CCI2S),指挥控制、作战管理和通信(C2BMC)系统等网络化、分布式信息系统的建设为抓手,基于全军共用通信网络、共用操作环境(COE)等基础设施,实践"统一共用、强化通用"的建设思路,逐步实现防空预警、导弹预警、空间监视能力的一体化建设。依托一体化系统的建设,2006年,北美防空防天司令部开始参与海域感知。

2.2.2 导弹预警体系

导弹预警体系是国家战略力量的重要组成部分,是应对战略威胁、保持战略威慑的重要基础,是实施反导作战的重要支撑。导弹预警主要通过部署陆、海、空、天传感器,对全球重点地区的弹道导弹发射活动进行监视,对于导弹袭击进行早期发现、跟踪和预警,为国家战略决策提供支撑,同时为战略防御和实施战略反击作战提供实时预警信息保障。美国高度重视导弹预警能力的发展,自20世纪50年代起,历经60余年的发展,美国导弹预警体系建设随着国家利益的拓展,由区域防御不断发展到当前的国家防御。美国将导弹预警体系作为核打击力量的重要制衡和博弈手段大力发展,已成为国家战略预警和战略防御力量的基石,是防御,更是威慑。目前,美国已经建立了世界上体系最完备、具备全球预警和多层多段反导信息支援能力的弹道导弹预警体系。

美军的导弹预警系统初建于20世纪50年代的地基预警系统,由北方弹道导弹预警系统和"卫兵"反导系统构成,具备对于弹道导弹末端的预警能力;70年代开始建立天/地基预警系统,由潜射导弹预警系统、X波段雷达(试验型)、

GPR-P、"丹麦眼镜蛇"雷达以及"国防支援计划"(DSP)的天基预警系统组成,该系统具备对弹道助推段的预警能力;进入21世纪,美军升级更新X波段雷达以及天基红外探测系统,建立海、空、陆、天一体化的预警体系,典型的预警装备包括地基机动X波段雷达、FBX-T雷达、海基/陆基X波段雷达以及新一代高轨预警卫星——天基红外系统(SBIRS)和新一代低轨预警卫星——空间跟踪与监视系统(STSS),正在发展的下一代过顶持续红外项目(Next-GenOPIR)预警卫星、高超声速与弹道导弹跟踪空间探测器(HBTSS)等,建成后该导弹防御系统具备多层次全弹道的预警能力。目前,美军弹道导弹预警系统主要由天基预警卫星系统、北方弹道导弹预警系统、潜射弹道导弹预警系统(覆盖范围如图2.1所示)以及海军空间监视系统四部分组成,可对付不同方向、不同高度的来袭弹道导弹,对来袭目标实施全阶段、高精度预警监视,构成了覆盖全球的战略反导预警网。它在功能上可兼顾战略和战术预警,在手段上天基与陆基、海基相结合,探测网络遍及全球。

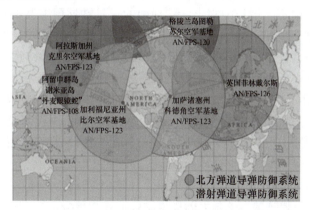

图2.1 北方弹道导弹和潜射导弹防御系统覆盖范围示意图

1. 系统组成

1) 天基预警卫星系统

天基预警卫星系统是美军战略反导预警体系的重要组成部分,于1959年开始研制,后被称为"国防支援计划"工程,主要用于对洲际弹道导弹和潜射弹道导弹的预警。美国空军已发射13颗DSP卫星,目前在轨的是美国第二代、第三代导弹预警卫星。第三代预警卫星系统由5颗地球同步轨道卫星组成,3颗主星分别定位于太平洋西经150°、大西洋西经37°和印度洋东经69°上空,用于固定扫描监视除北极以外的整个地球表面;2颗备份星定位于印度洋上空,用于监视印度洋东部。该系统可在来袭洲际和潜射弹道导弹发射30s后探测到目标,

5min 后报警。对射程 8000～13000km、飞行时间 30min 的洲际和潜射弹道导弹可分别提供 25～30min 和 10～25min 的预警时间,能对俄罗斯和中国的导弹发射、航天试验和其他航天活动进行不间断的监视。据报道,自 DSP 卫星系统投入使用至今已先后探测到俄罗斯、法国、英国、中国、印度、朝鲜等国家的导弹发射信息 1000 余次。此外,DSP 卫星还具备空间变轨能力,可根据需要变更运行轨道于某一地区上空,提供中近程弹道导弹的战区反导预警。受海湾战争的启发,美国此后还研制了专供基层指挥官使用的联合战术地面站战术监视地面系统,可直接接收和处理 2 颗或更多颗 DSP 卫星数据,缩短数据传输时间,为战区反导提供较充足的预警时间。但是,由于 DSP 卫星具有不能有效预警战术弹道导弹,过分依赖地面站,虚警率高,对火灾也报警等缺陷,因此 1995 年美国国防部最终决定发展新型天基红外系统卫星逐步取代 DSP 卫星。天基红外预警卫星是美国正在研制的探测与跟踪导弹发射的新一代卫星监视网,其目的是满足对导弹预警、导弹防御、技术情报和作战空间特征 4 个红外任务领域和空间监视数据不断增长的需求。计划中的天基红外预警卫星系统有高轨道卫星和低轨道卫星两个部分:高轨道包括 5 颗地球同步轨道卫星(2 颗备用)和 2 颗高椭圆轨道卫星,装备短波和中波红外探测器,能够穿透大气层探测到导弹发射的红外辐射;低轨道部分的关键设备"目标捕获传感器"已研制成功并装配完毕,由 24 颗覆盖全球的空间跟踪和监视系统卫星组成,用于中段跟踪和识别弹头。该系统能够在敌方导弹主动段结束后继续保持对弹头跟踪,探测灵敏度提高 10 倍、防区扩大 2～4 倍,从而为反导预警系统提供更早和更精确的预警信息。

2) AN/FPS-50 型远程警戒雷达

北方弹道导弹预警系统是美国最早的弹道导弹预警系统,主要用于由北方、东方对美国本土和加拿大南部实施攻击的洲际弹道导弹提供早期预警。该系统于 1962 年投入使用,由分别设在丹麦格陵兰岛的图勒、美国阿拉斯加的克利尔和英国的菲林代尔斯的 3 个雷达预警站共计 12 部超视距预警雷达组成。雷达探测距离为 3200～4800km。每个预警站通常部署 3～5 部雷达,并配有综合自动检测和监视设备。所用雷达有三种型号:AN/FIX3-50 型三坐标多普勒超远程警戒雷达,最大探测距离为 4800km;AN/FPS-49 超远程扫描跟踪雷达,可自动跟踪目标,算出目标发射点、命中点及命中时间;AN/FPS-92 远程跟踪雷达,可对助推段飞行的弹道导弹实施跟踪定位和弹道估算,并根据目标特征信号鉴别弹头或诱饵,提供拦截导弹发射所需的相关参数,以及提供评估杀伤效果的相关数据。对弹道导弹的预警时间为 15min,并能在 10s 内将预警信息传送到北美航空航天防御司令部指挥中心。

3）潜射弹道导弹预警系统

潜射导弹预警系统主要用于探测从东、西、南三个方向袭击美国本土的潜射导弹，覆盖区域为太平洋、大西洋和墨西哥湾的潜艇发射阵位。一是"铺路爪"雷达系统，目前仅在马萨诸塞州的奥蒂斯空军国民警卫队基地、加利福尼亚的比尔空军基地各部署了 1 部，分别用于探测从大西洋和太平洋来袭的潜射导弹。其探测距离可达 5500km，能够在 5000km 的距离上探测到雷达反射截面积为 $10m^2$ 的目标，提供 6min 预警时间，并可将预警和攻击数据迅速发送给夏延山指挥中心。二是设在佛罗里达州埃格森空军基地的相控阵雷达站，主要用以监视墨西哥湾和加勒比海的潜艇发射阵位。相控阵雷达站和空中预警机结合起来，可对潜射弹道导弹袭击提供 6～15min 预警时间。它也能为空间司令部显示卫星目标位置和速度数据，可靠度达到 99%。

2. 装备组成

美国弹道导弹预警系统主要包括预警卫星、远程预警雷达、多功能相控阵雷达、空基预警系统等，主要职责是对威胁美国本土的中远程弹道导弹和威胁美国海外战区的中近程弹道导弹实施预警探测。

1）预警卫星

美国导弹预警卫星经过 50 余年的发展，实战能力逐步提升。目前，美军导弹预警卫星体系包括地球同步轨道卫星、高椭圆轨道卫星与低轨道卫星，共计 10 余颗预警卫星在用，涵盖可见光、短波红外、中波红外和长波红外等谱段，采用扫描与凝视结合手段，已具备战略和战术弹道导弹发射早期预警实战能力，验证了中段跟踪与识别技术，可对全球重点海区和地区发射的弹道导弹和洲际导弹分别提供 15min 和 30min 的预警时间。

（1）"国防支援计划"系列卫星。1970 年首次发射，目前 4 颗在用，位于地球同步轨道。4 颗卫星组网对地球进行连续扫描，可及时发现全球范围内的发射活动。卫星红外探测器（$2.7\mu m$、$4.3\mu m$ 两个谱段）可发现 10km 以上高度、处于主动段飞行的导弹或火箭，定位精度约 3～5km。"国防支援计划"卫星系统是美国第一种实战部署的预警卫星系统，该系统已发展三代共 23 颗卫星，目前仅有 4 颗卫星在轨服役，运行在地球同步轨道上，如图 2.2 所示。"国防支援计划"卫星经过 4 次改进，卫星性能不断提高，由最初只能用于探测远程战略弹道导弹发射，到 1991 年海湾战争时，已经能够用于探测伊拉克发射的战区弹道导弹。随着导弹技术的发展（如诱饵、中段机动、多目标等技术），加之"国防支援计划"卫星研制较早，在性能上无法满足当前和未来弹道导弹防御作战需要，如无法跟踪中段飞行导弹、扫描速度慢、虚警率高、预警时间短等。为此，美国正在发展"天基红外卫星"系统,以逐步取代"国防支援计划"系统。

美国在"国防支援计划"预警卫星上的主要载荷有两种:一种是红外望远镜,每隔8~12s就可以对地球表面1/3区域重复扫描1次,能在导弹发射后90s探测到导弹尾焰的红外辐射信号,并将这一信息传给地面接收站,地面接收站再将情报传给指挥中心,全过程仅需3~4min;另一种是高分辨率可见光电视摄像机,安装摄像机是防止把高空云层反射的阳光误认为是导弹尾焰而造成虚警。在星上红外望远镜没有发现目标时,摄像机每隔30s向地面发送1次电视图像,一旦红外望远镜发现目标,摄像机就自动或根据地面指令连续向地面站发送目标图像,以1~2帧/s的速度在地面电视屏幕上显示导弹尾焰图像的运动轨迹。

图2.2 美国"国防支援计划"卫星-23在轨飞行示意图

(2)"天基红外系统"系列卫星。美国1995年提出发展"天基红外系统"卫星,如图2.3所示,以取代"国防支援计划"卫星。SBIRS分为高轨卫星(含SBIRS-GEO与SBIRS-HEO)与低轨卫星(SBIRS-LEO),高轨卫星主要用于主动段的侦察与监视,低轨卫星主要用于搜索与跟踪导弹目标中段飞行时的发热弹体和冷再入弹头。SBIRS通过高轨卫星与低轨卫星组网,可实现对战术和战略导弹发射的助推段、中段飞行阶段、再入阶段的全程探测与跟踪,并达到对目标的全球覆盖。低轨部分原计划由20多颗小卫星组成,但目前低轨部分仍处于搁置状态。最初目标是构建由4颗GEO卫星、2个HEO有效载荷和24颗LEO卫星组成的新一代预警卫星系统星座。

2002年,SBIRS-LEO因耗资过大而被取消,高轨部分仍由美国空军负责,天基红外系统卫星如图2.3所示,由4颗GEO卫星和2个HEO轨道载荷组成。SBIRS高轨道星座卫星最初预算包括2颗SBIRS-HEO和4颗SBIRS-GEO,主要用于接替DSP卫星实现关键战略、战术弹道导弹发射和助推段飞行目标的探测任务,后期根据需要增加了预算与部署,目前SBIRS已经包括6颗静止轨道卫星和4颗高椭圆轨道卫星。其中,GEO卫星主要用于探测和发现处于助推段飞行的弹道导弹,带有凝视型和扫描型两种红外探测器。扫描型探测器用于对地球南北半球进行大范围扫描,通过探测导弹发射时喷出的尾焰对导弹发射情况进行监视;凝视型探测器用于将导弹的发射画面拉近放大,并紧盯可疑目标,获取详细的目标信息。两种探测器独立接受任务指令,意味着这两种探测器可以同时工作,即在扫描广大区域的同时对重点区域进行详细观察。尽管GEO传感器能够执行星载信号处理并将检测到的事件传输到地面,但GEO和HEO传感器都可以将未经处理的数据提供给地面用于任务处理。

图2.3 美国天基红外系统卫星示意图

SBIRS-GEO卫星载有高速扫描红外探测器与高分辨率凝视型红外探测器,探测波段均覆盖近红外、中红外和地面可见光。工作时,扫描型红外探测器拥有广泛视野,利用短波技术,探测导弹上升阶段喷出的明亮尾流,进行助推段探测,获取目标后交接至凝视型红外探测器。凝视型红外探测器对目标进行凝视跟踪,利用狭窄视场、高精度凝视,精确跟踪导弹、弹头和其他物体,如碎片和诱饵,直至完全确认导弹被摧毁,实现目标的精确探测。

SBIRS-HEO主要负责GEO覆盖盲区。HEO扩展了GEO在地球两极的覆盖能力,轨道远地点位于北半球,增加了 SBIRS 对北半球高纬度地区如俄罗斯本土和中国北部,尤其是北极附近区域洲际导弹和潜射导弹发射的监视时间;另外,每颗 HEO 卫星可观察北极地区时间不小于 12h,通过 2 颗高轨道卫星的交替工作,可实现对北半球高纬度地区的全天 24h 持续监视。通过 GEO 卫星与 HEO 卫星的协同工作,SBIRS 相对于 DSP 系统实现了目标的全球覆盖,与"国防支援计划"卫星相比,SBIRS 卫星的探测谱段更宽,扫描型和凝视型探测器相结合,使 SBIRS 的扫描速度和灵敏度比 DSP 系统提高了 10 倍以上,能够穿透大气层,具备在导弹刚点火时就探测到其发射的能力,可对目标进行精确跟踪,定位精度约为 1km,可在导弹发射后 $10\sim20s$ 将警报信息传送给部队。该卫星星座能够实现对地球表面的连续侦察,每 10s 重访问一次,同时搜索指示强热特征的红外(IR)活动,比任何其他系统更快地探测导弹发射,并能识别导弹的类型、关机点、弹道轨迹和落点。HEO 载荷可将系统的预警能力扩展到南北两极地区。对导弹发射的探测能力大幅度提高,发现目标的时间进一步缩短。

  SBIRS 除天基卫星之外,还包括一系列地面站设施,主要有美国本土的地面任务控制站(MCS)、备份任务控制站(MCSB)、抗毁任务控制站(SMCS)、海外中继地面站(RGS)、抗毁中继地面站(SRGS)、多任务移动处理器(M3P)移动地面站以及相关通信链路;训练、发射和支持性基础设施;重要地面站设立在伯克利空军基地。

  "空间跟踪与监视系统"系列卫星是 SBIRS 早期计划的低轨道部分,计划在高度 $1300\sim1600km$ 的低轨道上部署 24 颗预警卫星。SBIRS 低轨部分起初由美国空军主管,由于存在较大技术风险,2002 年更名为"空间跟踪与监视系统",并由美国空军移交给导弹防御局(MDA)。该系统的预警卫星装有宽视场扫描型短波红外捕获探测器和窄视场凝视型多光谱跟踪探测器,前者用于观测主动段飞行导弹或火箭的尾焰,后者用于跟踪中段、再入段导弹目标,并用于真假弹头识别。通过星间通信链路,多颗预警卫星可对目标进行协同、接力探测,提高跟踪精度。"空间跟踪与监视系统"计划的目标是构建具有对弹道导弹全程跟踪和探测能力的卫星星座,能够区分真假弹头,能够将跟踪数据传输给指挥控制系统,以引导雷达跟踪目标,并能提供拦截效果评估。

  由于技术风险和经费投入过大,美国国会要求调整计划,最终仅批准先发射 2 颗卫星进行技术演示验证试验。2002 年 8 月,美国导弹防御局授予诺斯罗普·格鲁曼公司价值 8.69 亿美元的合同,研制 2 颗演示验证卫星,并建造地面控制站等。2009 年 9 月,"空间跟踪与监视系统"的 2 颗演示验证卫星发射入轨。截至 2020 年 8 月,美国已发射 3 颗试验卫星,用于验证对不同飞行阶段弹道导弹的跟踪能力。该系统的终极目的是实现对导弹的全程监视,但是技术难度大,投入高,目前该项目处于暂停状态,为最大限度降低 SBIRS 的技术风险并为未来做技术储备,美国已开始预研第三代红外监视(3GIRS)预警卫星系统,该系统也被称为替代红外卫星系统(AIRSS),重点发展商业卫星搭载预警载荷和宽视场探测器技术。

美国空军已完成首个搭载商业通信卫星上的"商业搭载红外有效载荷"(CHIRP)的早期在轨试验,所搭载的欧洲卫星公司-2(SES-2)卫星于 2011 年 9 月发射升空。"商业搭载红外有效载荷"是一个宽视场红外凝视系统,是一个能从地球同步轨道观测 1/4 地球的传感器,其可在 4 个特殊光谱带进行高帧频成像,同时降低成本和复杂性,用于探测运载火箭或弹道导弹在发射期间的尾焰羽流。该试验一方面验证了在商业卫星上搭载导弹预警载荷的可行性,另一方面表明需开展更多的宽视场探测器、算法及数据处理技术在轨试验。美国空军 2015 财年为 SBIRS 现代化改造申请了 2900 万美元,用于宽视场探测器的研发。预算文件显示,美国空军正考虑开展 2 项单独的项目以研发 2 个试验传感器(分别是 6°视场和 9°视场探测器)。

"空间跟踪与监视系统" 2 颗演示验证卫星入轨后,多次参与美国一系列导弹拦截试验,展示了导弹全程跟踪、立体式跟踪、多目标跟踪、空间目标跟踪、相机间任务转交、双星间通信,以及下行链路和导弹防御指挥与控制系统通信能力。图 2.4 给出了美国空间跟踪与监视系统在轨飞行示意图,该系统能够在导弹防御试验中生成高质量预警信息,拥有更优的预报精度,缩短了信息传输回路,可以提供更多拦截准备时间。2011 年 4 月,"空间跟踪与监视系统"的 1 颗卫星捕获到发射后处于飞行中段的靶弹,利用星间链路提示另一颗卫星进行立体跟踪并相互传递数据,首次演示验证了对弹道导弹的全程跟踪能力。2013 年 2 月,美国导弹防御局和海军进行的"标准"导弹飞行试验-20 中,"空间跟踪与监视系统"卫星利用其精确跟踪能力,首次为"宙斯盾"弹道导弹防御系统提供了目标指示,并为"标准"-31A 拦截弹制定火控方案。"空间跟踪与监视系统"可以为导弹拦截系统提供更准确、及时的预警信息,与拦截弹形成火力控制的闭环回路,将使"宙斯盾"系统有能力在靶弹进入探测范围前发射拦截弹,支持更早、更准确的拦截,大大扩展了整个导弹防御区域。

2013 年 8 月,美国空军航天司令部发布《弹性与分散式空间系统体系结构》。为了实现分散式空间系统体系结构,美军在白皮书中规划了结构分离、功能分解、有效载荷搭载、多轨道部署和多作战域部署 5 种途径。美国空军已着手考虑下一代天基预警系统体系架构,功能分解方面,美国空军希望下一代卫星能够将战略预警和战术预警能力进行分解,但预算的缩减迫使美国空军将未来导弹预警系统的重点关注于战略威胁任务;有效载荷搭载方面,美国空军提出了商

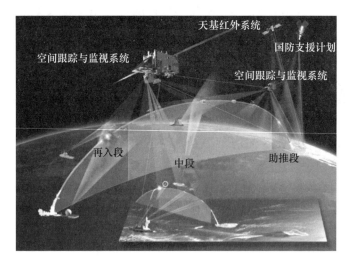

图 2.4 美国"空间跟踪与监视系统"卫星在轨飞行示意图

业搭载有效载荷方案,研究在商业卫星上搭载军事专用有效载荷的技术,以实现利用商业卫星快速、灵活地搭载军用载荷的目标;多轨道部署方面,美军在高中低轨均部署有预警卫星;多作战域部署方面,美军积极将天基预警系统与地基、海基红外传感器联合使用,提高发射探测和导弹跟踪能力。

(3)下一代过顶持续红外项目(Next – GenOPIR)。"下一代过顶持续红外项目"是美国下一代导弹预警卫星计划,主要用于监视和发现敌方的战略弹道导弹,并在导弹发射时发出警报,未来将逐步取代现役的 SBIRS。在 SBIRS 系列计划开展后,美国认为该系统生存性能不高。美军战略司令部司令约翰·海滕就一直反对该计划,希望用更简单、更灵活的系统代替。于是美国空军在 2019 财年预算中,取消了对 SBIRS 第 7 颗和第 8 颗同步轨道卫星的预算。该项目后续发展资金也大幅减少。而 Next – GenOPIR 系统生存能力更强,具有灵活的轨道机动性以及可以在轨补给燃料的能力。另外,由于 SBIRS 性能远强于 DSP 系统,但仍无法满足导弹防御的需求,美国现有的导弹防御系统设计上用于防御纯弹道导弹,美国现在的天基红外系统对跟踪高超声速武器力不从心,更谈不上对飞行中段"冷"弹头的探测能力了。美国正在加速导弹预警系统的发展,2016 年 Next – GenOPIR 正式公开,它作为快速采购计划执行,接替现在的 SBIRS。Next – GenOPIR 探测能力得到了极大提高,它不仅能探测跟踪大型弹道导弹的发射和尾焰,还能探测和跟踪小型的地空导弹甚至空空导弹的发射。即使对于弹道导弹飞行中段的"冷"弹头,新一代系统也能进行跟踪。对于助推 – 滑翔和吸气式高超声速武器的探测而言,由于它们在大气高层高速飞行,与大气摩擦会产生强烈的热辐射,Next-GenOPIR 也具备其探测的潜力。Next-GenOPIR 预计 2025 年发射服役,至于极地轨道卫星发射更晚,整套系统预计到 2029 年才具备战斗力。

该卫星与 SBIRS 的高轨道系统相似,分为 HEO 和 GEO 卫星两种,该系统将至少包括 3 颗 GEO 卫星和 2 颗 HEO 卫星。其中 HEO 卫星负责监控北极上空,GEO 卫星负责监控全球。但与现役的 SBIRS 卫星相比,OPIR 卫星的特点是加强了探测能力,同时在面对反卫星武器威胁的时候有更高的生存力。

2019 年 10 月,洛克希德·马丁公司承研的 Next-GenOPIR 导弹预警系统通过美国空军重要研发节点审查。此次评估对象为使用增强型 LM2100 卫星平台的 3 颗 GEO 卫星,评估内容为卫星和其配套地面系统。该平台多个子系统已实现更新换代,旨在强化卫星系统弹性。美军计划下一步推进"关键子系统工程设计和集成"工作,预计 2025 年交付首颗卫星。2018 年 5 月洛克希德·马丁公司和诺斯罗普·格鲁曼公司分别获得 3 颗 GEO、2 颗 HEO 卫星的研制合同。美国空军计划该系统于 2029 年实现五星组网并在轨运行,以替代在役 SBIRS。美国空军计划在 2021 年为 Next-GenOPIR 投资 23 亿美元,以加速部署取代 SBIRS-High 星座的新型卫星。

(4) 高超声速与弹道导弹跟踪探测器(HBTSS)。面对高超声速飞行器探测任务,MDA 与太空发展局(SDA)、国防高级研究计划局(DARPA)和美国空军合作,开展天基导弹跟踪传感器系统原型概念设计。SDA 正在研究一种天基分布式卫星体系结构,而 MDA 提出了"高超声速与弹道跟踪和监视系统"。HBTSS 则是由 SDA 领导的美国国防部近地轨道空间架构中的几个任务之一,HBTSS 将使用持久红外传感器检测并跟踪导弹威胁和新出现的威胁。SDA 拟将 MDA 的 HBTSS 纳入国防空间架构的跟踪层。同 HBTSS 一样,新一代空间架构的跟踪层将被设计成能探测和跟踪、飞行速度超过声速且能在飞行中开展机动的高超声速飞行器。

然而探测和跟踪高超声速飞行器是十分困难的,因为这类目标比在 GEO 卫星跟踪的弹道导弹要暗 10~20 倍。如果探测和跟踪这类目标,需要大口径光电和红外传感器,而部署这类传感器最有利的位置是地球的低轨道。HBTSS 的前身是 MDA 计划建设的高超声速和弹道追踪空间传感器项目,该项目目标是建设一种在地球低轨道上的传感器层,实现对美国目前的导弹防御体系无法探测的高超声速飞行器的探测和跟踪。而 HBTSS 则不同,该系统不是单独部署,而是以搭载的方式部署在低轨道约 200 个商业卫星上,每个卫星搭载 50~500kg 的传感器载荷。该系统部署后,一是主要弥补对高超声速武器预警探测能力的不足,形成对高超声速武器的全程跟踪能力;二是可以与 SBIRS、Next-GenOPIR 系统共同覆盖导弹主动段,增强对先进弹道导弹的预警能力。系统计划在

2021—2022年开始进行天基演示试验验证,2025年后实现部署运行,HBTSS的设计能力将使美军能够连续跟踪高超声速助推滑翔武器以及从弹道导弹发射到落地的全过程。

HBTSS第一阶段为设计原型有效载荷及信号处理演示。2019年10月29日,MDA淘汰了第一阶段8家竞标商,选定4家公司进入HBTSS项目第ⅡA阶段,并授予每家公司一份为期12个月、价值2000万美元的科研合同,用于完成HBTSS星座的载荷原型机方案设计以及信号处理、软件算法等研究工作,目的是为HBTSS项目演示验证降低技术风险。

(5)天基杀伤评估(SKA)系统。天基杀伤评估系统是美国MDA正在开展的导弹拦截效果评估试验系统。该系统通过在商业卫星上搭载探测载荷,用于评估导弹拦截是否成功。负责研制SKA系统载荷的美国约翰·霍普金斯应用物理实验室研究人员指出,杀伤评估载荷需要解决以下技术问题:拦截弹是否与目标碰撞?拦截弹是否拦截了所希望拦截的目标?拦截目标携带何种载荷(核、高爆炸药、化学或生物武器)?拦截弹是否使目标载荷不再具备杀伤能力?MDA认为,SKA系统可以确认来袭导弹是否已被有效摧毁,从而无须再发射更多拦截弹进行拦截,达到降低成本并提高作战效能的目的。

SKA探测器包括3个单像素光敏二极管,质量约10kg,计划搭载在下一代铱星上,如图2.5所示。MDA评估认为,"宙斯盾"弹道导弹防御项目表明,光电/红外探测器是最适宜用于毁伤评估的传感器。SKA探测器将主要依靠导弹防御指挥控制系统提供的预计拦截点位置信息,预先定位探测器可观测拦截碰撞所产生的可见光和红外光,通过观测碰撞-杀伤拦截所产生破片云的闪光或热辐射的可见光或红外光谱,对拦截弹的毁伤效果及来袭导弹的载荷类型进行评估。

图2.5 SKA载荷示意图

美国国防部《2014财年国防授权法案》提出,"MDA应提高地基中段导弹防御系统杀伤评估能力"。2014年4月,MDA启动SKA系统项目,前期工作由2013年取消的"精确跟踪太空系统"项目剩余经费提供部分资金。目前,最有可能搭载SKA系统载荷的商业卫星是"铱"(Iridium)卫星系统,如图2.6所示。美国计划构建由66颗在轨卫星和4颗备份卫星组成的"铱"卫星系统。"铱"卫星运行在高780km的6个近圆轨道上,每个轨道面将部署11颗卫星,每颗卫星装有专用的托管载荷舱。由于SKA系统载荷只有10kg,因此每颗卫星可容纳多个SKA载荷。

图2.6 下一代铱星在轨飞行示意图

(6)下一代空间体系架构。美国SDA在成立不久后就提出了下一代空间架构的概念,这成为SDA成立后的第一个任务,即开发和部署基于威胁驱动的下一代空间体系架构,以对抗敌拒止其太空系统的能力。该机构负责快速开发并部署下一代太空能力,以威慑、削弱、拒止、干扰、破坏或控制对手,保护美国的利益。为了实现这一目标,SDA采用了一种灵活的方法来快速开发一个多功能的小型卫星星座,以应对当前和未来出现的威胁。SDA计划利用私营部门在空间能力方面的投资(如硬件和软件重用、服务租赁)以及行业优势(如航天器总线、传感器和用户终端的大规模生产技术)。通过应用螺旋式开发模型,SDA将保持空间系统的灵活性,允许集成硬件和软件升级,以在短时间内解决新出现的威胁。

2019年,美国新版《导弹防御评估报告》明确提出,利用太空可以提供一种更有效、更有弹性和更能适应多种威胁的导弹防御态势;天基传感器体系不受地理限制,几乎可以监测、探测和跟踪世界任何地方发射的导弹;天基拦截器和定向能武器是实施导弹助推段拦截、有效抗突防、大幅提高导弹防御系统整体效能的有效途径。与上述说法相印证,美国国会已要求国防部开展天基传感器、天基拦截器甚至粒子束武器的专题研究论证,拿出具体可行的发展计划。

2019年7月1日，美军新建SDA发布第一份项目征求通知，该通知借鉴了DARPA"黑杰克"卫星项目的理念，转向商业航天技术寻求颠覆创新应用，试图基于微小卫星技术、快速发射技术和人工智能技术，开发下一代灵活、弹性、敏捷太空体系相关的概念、方法、技术与系统。将美军新一代太空体系建设的军事需求明确指向导弹防御与太空对抗，标志着美军太空装备体系发展思路与途径正酝酿重大转变，其提出的背景是美国战略重心转向大国竞争，认为现有的太空架构和装备无法保持绝对的优势，尤其是在一些国家反卫星导弹、网络攻击和共轨航天器不断发展的情况下，以大型航天器为主的太空体系一旦被摧毁，难以短时间内补充，存在空间系统弹性上不足；第二个是现有太空架构和装备无法应对新兴威胁，例如，现役的导弹预警卫星无法有效地对高超声速武器提供及时预警和跟踪。SDA于2018年8月向国防部国家安全空间组织和管理机构报告中描述的获取空间优势的8项关键能力包括：对先进导弹目标的持续全球监视；针对先进导弹威胁的指示、警告、目标和跟踪；GPS拒止环境下备用定位、导航和定时（PNT）；全球和近实时空间态势感知；发展空间威慑能力；响应迅速、有弹性的通用地面空间支持基础设施（如地面站和发射能力）；跨域、联网与节点无关的战斗管理命令、控制和通信，包括核指挥、控制和通信；大规模、低延迟、持久、智能的全球监控。

SDA向业界发布相关项目指南信息，这些信息可以促成敏捷、响应迅速的下一代空间架构。如图2.7所示，SDA已经开发了一系列功能，包括解决上面列出的8项关键能力的多个星座（或"层"）。每层为整体架构提供了完整的集成功能。SDA所提的概念架构基于数据和通信传输层的可用性，并假设使用小型、可大规模生产的卫星（50～500kg）以及相关的有效载荷硬件和软件。SDA考虑使用传输层航天器作为其他层的基础，允许根据每个层的需要集成适当的有效载荷。根据"国防部太空愿景"提出的8项关键太空能力，SDA提出由7大功能层构成美军下一代太空体系。一是传输层：提供全球范围7×24h不间断、低延迟的数据传输与通信；二是跟踪层：提供防御先进导弹（包括高超声速武器）威胁的天基目标探测、预警、跟踪和指示；三是监控层：全天候、全天时监控时敏目标，为射前攻击敌导弹发射架、雷达站、指控节点提供关键保障；四是威慑层：提供地月空间范围的目标态势感知与快速进出空间与机动，应对太空攻防提出的挑战；五是导航层：提供GPS拒止环境下的定位、导航与授时能力，增强太空对抗条件下的联合作战保障能力；六是战场管理层：提供基于分布式人工智能的战场管理、指挥、控制与通信，包括星上智能自主任务规划、数据处理、加密分发等，为战术用户直接提供太空信息支援；七是地面支持层：提供大规模小卫星星座快速机动发射测控的运载系统与地面设施，部署便携式、系列化、智能化卫星应用终端,为灵活、弹性、敏捷的在轨系统提供配套地面系统支持,构成天地一体、经济实用的下一代太空体系。

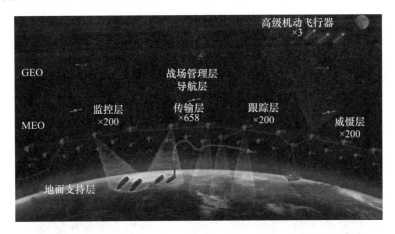

图 2.7 下一空间体系架构示意图

从上述 7 层体系架构可以看出,跟踪层与监控层主要服务于导弹防御,针对高超声速飞行器等先进天基目标的全程目标探测、跟踪与指示;威慑层与导航层主要面向太空攻防对抗,作战范围从低轨道、地球静止轨道扩大延伸到更高更远的地月空间;战场管理层面向太空智能化发展,进一步增强天基信息支援联合作战的时效性和便捷性;地面支持层提供大规模小卫星星座的快速发射、测控与应用支持,确保对抗条件下小卫星星座的快速补充与更新,提高卫星大规模地面应用效能;传输层提供天地之间、不同功能层卫星之间、同一功能层不同卫星之间的互联互通,构成下一代太空体系的技术基础与共性支撑。可以预见美军下一代太空体系在发展理念上已经发生了颠覆性的变化,已经从以前的"大贵全、低风险"转变为"弹性、经济和规模化",在目标定位上聚焦太空攻防领域(导弹防御、目标监视、导航保障等),更加强调实用性、实战性、一体化设计、高灵活、高弹性。美军下一代太空体系实现并投入实战,必将对导弹防御和太空攻防作战带来颠覆性影响,并对世界各国太空装备体系建设带来变革。

2) 远程预警雷达

美军现役远程预警雷达主要有以下四型:"丹麦眼镜蛇""铺路爪"系列(包括 AN/PFS - 115 及其升级型 AN/FPS - 132,其中 AN/FPS - 132 也称为改进型早期预警雷达 UEWR)、海基 X 波段雷达(SBX)、地基 X 波段雷达(包括 AN/TPY - 2 及其前置部署型 FBX - T 雷达),这四型预警雷达主要用于弹道导弹预警,其部署情况如表 2.1 所列。美国目前主用的远程预警雷达包括 5 部 P 波段和 1 部 L 波段相控阵雷达。而 3 部改进型早期预警雷达(UEWR)部署于阿拉斯加的克利尔、英国的菲林代尔斯和格林兰的图勒,分别于1987年、1992年和2001年升级为固态相控阵雷达,用来探测卫星及从北方和东方对美国本土和加拿大实施攻击的洲际导弹;2部工作于P波段的"铺路爪"雷达(AN/FPS-132型)部署在马萨诸塞州科德角的奥蒂斯空军基地和加州比尔空军基地(图2.8),分别用于探测从大西洋和太平洋的潜艇发射的弹道导弹;1部L波段双面阵的"丹麦眼镜蛇"雷达(AN/FPS-108型)部署在阿拉斯加州谢米亚岛(图2.9),用于搜索、探测海上发射的弹道导弹及洲际弹道导弹。

图2.8 "铺路爪"远程预警雷达

图2.9 "丹麦眼镜蛇"远程预警雷达

第 2 章 战略预警系统的现状与发展

表 2.1 美国远程预警雷达部署情况

名称	雷达阵面	部署阵地	工作频率/MHz	作用距离/km	主要任务
AN/FPS-132	三面相控阵	菲林代尔斯	420~450	4800	对弹道导弹的探测、跟踪并计算弹道数据,兼近地空间目标监视
AN/FPS-132	双面相控阵	图勒	420~450	4800	对弹道导弹的探测、跟踪并计算弹道数据,兼近地空间目标监视
AN/FPS-132	双面相控阵	克利尔	420~450	4800	对弹道导弹的探测、跟踪并计算弹道数据,兼近地空间目标监视
AN/FPS-132	双面相控阵	比尔	420~450	5500	对弹道导弹的探测、跟踪并计算弹道数据,兼近地空间目标监视
AN/FPS-132	双面相控阵	科德角	420~450	5500	对弹道导弹的探测、跟踪并计算弹道数据
AN/FPS-108	单面相控阵	谢米亚	1175~1375	4600	观测搜集远程弹道导弹及其再入飞行数据以及空间目标监视

注:作用距离是对雷达反射截面为 $1m^2$ 目标

3) 多功能相控阵雷达

美军目前装备有 GBR-P 和 SBX-1 两部大型 X 波段跟踪识别雷达,以及若干部 AN/TPY-2 机动型多功能雷达。其中,GBR-P 雷达部署于太平洋中部夸贾林环礁靶场,主要用于中段反导拦截试验。SBX-1 雷达安装在钻井平台上,母港位于阿留申群岛阿达克港,可根据需要灵活部署,主要用于防御俄罗斯方向来袭的弹道导弹和进行中段反导拦截试验(图 2.10)。AN/TPY-2 机动型多功能雷达主要用于对助推段弹道导弹的跟踪识别和 THAAD 系统的末段高空防御(图 2.11)。截至 2017 年 12 月,美军在日本青森县、经岬、韩国星州、土耳其、以色列、威克岛、关岛、夏威夷、阿拉斯加等地各部署 1 部 AN/TPY-2 雷达,在阿联酋、美国本土各部署 2 部 AN/TPY-2 雷达,总计部署 13 部。

4) 空基预警系统

美军正在积极研制平流层高空飞艇(HAA)和空基红外(ABIR)无人机载导弹预警系统等空基反导预警系统,HAA 可长时间停留在美国大陆边缘地区上空,监视可能飞向北美大陆的弹道导弹、巡航导弹等目标。该系统可以在空中连续停留一个月以上,最终作战型可以停留 1 年。ABIR 无人机载导弹预警系统将红外传感器安装在无人机上探测和跟踪弹道导弹。2014 年 10 月 17 日,美国在夏威夷组织的一次"宙斯盾"系统反导试验中,一架 MQ-9 无人机装载 MTS-B 型多光谱瞄准系统,对导弹目标进行了跟踪、导引,这是无人机首次参加"宙斯盾"反导系统实弹试验。

图 2.10 海基 SBX 预警雷达

图 2.11 AN/TPY-2 雷达

2.2.3 防空预警体系

1. 防空体系建设情况

美国的防空体系始建于 20 世纪 50 年代,1947 年美国空军正式成立防空司令部,为了统一指挥北美大陆的防空力量,1957 年 9 月 1 日美国和加拿大联合建立"北美防空司令部",即后来的"北美航空空间防御司令部",主要针对苏联的威胁,发展了北方防空预警体系,从 50 年代的反飞机预警线到 80 年代的远程预警系统、近程预警系统和联合监视系统,到 90 年代升级的地基预警系统以及 E-2、E-3 和 E-8 空基预警平台,随着空基预警技术的发展,美国已经形成了兼顾多种能力的防空预警体系。美国本土防空的指导思想在 50 年代以前主要是防御轰炸机,自从 50 年代后期苏联有了洲际导弹之后,就转为以防御洲际导

第 2 章
战略预警系统的现状与发展

弹为重点,强调攻防兼备的"积极防空"。美国本土防空体系建设以防空反导一体化的建设思路开展。系统主要由远程预警系统、近程预警系统、联合监视系统和空基预警系统等四部分组成,主要用于对来袭战略轰炸机、巡航导弹实现早期发现、识别、跟踪、定位和预警。

1) 远程预警系统

远程预警系统包括北部预警系统和超视距系统,北部预警系统在加拿大北边线部署,共 56 个雷达站,主要探测从北美上空来袭的轰炸机和低高空巡航导弹,可在其到达美国本土前 1~2h 发出警报。北部预警系统由三条预警线组成:第一条预警线为远程预警线,从阿拉斯加到冰岛的格陵兰,沿着北纬 70°的 5800km 正面上部署 56 部雷达站;第二条预警线为加拿大中线(松树线),即沿加拿大中部约 4800km 的距离上构筑第二道预警防线;第三条为近程线,即沿美、加边界部署了第三道预警线。近程线主要部署无人值守雷达站,用于探测低空飞行的敌机和巡航导弹。苏联解体后,加拿大中部线被撤销,目前北美预警系统只保留了远程预警线和近程预警线。北方预警系统主要负责对来袭轰炸机和巡航导弹的预警,可对来袭目标提供 3h 预警时间。超视距系统分别位于美国东西海岸的莫斯克和克拉马斯基地。在美洲大陆的东西海岸共部署 6 部 AN/FPS-118 超视距雷达,形成东西各 180°的探测扇面,可探测 900~3500km 以内从大西洋、太平洋上空来袭的目标。能探测地面、海面至电离层各种高度的目标,主要与空中预警机配合,实现提前发现和为境外拦截提供目标情报信息,同时也可以与大型相控阵雷达协同,执行战略预警任务。

2) 近程预警系统

近程预警系统又称"松树线"系统,在美、加交界线加方境内沿北纬 49°线配置,横贯加拿大东西海岸,共设有 24 个雷达站。配备各种用途的雷达 100 部,平均每个站装备 4 部雷达,它们的有效探测距离可达 800km,有效引导距离约 320km,能够对由加拿大上空进入美国本土的来袭飞机提供 20min 预警时间。该系统能够准确地测定敌机的方位、距离、高度,有效配合各军种实施防空拦截任务。

3) 联合监视系统

联合监视系统是一个保卫美国和加拿大领空的航空警戒监视系统,由美国空间和美国联邦航空局共同管理,共由 9 个控制中心和 85 个雷达站构成,其中围绕美国周边的 47 个雷达站、加拿大东部与西部的 21 个雷达站、阿拉斯加的 11 个雷达站以及夏威夷的 6 个雷达站。美国本土的 47 个雷达站中有 36 个雷达站为空军和美国联邦航空局共用。每个雷达站一般包括一部 AN/FPS-88 远程监视雷达、一部 AN/FPS-90 测高雷达和一部 ARSR-3 远程空中监视雷达。

联合监视系统主要负责国土防空预警、反恐预警和空中管理。该雷达网系统在美国本土及其周围形成一个宽度达320km的雷达监视覆盖区。该系统兼负防空、民航空中交通管制的双重任务,平时可用于民航空中管制、对空监视、防空预警与跟踪,战时可监视本土防区的空情,探测、跟踪和识别来袭的敌机和巡航导弹,并与空中预警系统配合指挥引导防空武器拦截。

4) 空基预警系统

空基预警系统主要由 E-2C、E-3A、E-8 三个系列的预警机和气球载雷达组成,既能探测、识别和跟踪空中目标,又能指挥引导地面防空武器和空中战斗机实施拦截,从而兼具预警与指挥控制双重职能。它是战略预警系统的一种补充手段。美国海军装备有15个E-2C预警机中队,约100架E-2C,海军的E-2C"鹰眼"系列主要针对海面及陆地低空目标(巡航导弹、飞机),自动实时对2000个目标进行跟踪,并控制40多个空中截击任务,是美国唯一的舰载预警机系列,也是使用最广的预警机,出售给日本、中国台湾等多个国家和地区;空军的E-3A"望楼"系列预警机目前在美国本土部署33架,主要针对空中目标(低空小目标至高空大目标),作为空中预警和指挥机,指挥能力较强,东、西海岸各设置了一道空中预警线,该预警机在9km高度飞行,对高空目标的探测距离达500~650km,对低空目标探测距离达300~400km,对巡航导弹探测距离达270km,可同时处理300~400批目标,识别200批目标。空军的E-8"JSTARS"系列预警机主要面对战场监视,其机载SAR/GMTI系统具有对地面目标成像与动目标检测的功能,可发现地面上50000km^2内的各种目标,并能够引导和指挥作战飞机和地面部队发起攻击;该机还装备有既能保密又抗干扰的监视与控制数据链、Link-16数据链设备等先进通信系统,可使其与机动的陆军地面站、E-3预警机等作战单元实时交换包括卫星数据在内的各种数据。美军对上述空基预警系统的更新换代将进一步使战略级、战区甚至战术级的各级预警系统纵横贯通、连成一体,从而极大地提高其整体预警能力。气球载雷达具有良好的低空探测能力,目前在美国国内共部署了13个气球载雷达站,该系统的突出特点是机动能力强、情报传输速度快、侦察监视范围广,尤其适合于对低空目标的探测预警。至今,美国在全球范围内共部署了34架E-3预警机,其中大部分在北美大陆和西欧,少部分在韩国和沙特阿拉伯等地。E-2预警机主要用于为海军航空母舰战斗群及其海上战斗编队提供战区级预警支持,同时可指挥控制各类舰载武器平台实施协同作战,但目前尚未完全纳入战略预警体系。

2. 防空体系构成

美军认为,随着航天技术的发展,使空袭和反空袭作战从过去的大气层内迅

第 2 章
战略预警系统的现状与发展

速发展到外层空间,增加了作战的区域,从而使反空袭作战发生了质的变化。未来的战场防空将与反导融为一体,因此美军拟建立防空、防天、反导的三合一战略防御体系。按照美军的理论观点,美国本土防空体系的建设也突出了航空航天一体的作战理论,非常具有前瞻性。美军航空和空间防御预警系统由防空预警系统、弹道导弹预警系统和空间目标监视系统组成。超视距雷达、远程探测雷达、近程探测雷达和机载预警雷达组成的多层立体空防预警系统不仅能对中高空入侵的目标进行监视,还可对任何方向、任何高度的目标提供 4~5h 的预警时间,空间目标监视系统还可全面地对绕地球行进的各种飞行体进行监视。美国本土防空反导体系主要由 5 部分组成。

1) 北美航空空间防御司令部

美国本土防空的最高作战指挥机构是北美航空空间防御司令部,它直接对美国参谋长联席会议负责,统一指挥北美大陆的空中防御力量。美国国家军事指挥当局的指挥方式主要是:北美航空空间防御司令部收到由预警卫星和远程弹道导弹探测雷达提供的警报信息后,将与其他 3 个中心(国家军事指挥中心、国家预警军事指挥中心和战略空军司令部地下指挥中心)举行"会议",以查明警报信息的真实性和袭击的严重性,及时确定如何作出反应的最后方案。

2) 航空空间防御预警系统

航空空间防御预警系统由防空预警系统、弹道导弹预警系统和空间目标监视系统组成。防空预警系统由远程预警线、近程预警线、空中预警线和联合监视系统组成。如美国本土防空体系的弹道导弹预警系统主要由天基预警卫星系统、北方弹道导弹预警系统、潜射弹道导弹预警系统以及海军空间监视系统 4 部分组成,可对不同方向、不同高度的来袭弹道导弹实施全阶段、高精度预警监视,构成了覆盖全球的战略反导预警网。它在功能上可兼顾战略和战术预警,在手段上天基与陆基相结合,探测网络遍及全球。

3) 航空空间防御作战指挥与控制系统

航空空间防御作战指挥与控制系统由北美航空空间防御司令部夏延山指挥所和各防空作战控制中心两部分组成。位于夏延山的美国战略司令部(USSTRATCOM)和北美防空防天司令部(NORAD)装备的综合空间指挥和控制(ISC2)系统,是作战指挥官综合指挥与控制系统(CCIC2S)的螺旋式发展下的最初系统。CCIC2S 将首次建立美军的公共、全球空间和战略指挥与控制体系结构,最终把用于空域监视、导弹防御以及空间控制的各层系统联成整体,而耗资 15 亿美元、为期 15 年的 ISC2 系统正在将 40 多套不同的、烟囱式的系统整合到单一的基于标准开放框架的 CCIC2S 体系结构之内,可实现在联合系统、传感器、联合部队之间的实时数据共享。

4）防空与空间拦截武器系统

防空与空间拦截武器系统由空军战术飞机截击系统、反弹道导弹拦截系统和反卫星拦截系统组成,主要任务是担负对轰炸机、巡航导弹、弹道导弹、卫星及其他空间飞行器的拦截任务。近年来,随着世界各国军事航天的迅速发展,美国认为其空间优势地位受到潜在威胁。为此,美军大力推进空间控制战略,加紧研制空间对抗武器装备,在增强空间态势感知能力的基础上,积极提高防御性和进攻性空间对抗能力。

5）民防警报系统

民防警报系统由全国警报系统以及"州和地方警报系统"两部分组成,主要用于向公众发布空袭警报。美国民防警报系统拥有超过 7 万 km 长的专用电话线路以及 986 个警报站。全国警报系统可直接从北美航空空间防御司令部地对空监视系统获取情报,并依据情报和北美航空空间防御司令部指示,向全国发布空袭警报。

2.2.4 空间目标监视系统

美国的空间监视系统采用天地一体化的监视方式,由地基和天基系统组成。其中地基系统以雷达和光学为主、天基系统以光学为主。自 20 世纪 60 年代开始,经过 50 多年的发展,美军的地基空间态势感知装备在体系完整性、技术成熟度、投资规模等方面已经具备了一定优势,形成了"天地一体、全球覆盖、高低轨兼顾"的空间态势感知能力。美国的空间目标系统除了对航天器进行监测外,还负责对轨道碎片和自然天体的运行情况进行掌握,分析目标信息、进行目标编目以掌握空间态势,向民用、军用航天器活动提供空间目标信息态势保障。

美国最初发展了以地基为主的太空态势感知系统,目前美国用于空间目标探测的感知系统已经遍布全球,并且能够在特定区域内实现对空间目标的连续探测和监视。地基系统已经完成了全球 25 个站址的部署,拥有 30 余台套探测设备,建立了两个专用的空间目标监视指控中心。当前美国的地基系统与反导系统是一体化建设的,探测的手段包括光学和雷达。这些装备包括专用型、兼用型和协助型三种。专用型的监视装备任务是执行空间目标监视,由战略司令部负责运行,包括部署于美国本土艾格林空军基地的 ANFPS-85 相控阵雷达、部署于阿森松岛的 AN/FPQ-15、AN/FPQ-15-19 机械雷达,部署于挪威的 Globus-Ⅱ机械雷达,部署于澳大利亚的机械雷达以及 3 套位于迪戈加西亚、毛伊岛和索科罗的地基光电深空监视系统。兼用型的装备主要任务是进行弹道导弹预警、发射靶场支援等,同时提供一定的空间目标监视能力,主要由战略司令部负责运行,主要包括部署于世界各地各类型的相控阵雷达 AN/FPS – 120、AN/FPS – 120、AN/FPS – 123、AN/FPS – 126、AN/FPS – 115 等。协助型的监视装备是由其他机构运行,在战略司令部提出请求的情况下,根据相关协议和合同协助进行空间目标监视,主要包括 4 套位于夸贾林环礁的机械雷达,包括 Tradex 目标分辨与辨别试验设备、Alcor – C 频段观测雷达、ALTAIR 远程跟踪与测量雷达、MMW 毫米波测量雷达,4 套位于维斯托夫的机械雷达,包括干草堆超宽带成像雷达、辅助雷达,2 部磨山石雷达以及位于夏威夷毛伊岛的地基光电毛伊空间监视系统。美国新一代的空间篱笆系统已经部署完成,新一代的地基核心光学装备部署完成后,美国空间态势感知新一代地基系统基本成型。

由于地基光学设备对低轨目标监测时间有限,国际上已经不再采用光学手段对低轨空间目标进行监视。现有的关于空间目标的观测数据很大程度上依赖于各类地基雷达。美国空间司令部已经实现编目的低轨空间目标中,地基雷达的贡献占到 99.8%。在地基空间目标监视的基础上,美国还积极开展了天基空间目标监视的研究。

1. 空间目标监视系统建设情况

美国从 20 世纪 60 年代开始发展空间目标监视系统,具备对空间目标全天时、全天候的监视能力,已建成遍布全球、天地一体的空间目标监视系统,并正在进行更新换代,以实现覆盖全轨道高度的空间目标监视能力。在地基方面,美国建立了由 30 多部地基光学探测系统、无源射频信号探测系统、雷达探测系统、指挥控制中心组成的空间监视网。美国空间监视网拥有对大部分空间目标进行编目管理的能力,但还不具备在任何时候对所有空间目标进行持续监视的能力,主要根据任务需要在一段时间内对特定目标进行观测。目前,美国空间监视网可探测的目标直径是低轨为 10 cm,地球同步轨道为 1m;目标定位精度是低轨为 1km,地球同步轨道为 10km。

1) 地基空间目标监视系统建设

当前美国的地基空间目标监视系统与反导系统是一体化建设的,地基目标监视系统作用距离达到 4 万 km,可探测轨道高度低于 6400km,直径大于 1cm 的目标,可精密跟踪、定轨该轨道高度 10cm 直径以上的目标;可探测同步轨道直径大于 10cm 的目标,可以精密跟踪、定位该轨道高度直径 30cm 以上的目标。根据 2019 年的数据,美国能够编目 38000 个以上空间目标,能够对直径大于 10cm 的 18000 个空间目标进行探测、跟踪、分类,能够对直径大于 30cm 的空间目标进行精确探测和跟踪,并能实时感知深空微小目标。对低轨道目标 24h 预报精度 100m,对中高轨目标 24h 预报精度达到 1km 以内,能够对空间目标的变轨作出准实时响应。到 2020 年，估计美国能够实现 20 万个目标的编目数量，对于低轨 1cm 目标实现 10m 的定位精度，中高轨 10cm 以上目标实现 100m 的定位精度。到 2030 年，探测范围将覆盖各种轨道空间，能够探测识别 5cm 以上低轨目标、10cm 以上中高轨目标。

为加强地基空间监视系统建设，美国主要采取了以下措施：一是汰旧换新。美国关闭了运行 52 年的旧"空间篱笆"（space fence）系统，以节省开支。2014 年 6 月，美国空军开始研制新的"空间篱笆"系统。新一代"空间篱笆"是美军空间态势感知能力重大升级中的主要系统，旨在提高美军的太空目标探测与跟踪能力，尤其是环太平洋太空活动感知能力。升级完成后，新一代"空间篱笆"将使空间监视网的目标跟踪能力提高 10 倍，地球同步轨道目标的跟踪量级达 10cm，低地球轨道目标的跟踪量级将达到 1cm。该项目于 2020 年初获得初始运行能力，预计 2022 年具备全面运行能力，从而显著提升美军空间态势感知能力。新一代"空间篱笆"系统是世界上最大的 S 波段单基地相控阵雷达，采用调频脉冲信号，频率为 2~4GHz，可对中、低轨道高度目标进行探测，最佳状态可跟踪低地球轨道上 1cm 大小的空间目标。该系统每天可探测 150 万次，探测目标数量为 20 万个。系统部署于低纬度地区，可实现对全部轨道倾角的低轨目标的跟踪与编目。按最初计划，"空间篱笆"系统拟通过全球分布的 3 个 S 波段相控阵电扫描雷达，对近地轨道和中地球轨道目标进行监视，并对优先级高的目标进行跟踪测量。3 个布站地点分别位于太平洋夸贾林环礁、澳大利亚西部哈罗德·霍尔特海军基地以及南大西洋英属阿森松岛。其中，夸贾林环礁场站部署的首部"空间篱笆"雷达安装工作于 2017 年 4 月，由美国空军启动，2018 年底完成了雷达站安装及"空间篱笆"美国空间操作中心的整合测试。二是填补盲区。目前，美国在南半球部署的空间目标监视系统较少，只在南半球赤道附近有零星部署，存在覆盖盲区。因此美国拟在澳大利亚部署空间监视望远镜和 C 波段雷达，不但能提高对东半球和南半球覆盖能力，改善美军地基中/高轨探测监视能力的不足，而且可提高对地球同步轨道区域微小目标的探测能力，发展对空间的广域、快速搜索监视能力。三是提升能力。美军将改造联合空间作战中心的任务系统，提升空间指挥、控制和数据分析能力。

2）天基空间目标监视系统建设

随着美国空间攻防项目的不断演进，美国发现地基空间目标监视系统并不能适应新形势下空间攻防的需求，主要有以下原因：地基系统布站固定，只能在空间目标过顶的时候进行探测，并且监视的连续性难以保持；受雷达功率孔径限制，地基雷达作用距离有限，主要用于低轨道空间目标监视；地基光学可以观测到中高轨道目标，但是受到光学系统探测机理的影响，无法在弱光或者无光条件下使用,无法保证全天候、全天时的观测能力;地基系统探测距离近、频次低,因此对空间目标的定位精度也不够,不足以保证空间攻防精度的需求。为了有效弥补地基系统的固有缺点,美国进一步发展了天基系统。

从1996年开始,美国即开始大力发展天基态势感知系统,为后续空间攻防进行充分的技术以及装备储备。在天基态势感知系统中,美国采用低轨、高轨和感知攻防两用系统3条交互发展路线。天基空间监视系统具有不受地理位置限制、可全天候工作、可进行广域空间监视、探测跟踪深空微小目标能力强等特点。美国在加强地基空间目标监视系统的同时,正在加紧建设天基空间态势感知系统。

在低轨空间目标监视系统中,最为核心的是星历可精调天基望远镜(STARE)微纳卫星星座和天基空间监视系统(SBSS)星座;在高轨系统中,最为核心的是地球同步轨道空间态势感知项目(GSSAP)系统和GEO目标监视微纳卫星星座,在感知/攻防两用系统中,最为核心的是低轨XSS-10/11和高轨近场自主评估防御纳星(ANGELS)卫星。2010年9月,美军发射了SBSS首颗"探路者"卫星,并于2013年4月正式服役。SBSS可全天时、全天候进行空间态势感知,每天提供1.2万次对深空物体的观测;与地基监视系统每次只能观测一个目标不同,SBSS可同时观测多个深空目标,部署后空军的空间物体观测能力提高了5倍。其后继项目可能将使用由在低轨道运行的3颗尺寸更小的卫星组成的星座,对地球同步轨道的物体保持监视。目前,相关的技术研发工作正在进行,并计划在2021年前发射。

2. 空间目标监视系统体系构成

1) 美国空军空间监视系统

美国空军空间监视系统(AFSSS)的前身是美国海军空间监视雷达(NAVSPASUR),是一种连续波多基地雷达系统。该系统由3个甚高频(VHF)雷达发射站和6个接收站组成,工作频率为216.98MHz,沿北纬33°线部署,从佐治亚州塔特纳尔延伸至加利福尼亚州的圣地亚哥,建立一个东西方向数千千米的巨大电磁波束带。在轨空间目标在穿过波束时会反射雷达发射的信号,地面上的多个接收站通过干涉检测测量目标的俯仰角和多普勒值,最后通过多个接收站对同一目标的多圈次观测结果来确定目标的位置、速度和轨道信息。该系统主站能够探测到轨道高度为24000km的目标,对雷达反射截面积(RCS)为$0.1m^2$的目标探测距离为3687km。

2) 美国"太空篱笆"系统

2009年2月,美国"铱"-33卫星与俄罗斯报废军用"宇宙"-2251卫星相撞,美国未能预测出这一事件,反映出了美国空间监视网在全面监视空间目标和及时预警方面存在的不足。同时,鉴于空军空间监视系统存在的种种缺陷和不足,美国空军提出研制新一代"太空篱笆"计划。

新一代"太空篱笆"计划由监视雷达和联合太空作战中心任务系统(JMS)所组成。监视雷达使用2个露天运动场大小的S波段雷达阵列,分别部署于夸贾林环礁和西澳大利亚以提高空域覆盖(图2.12)。系统收发共址,但发射站与接收站间距大于100m。S波段比原系统的甚高频波段频率更高、波长更短,可以提高雷达探测的精度和分辨率,形成能力后该系统能够追踪到超过20万个直径大于2.03 cm的物体,将大幅提高美军空间探测能力。

图2.12 美国太空部队在马绍尔群岛夸贾林环礁上的"太空篱笆"系统

2014年6月,美军签署S波段"太空篱笆"地基雷达样机研制合同。该雷达为大型单基地相控阵雷达,采用调频脉冲信号朝东西方向扫描,预计部署后该雷达每天可进行150万次探测,跟踪数量达20万个。重点对中低地球轨道上尺寸大于5cm的目标进行跟踪。2016年,洛克希德·马丁公司在新泽西建立了一个小规模"太空篱笆"雷达测试场,该雷达测试场在2016年1月底首次成功跟踪卫星,并实现了端对端雷达闭环。此次试验为"太空篱笆"项目后续雷达安装和维护提供经验,并有效降低了该项目在马绍尔群岛部署全尺寸S波段雷达的风险。美国空军在2017财年为该项目申请了1.68亿美元的预算,太空与导弹系统中心于2019年12月宣布,"太空篱笆"已经进入试验阶段,其中包括成功追踪印度反卫星试验产生的碎片。"太空篱笆"系统在2020年3月达到初始作战能力,最终耗资15亿美元,其主要性能参数如表2.2所列。"太空篱笆"由位于亚拉巴马州亨茨维尔的第20太空控制中队负责管理,该中队向位于加利福尼亚州范登堡空军基地的第18空间控制中队提供数据。

表2.2 "太空篱笆"系统主要性能参数

体制	S频段单脉冲固态有源相控阵
分辨率	对$1m^2$目标,虚警概率$1×10^{-6}$,检测概率90%以上,法向探测距离大于11000km
波束宽度	发射波束120°×0.2°,接收波束0.2°×0.2°
发射功率	4MW,单元功率约8kW
脉宽和周期	脉宽2ms,周期20ms
发射机数量	512个
天线口径	发射20m×0.04m,接收22m×22m
天线增益	发射30dB,接收58dB
天线阵元数	发射512个,接收512×512个
工作带宽	1MHz
最大探测高度	40000km

3）美国AN/FPS-85空间目标预警和跟踪雷达

建成于20世纪60年代末的AN/FPS-85雷达是世界上最早的有源相控阵雷达,部署在美国佛罗里达州埃格林空军基地。该雷达最初是为探测潜射弹道导弹(SLBM)而制造的。1988年,当建在佐治亚州洛宾斯空军基地的"铺路爪"雷达服役时,该雷达就成了一部专用的空间探测雷达,主要任务是完成空间碎片的探测、跟踪、识别和编目,是美国空间碎片监视网的重要组成部分。

AN/FPS-85是一部计算机控制的大型多功能相控阵雷达,各个单元的相位是由计算机控制的,可使波束迅速移动。其雷达系统主要性能参数如表2.3所列。其雷达波束主轴对准墨西哥海湾的正南方,并能在该轴的两侧延伸至60°的圆弧上进行信号的发射和接收。此外,雷达能够对大范围空间进行扫描,跟踪大量目标,所获取的目标信息都自动地传送到夏延山的北美防空司令部。AN/FPS-85雷达采用模拟相控阵体制,发射和接收阵面分开,阵面倾斜角45°,雷达波束可以覆盖俯仰角0°~105°(从雷达水平面到超过天顶15°)和方位角30°~150°(正北)的探测空域。因此,能够跟踪在高仰角北向的目标。AN/FPS-8雷达能够同时跟踪近地轨道和深空空间的物体,低轨道上接近95%的目标都从该雷达的作用范围通过。

表2.3 AN/FPS-8雷达系统主要性能参数

体制	相控阵,准单站
探测能力	对10000km处RCS为$1m^2$目标信噪比大于50dB,可同时跟踪200多个空间目标
波束宽度	发射波束1.4°,接收波束0.8°

续表

体制	相控阵,准单站
发射功率	32MW(峰值),400kW(平均)
角度覆盖范围	120°(方位),0°~105°(仰角)
阵列单元	5184(发射阵),39000(接收阵,分别馈入4660个接收机)
阵列尺寸	29.6m×29.6m,60m(八角形接收阵宽度)
工作频带	UHF波段(中心频率为442MHz)
布站位置	北纬30.72°,东经273.79°

4) GLOBUSII雷达

GLOBUSII雷达(AN/FPS-129),先前称为HAVESTARE雷达,曾部署于加利福尼亚州的范登堡空军基地,1996年开始计划在海外选择新的站址,并在1999年中期作为专用的空间监视雷达,支持对深空目标的空间目标编目任务和任务效果评估。新的站址位于挪威北部的Vardo(接近俄罗斯边界),在新站址上建成后的雷达称为GLOBUSII雷达,其雷达系统主要性能参数如表2.4所列。它采用27m机械抛物面天线,方位0°~360°,俯仰0°~90°,发射功率200kW,工作在X频段10GHz频率,具有1GHz信号带宽,可以产生25cm分辨率的雷达距离-多普勒图像,可以探测1~10cm尺寸范围内的空间碎片,雷达每天能对100个深空目标进行监视,每天能提供3个深空目标的空间目标识别图像宽带数据。雷达除了进行空间目标监视任务之外,也为挪威军事情报部门服务。

表2.4 GLOBUSII雷达系统主要性能参数

体制	单脉冲机械跟踪、成像雷达;单站
工作频段	X波段
覆盖范围	0°~360°(方位),0°~90°(仰角)
探测能力	对厘米级目标探测距离为45000km
天线口径	27m的抛物面天线
发射功率	200kW
波束宽度	0.08°
布站位置	挪威Vardo,北纬70.3671°,东经31.1271°

5) 地基光学空间目标监视系统

(1) 空间监视综合系统。位于夏威夷群岛毛伊岛的空间监视综合系统主要由 3.7m 光学射电（E-O）望远镜构成，系统具有以下特点：一是自适应光学成像系统能够提供高分辨率图像和近地目标的标准数据；二是长波红外探测器（LWIR）可以提供红外图像/温度图，以及近地目标的标准数据；三是放射和光度探测器提供深度空间目标可见的中波红外（NWIR）图像，长波红外图像，以及温度信息图；四是通过高精确的光学-射电通信操作指令，可以让系统具有智能监视功能。

（2）地基光电深空监视（GEODSS）系统。GEODSS 目前包括 3 个地面跟踪站，西班牙 Moron 空间基地有一部望远镜也用于为 GEODSS 提供数据，3 个地面站非标配备了 3 台光学望远镜，主望远镜具有 101.6cm 口径和 2°的视场角（FOV）。辅助望远镜具有 38.1cm 口径和 6°FOV。具有夜间运行功能，2000 年完成的升级中将原有的附属望远镜升级为主望远镜。GEODSS 用于探测距离地面高度 5500km 到同步轨道的深空目标。

6）天基空间目标监视系统

1996 年，美国发射了"中段空间试验"（MSX）卫星。MSX 卫星上搭载的主要设备有：空间红外成像望远镜、紫外和可见光照相机和天基可见光传感器，其主要任务是对导弹中段的探测和跟踪，进行导弹中段预警。该项目于 1997 年完成了技术验证，并开始将项目和技术融入空间目标监视系统中，项目在 1998 年正式运行，2008 年退出使用。MSX 卫星验证了新一代导弹预警和防御所用探测器技术，收集和统计了有价值的背景和目标数据，其成熟技术都将转换到美国新一代天基空间目标监视系统上，即 2020 年前后将完成的、部署在低地球轨道上的"天基空间监视系统"（SBSS）和 2015 年前完成的、部署在地球同步轨道上的轨道深空成像（ODSI）系统。

（1）美国"天基空间监视系统"（SBSS）。SBSS 项目于 2002 年正式启动，美国空军在其发布的《空军转型飞行计划》文件中，明确提到研制和部署 SBSS 和 ODSI 系统。其主要目的是建立一个低地球轨道光学遥感卫星星座，用于发现、识别和跟踪空间目标。系统具有较强的轨道观测能力，重复观测周期短，并可全天候观测。SBSS 将使美国对地球静止轨道卫星的跟踪能力提高 50%，同时美国空间目标编目信息的更新周期由现在的 5 天左右缩短到 2 天，从而大大提高美军的空间态势感知能力。SBSS 由 5 颗卫星组成（图 2.13），将分两个阶段进行建设：第一阶段的目标是发射一颗 Block10 卫星替代原来的 MSX 卫星，首颗卫星已于 2010 年 9 月发射，在 2011 春季投入运行，它是美国为提高空间目标和活动监视能力，完全掌握空间战场态势而研制的天基武器系统，它是整个系统的先导星，称为"探路者"，每天可收集 40 多万条卫星信息，用于监视近地轨道物体；第二阶段将部署由 4 颗 SBSS 卫星组成的卫星星座，并将采用更为先进的全球空间监视技术,完成整个系统建设。在2010年完成了SBSS-Block10卫星的发射,在2020年完成星座部署。

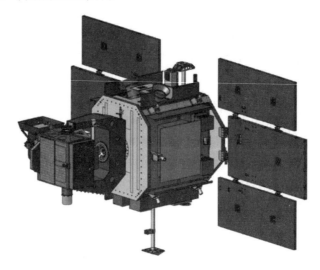

图 2.13　SBSS 卫星示意图

美国SBSS系统具有五大特点:一是监测跟踪目标多。SBSS可对地球同步轨道(GEO)以下的所有太空目标进行监测和跟踪,可对直径大于0.1m的1.7万个太空目标编目,监视30万个直径在0.01m以上的太空物体,跟踪800多颗在轨卫星。二是编目更新周期短。与美国空间监视网配合,SBSS的编目更新周期将由原来的7天缩短到2天。三是定轨精度高。SBSS对低轨道目标的定位误差不超过10m,对高轨道的定位误差不超过500m,可及时提醒己方航天器规避轨道碎片。四是深空探测能力强。SBSS系统建成后,在任意时刻都能保证有一颗卫星对GEO进行全轨道监测,对GEO目标监测能力将提高50%以上。五是不受天候影响。SBSS系统不受恶劣天候的影响,可全天候工作,并能一天24h连续不断地工作。SBSS系统成功部署后,美国将形成天地一体化空间监视系统,具有强大的太空态势感知能力,拥有绝对的"非对称"太空优势。

SBSS卫星能搜索整个空间,主要用于深空目标的搜索,也可执行近地目标的搜索任务。由SBSS卫星发现的近地目标,可由大孔径地基系统继续探测和跟踪。其特点是不用考虑复杂大气的影响,覆盖范围广,能够在任意时间、任何天气完成空间监视任务,其最终目的是完全取代地基空间监视系统。美国空军空间司令部宣称SBSS-Block10的卫星已拥有初始作战能力(IOC),这标志着美国天基监视系统在其研发周期内已具有实战能力。这个卫星由轨道科学公司在 2010 年 9 月 25 日发射升空,是 SBSS 系统的第一个卫星。根据计划,随后将发射的 SBSS - Block20 是由 4 颗卫星组成的星座,比 Block10 功能更强,稳定性更好。

(2) 美国"轨道深空成像"(ODSI)系统。根据《空军转型飞行计划》,美国空军发展和完善空间态势感知系统的中期计划是发展 ODSI 系统。设想中的 ODSI 系统将是一个由运行在地球静止轨道的成像卫星组成的卫星星座,其主要功能是提供地球静止轨道上三轴稳定卫星的图像。这不仅可大大改善美国目前空间目标监视系统的跟踪能力,还能获取空间目标的特征信息,进行空间目标识别。其主要任务是执行空间目标识别、跟踪和监测高轨道物体,拍摄地球静止轨道空间目标的高分辨率图像,并实时或定期地提供相关信息,支持整个空间战场感知和空间对抗作战。

ODSI 卫星所采集的目标卫星图像经过星上处理下发给用户,并利用其运行轨道与目标运行的地球静止轨道的周期差产生相对运动,卫星在"飞越"目标过程中对目标进行高分辨率成像,帮助美国军方获取地球静止轨道卫星的相关信息,以识别和确认卫星属性。由于 ODSI 卫星以星座方式工作,能提高监视实效性。

(3) 地球同步轨道空间态势感知项目(GSSAP)。GSSAP 是美国空军和轨道科学公司隐蔽研制的空间监视卫星系列,提供运行在近地球同步轨道区域天基监视能力,作为一个专用的空间监视网传感器支撑美国战略司令部空间目标监视行动。GSSAP 卫星采集空间态势感知数据可更精确地跟踪和描述人造轨道目标特征。

2014 年 7 月 28 日两颗 GSSAP 卫星从佛罗里达州的卡纳维拉尔角空军基地搭载美国发射联盟的 DeltaIVM + 火箭发射升空。GSSAP 是美国空军的机密项目(图 2.14),用于为美国战略司令部监视地球同步轨道的碰撞威胁和潜在对手的不法活动。2014 年 2 月,美国空军航天司令部司令谢尔顿首次披露该项目。GSSAP 卫星由轨道科学公司建造,体积小,配备有光电传感器,在执行监视任务时可根据不同监视方向,在地球同步带上下机动。GSSAP 卫星通过全球范围的空军卫星控制网(AFSCN)地面站传递信息到达科罗拉多州的施里弗空军基地,其第一空间作战中队第 50 空间联队负责 GSSAP 卫星的日常运行监视。另外两颗 GSSAP 卫星于 2016 年搭载"宇宙神" - 5 火箭发射。

GSSAP 卫星在近地球同步带运行,还能够执行交会对接操作。专家曾表示,使用在同步轨道上频繁机动的操作有可能对卫星造成毁伤,因此,卫星必须能表现出空前精准的轨道机动与控制能力。美国空军航天司令部航空航天与网络作战主任称,GSSAP 不取代当前运行的 SBSS 和"先进技术风险降低卫星",这

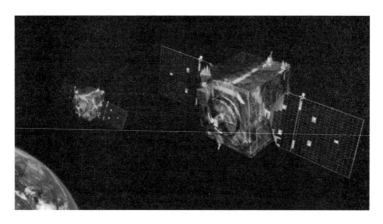

图 2.14 GSSAP 卫星示意图

两个系统在低地球轨道上运行具有不同的功能。GSSAP 将部署到地球同步轨道附近,对于观测地球同步轨道物体具有非常独特的优势,从而能清晰地表征空间物体的属性,而不仅仅是跟踪空间物体。GSSAP 将填补对地球同步轨道的监视能力缺口。美国空军在地球同步轨道部署有贵重的空间资产,如先进地提供核指挥与控制通信的先进极高频(AEHF)卫星以及监视敌方导弹发射以提供预警的 SBIRS。GSSAP 标志着美国空间监视能力的重大进步,可更好地避免空间碰撞并探测威胁,促进美国识别对手试图躲避探测的行动,并发现对手可能拥有对高轨道空间资产存在威胁的能力。

(4) 微卫星空间监视系统。美国正在研制的微卫星也将成为空间监视的力量之一。微卫星星座由多颗微卫星编队飞行,每颗微卫星可装备不同类型的探测器,如可见光、红外、微波探测器等。这些微卫星组成一个观测系统,同时观测监视特定区域或特定目标,这样可以实现全方位、高精度的目标观测、监视和识别。这种用于空间监视的微卫星能有效满足美军未来空间对抗的需求,它与其他具有广域空间监视能力的系统配合使用,相互补充,可极大地提升美军空间监视能力,从而更为有效地支持美军空间攻防。

目前,美国可能用于空间目标监视的微小卫星项目主要有近场自主评估防御钠星计划、试验卫星系统(XSS)计划和小型轨道碎片探测、捕获与跟踪(SODDAT)计划。此外,美国空军研制的 SBIRS 和 STSS 卫星尽管都是为实现导弹防御而研制的系统,但也具有很强的天基空间目标监视能力。

① ANGELS 计划。2005 年 11 月,美国空军研究实验室提出 ANGELS 研制计划(图 2.15),该方案是利用质量小于 15kg 的纳卫星对在轨空间资产进行监视,作为其他空间监视手段的有力补充。ANGELS 卫星于 2011 年和主卫

星一起发射,被送入地球静止轨道,而后与主卫星分离,并在主卫星附近做贴近飞行,监视主卫星周围的空间环境。这颗小卫星将验证监视地球静止轨道较大卫星的能力。ANGELS 携带 12kg 的望远镜监视其他卫星,主要执行监视空间天气情况、探测反卫星武器和诊断主卫星技术问题等操作。ANGELS 计划中的空间态势感知系统能对地球静止轨道上卫星附近区域提供连续的监视,并详细探测进入这一区域内的目标及确定该目标的特征,这一能力对有效保护空间资产至关重要。

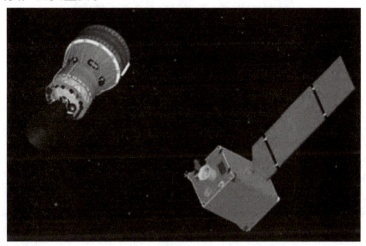

图 2.15 ANGELS 卫星示意图

② XSS 系列卫星。XSS 系列卫星是一项空军研究项目,该项目将利用多颗小卫星执行近距离军事行动,即围绕其他卫星机动,以便执行监视、服务或攻击等任务。美国空军的 XSS 微卫星已经进行了一系列的飞行试验,演示了对空间目标的监视能力。由波音卫星系统公司研制的第一颗微卫星 XSS – 10 质量为 28kg,已于 2003 年 1 月由德尔塔 – 2 火箭发射入轨。该卫星在 800km 的轨道上 3 次逼近德尔塔 – 2 火箭第 2 级,分别在 200m、100m、35m 的距离上对火箭第 2 级进行了拍照,演示了半自主运行和近距离监视空间目标的能力。XSS – 11 是美国空军研究实验室研制的新一代 XSS 系列微卫星(图 2.16),质量为 100kg。作为先进的空间试验平台,XSS – 11 主要试验对空间目标的监视能力及演示先进的轨道机动与位置保持能力。2004 年发射的 XSS – 11 对空间目标的监视能力进行了试验。2005 年,XSS – 11 微卫星又成功进行了针对 DSP – 23 导弹预警卫星的逼近、绕飞等试验。从美国空军的 XSS 系列微卫星进行的飞行试验不难看出,美军已经掌握了空间微卫星近距离定点监视的最为关键的技术。

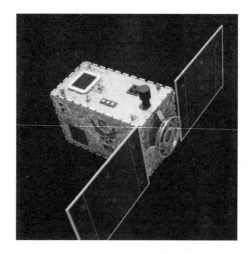

图 2.16　XSS-11 微卫星示意图

2.2.5 水下预警探测系统

1. 水下预警探测系统建设情况

美国水下预警探测体系最早是从美苏水下对抗开始建设的。第二次世界大战后,苏联优先发展水下作战兵力,潜艇装备发展迅速,尤其是可携带导弹的核潜艇对美国构成巨大威胁。美国认为,对付核潜艇的最好方法是在远海建立水下反潜预警系统,在广阔的海域中对水下潜艇进行跟踪和定位,并在其进入对美国产生威胁的距离之前,引导攻击型核潜艇和 P-3 反潜巡逻机对其实施拦截。为此,美国从 1954 年开始分阶段在大西洋建立了挪威海、格陵兰至英国、美国东海岸等三道固定式水下监视系统(SOSUS),在太平洋建立了第一岛链、阿留申至夏威夷群岛、美国西海岸三道固定式水下监视系统。SOSUS 采用压电式水听器阵列,主要布放于大洋深海,通过海底电缆将信号传输至岸上进行处理和信息分发。为了弥补固定式水下警戒系统的不足,美国海军又研制了海洋监视船拖曳阵列传感器监视系统(SURTASS),扩大对远海水域潜艇活动的监测范围,并作为固定式水下警戒系统失效时的紧急备用系统,逐渐形成综合水下监视系统,基本实现对苏联海军潜艇活动的全天候监控。

从 20 世纪 80 年代开始,美国开始研制固定分布式系统(FDS)来替代日渐老化和落后的 SOSUS,FDS 采用了光纤传输技术、局域网技术和先进的信号及信息技术,可布放于深海、海峡、浅水濒海地区和其他重要海域,提供威胁目标的位置信息和精确的海上图像,提高了对低噪声潜艇的探测能力。冷战结束后,随着我国综合国力的不断增强,美国将中国视为主要战略对手,在海洋战略方向上,对我海军尤其是潜艇的装备发展和兵力行动高度警惕,在针对苏联潜艇的反潜体系基础上,依托第一岛链特殊地理环境,构筑了针对我国潜艇兵力的水下预警探测体系。在原有深海水下预警探测系统的基础上,进一步加以扩充和完善。为了探测、定位在浅水近岸环境中的安静型潜艇,美国还开发了一种可迅速展开的、大面积短期使用的先进可部署系统(ADS)。该系统由部署在各地的水面舰艇、反潜直升机投放,可在战争冲突发生前期或期间快速部署在预定作战海域。图 2.17 是美国水下预警监视系统构成示意图。

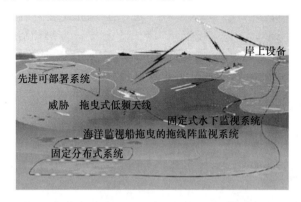

图 2.17　美国水下预警监视系统构成示意图

2. 水下预警探测体系建设与发展

1)装备建设方面

近年来,美国海军进一步扩大了水下预警监视的范围,在原有系统的基础上,将舰载拖线阵声呐和艇载拖线阵声呐入水下预警探测体系。美国随时保持 12 艘潜艇在世界大洋中活动,在承担潜伏、监视和监听任务的同时,还利用艇艏声呐、舷侧阵声呐和拖线阵声呐等传感器获取水下信息数据。航空母舰、巡洋舰、驱逐舰和护卫舰等各种水面舰艇也利用水下探测设备获取水下信息,其舰载反潜直升机对敏感海区进行水下探测和搜索,并将数据带回舰上进行综合处理。美国海军获取水下信息的另一重要手段是遍布全球的 P-3C 反潜飞机。P-3C 反潜飞机通过在侦察海域投放声呐浮标来获取潜艇目标和声速梯度的信息,同时将获取的反潜信息记录于 AN/AQH4 记录仪上,飞返基地后将磁带交由遍布全球的反潜作战中心(ASWOC)分析处理。

2)信息处理方面

为保障水下预警探测体系的高效运转,必须对各种手段获取的目标信息进行充分有效的处理和应用,分析挖掘出有价值的信息资源。从冷战开始,美国海军就把建设全球性的水下信息体系放在极为重要的位置上。经过几十年的发展,美国海军建立了功能及配套齐全的信息处理中心,从空中到海面到水下,可全天候监听采集、记录、保存和分析所得到的各种水声信息,并构建了世界上规模最大的分布式水声信息库。美国海军水声信息处理中心分为岸基水声信息处理中心和移动水声信息处理中心。其中,岸基水声信息处理中心又分为反潜作战中心和水面舰艇反潜分析中心(S2A2C)。反潜作战中心以海洋监视信息(如SOSUS 水声预警监视系统的输出)以及 P-3 飞机等送回的数据为基础,主要用于支援岸基 P-3 反潜飞机。S2A2C 用于进一步分析处理由航空母舰、巡洋舰、驱逐舰和护卫舰所带回的记录反潜水声数据的磁带。反潜作战模块(ASWM)是装备在航空母舰上与 ASWOC 功能相近的设备,称为移动反潜数据处理中心。ASWM 用于重放处理 S-3B 或 SH-60F 反潜侦察机带回的磁带,并在航空母舰返港时将磁带交给水面舰艇反潜分析中心 S2A2C 做进一步的分析处理。

2.2.6 战略预警中心

1. 指挥机构

国家军事指挥中心(NMCC)是美国 1959 年建造并交付使用的战略指挥控制系统。它是目前美国也是全球范围内最大的军事指挥控制系统,办公地点位于五角大楼内部,主要用于美国总统和国防部长在平时至三级战备时对全部武装力量实施指挥。国家军事指挥中心由四个室组成:一室为态势显示室,用于处理各战区实况情报。二室为紧急会议室,主要用于紧急时期国家指挥人员在这里指挥,室内设有大屏幕显示器,可以显示预警系统及探测系统提供的所有情报、各司令部指挥中心传来的情报、各战区总部战略情况和各种预测信息。三室是通信中心,设有参谋长联席会议预警网、自动电话会议系统、全球保密电话会议系统和紧急文电自动传输系统,可以保障国家指挥当局与各司令部的通信联络。此外,还设有美、俄总统"热线"终端,必要时可直接与俄国领导人进行通信联络,以降低核战风险。四室是计算机室,负责处理、保存及更新各种渠道得来的情报。

美国不仅能够在陆地灵活指挥控制战局发展态势,而且在空中也同样有世界最强大的指挥控制系统,它就是国家紧急机载指挥所(NEACP),如图 2.18 所示。这一飞行指挥机构是 1975 年建成的,最初的指挥所是设在 3 架 E-4A 型飞机上。随着航空航天飞行技术的不断改进,到 1978 年后,被 4 架 E-4B 型飞机取代,机身选用波音 747 客机,主要用于对全国部队实施战略指挥。美国为了能在核战中占据主动地位,准备在地面核战争指挥所被对方摧毁后,可以迅速地进行第二次核反击,于是就建立了这个飞行的指挥控制堡垒。由这4架E-4B指挥机构组成的国家紧急机载指挥所的有效工作面积为429m², 工作室分为三层:上层是机组人员和导航设备舱,主要是空中服务和设备保障;下层(底层)装有各种通信与电子设备;中层的主舱是指挥控制的"大脑中枢",主舱共分为6个功能区,分别是指挥工作区、会议室、任务规划区、作战参谋区、通信控制中心和休息区。

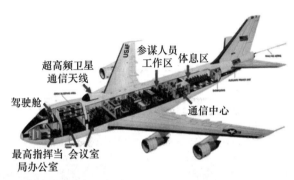

图2.18 国家紧急机载指挥所

针对防空防天,美国专门建立了夏延山地下指挥中心。由北美防空防天司令部(NORAD)和美国航天司令部(US Space Command)组成的"夏延山地下指挥中心"(CheYenne Mountain),是美国和加拿大在1961年5月共同组建并于1966年交付使用的,主要用于美国和加拿大防空作战指挥控制系统。该中心基本上是一个自给自足的社会,发电站、配电系统、给排水设施、通信系统、空调系统等基础设施都是独立的。夏延山地下指挥中心由7个部门组成,它们分别是航空警戒中心、导弹预警中心、航天控制中心、综合情报中心、系统中心、天气中心和控制中心。夏延山地下监控中心:一为北美防空司令部提供有关弹道导弹和航空器入侵北美大陆的情报;二为美国航天司令部提供所有的能观测到的、围绕地球运行的航天器资料。

2. 指挥机制

指挥流程方面,指挥权与行政权分离,由战略司令部统一协调,由战区司令部分区负责,确保对全球弹道导弹威胁"尽早拦截、全程拦截"。美国战略司令部下属的一体化导弹防御联合职能司令部(JFCC-IMD)负责弹道导弹防御作战力量的统一协调指挥,进行导弹防御作战计划、集成和协同,优化分层防御策略。美军各战区作战司令部负责实施本战区的导弹防御作战,其中本土导弹防御作战由北美防空防天司令部与北方司令部成立的联合指挥中心实施指挥控制。美国战略司令部下属的空间联合职能司令部(JFCC – SPACE)设有导弹预警中心,负责协同、计划、实施全球范围内的导弹、核爆、空间再入事件的探测,为美国和加拿大地区提供准确、可信和及时的战略预警信息。以地基中段防御作战为例,在日常状态下,由战略司令部行使指挥权;在战斗状态下,战略司令部授权北方司令部行使作战指挥权,由战略司令部和太平洋司令部支撑北方司令部作战。由北方司令部直接负责对导弹旅/营的指挥控制,导弹旅/营的指挥系统负责对拦截武器的火力控制,平时和战时各个司令部的指挥权移交关系如图2.19所示。

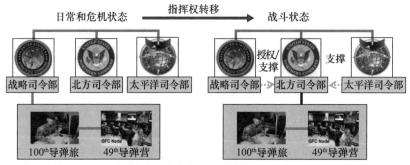

图2.19 指挥权移交关系示意

3. 指挥控制系统

指挥控制、交战管理、通信(C2BMC)一体化系统项目于2002年正式启动,是美国战略预警体系的中枢神经系统,其主要任务是通过网络把分布在世界各地的各军种传感器、武器系统、区域作战管理和通信系统有效地集成到一起,所有参与者能根据需要获取特定区域的信息,为分散在各个地方的指挥人员提供综合的共用作战图像并协调武器部署的决策,使指挥人员能运用最有效的武器对各飞行阶段的来袭目标进行拦截,实现以网络为中心的一体化、分层弹道导弹防御。C2BMC系统分为司令部级和基地级,通过网络将各个司令部和基地连接起来形成分布式一体化指挥控制系统。

C2BMC主要提供的能力如下:实现传感器组网,融合来自BMDS的各个分系统的数据,使各级指挥层获得弹道导弹防御的公共、统一、综合态势感知;协调和集成战区弹道导弹防御计划、全球弹道导弹防御支援计划,达成同步各种军事行动,实现全球一体化弹道导弹防御的目标;通过优化传感器 – 武器系统组合来实现最大杀伤率,建立各传感器与武器系统的配对关系,由能获得最佳作战效果的防御系统对目标进行拦截;以数字化和自动化的方式对多个传感器、武器、目标和交战场景进行建模和评估;以网络为中心,以 GIG 为基础,允许相关作战部门共享弹道导弹防御系统数据集和数据库,并为作战单位提供通信连通能力。

2.3 俄军的战略预警系统

2.3.1 发展历程

苏联拥有庞大的预警探测力量,俄罗斯继承了苏联战略预警体系的主体,经过近 20 年的发展,具备了全方向防空预警和弹道导弹预警能力,并可监视美国本土东部、大西洋北部和欧洲大部分地区的弹道导弹发射情况。苏联/俄罗斯战略预警体系的发展历程,大致分为以下三个阶段。

1. 快速构建阶段(1945—1991 年)

这一时期,苏联认为其面临的主要威胁:一是来自美国弹道导弹和战略轰炸机的大规模核攻击、美国巡航导弹的突然袭击;二是美国的西欧盟国拥有的战略打击武器袭击;三是来自中国的弹道导弹袭击。主要出于与美国的对抗考虑,其军事战略先后经历了"积极防御战略"—"火箭核战略"—"积极进攻战略"的演变过程。

苏联在雄厚经济实力支持下,投入巨资建设了较为完善的战略预警系统。先后组建了陆基防空预警力量、空基防空预警力量、陆基弹道导弹预警力量、陆基预警和目标指示雷达力量、宇宙空间监视力量和预警卫星力量。其中,陆基弹道导弹预警力量包括 10 部第一代"鸡窝"雷达(作用距离 1900km)、2 部第二代达利亚尔雷达(作用距离 6000km)。"弧线"超视距雷达作用距离 3000km,可对来自美国、西欧、中国以及西起中国东海岸东至关岛的太平洋地区的战略袭击提供早期预警,并可跟踪 5500 个空间目标。此阶段的主要特点:一是预警系统完备,建成集防空预警、反导预警和空间目标监视三部分力量构成的战略预警系统;二是分散管理,反导预警和防空预警由防空军负责,空间目标监视由国防部太空部队负责。

2. 停滞衰落阶段(1991—2000 年)

苏联解体后,国家整体实力削弱,东西方两大阵营对抗消失,美国成为唯一超级大国,面对来自美国等西方军事强国的潜在威胁,俄罗斯将军事战略调整为"现实遏制",力求利用自己的武装力量坚决反击侵略。到了 20 世纪 90 年代中期,依据当时独联体国家签署的"导弹袭击预警系统和宇宙空间防御协定",俄罗斯国防部出台了重建俄罗斯导弹预警系统的构想。1995—1996年,俄罗斯对发展和完善导弹预警系统计划作出重大修改和调整,明确提出减少航天器的数量,研制新型预警雷达,同时对现有雷达进行现代化改造。

除天基预警卫星仍按原定计划继续发射外,俄罗斯其他战略预警体系建设处于停滞或缓慢进行的状态。到2000年,俄罗斯战略预警体系已变得残缺不全,多部远程预警雷达的部署计划中止或延期,部分海外雷达站被迫关闭,天波超视距雷达仅剩部署于海参崴纳霍德卡的雷达(面向西太方向)仍在工作。此阶段各项预警项目建设趋于停滞,指挥权空天分离。受整个国家政局和经济实力影响,体系建设处于松散、缓慢甚至停滞的状态。1998年俄罗斯启动军队改革方案,将战略火箭军、军事航天部队和反导防御部队合并为战略火箭军,将空军和防空军合并为空军。国土防空由空军指挥,反导预警和空天目标监视由战略火箭军负责。

3. 恢复发展阶段(2000年至今)

这一时期,俄罗斯着力恢复大国地位,面临美国在中亚和东北亚的扩张、北约不断东扩的威胁及国际恐怖主义和国内分裂势力对俄罗斯国家安全造成的新挑战。俄罗斯继承并发展了"现实遏制"战略,提出了应以现有力量抗击敌空中和太空袭击的军事战略。随着经济逐步复苏,俄罗斯并没有大量增加军费开支,而是以"缩小规模、提高质量"为指导,将军费集中用于提高打赢未来战争的关键能力上。普京总统宣布未来10年俄罗斯将斥资22万亿卢布用于武器装备发展,其中重点是战略核力量、导弹预警系统和空天防御力量。在2002年4月总统普京主持召开的一次会议上,抵制新威胁、重建俄罗斯导弹防御系统被提上议程,重新激活A-135导弹拦截系统,并于2004年、2007年成功开展两次A-135反导拦截试验。此外,俄罗斯着力对整个地面雷达枢纽网、超视距探测雷达站和远程预警雷达站进行技术改造与升级。为强化空天防御能力,俄军正在组建多用途一体化太空系统。该系统的一项任务就是提高俄军导弹预警能力。该系统服役后,俄军导弹预警系统不仅能监测到敌方洲际导弹及潜射弹道导弹的发射,还能监测到敌方战术导弹的发射。

俄罗斯计划再发射10颗新型预警卫星和建设5部雷达,并在2020年前完成导弹预警系统升级。未来还计划发射10颗天基预警卫星,这些卫星主要用于对敌方发射的导弹进行识别和战斗控制。根据俄罗斯2020年前的武器发展计划,"第聂伯"雷达和Dary-a1雷达将被"沃罗涅日"雷达替代。"沃罗涅日"雷达已部署在圣彼得堡、加里宁格勒、伊尔库茨克及克拉斯诺达尔地区,而位于克拉斯诺雅茨克、阿尔泰地区及奥伦堡市区域的雷达已通过验证测试。在 2019 年底,"沃罗涅日"雷达部署在摩尔曼斯克和沃尔库塔地区。俄罗斯的早期预警雷达系统除具备对全境的导弹预警能力外,还能监测包括飞机、直升机、无人机,不同射程的巡航导弹和弹道导弹以及卫星和各类航天器活动,并为反导系统和防空系统提供实时情报。

根据俄罗斯近年陆续出台的《2010 年前武器装备发展规划》和《2007—2015 年国家武器装备计划》等一系列政策,为了应对以美国为首的西方国家的威胁,在提高战略进攻能力的同时,俄罗斯正在不断恢复和提高战略防御能力。为贯彻这种"攻防一体"的战略思想,俄罗斯积极谋求建立完善的战略预警体系。针对目前战略预警系统老化、性能不稳定以及规模不足的现状,俄罗斯制定了《完善俄联邦侦察系统和空域监视 2000—2010 年规划》,以发展军民两用空域监视体系及对亚洲地区空域的监视能力,使俄罗斯在 2015 年前构筑一个覆盖俄罗斯全境的导弹防御网。此外,俄罗斯航天兵司令在 2008 年 2 月 3 日也宣布,"俄罗斯将在 2011 年底前建成一个独立的太空系统,监视全球陆基洲际弹道导弹和潜射弹道导弹发射。"除了对现役各型雷达的升级改造,提高其远程探测能力、数据处理能力及抗干扰能力外,该系统还将采用新型卫星和预警雷达,组建由 9 颗 US-KS 卫星与 3 颗 US-KMO 系统卫星构成的天基预警卫星星座,实现全方位的弹道导弹预警探测。该系统既可跟踪战略导弹发射,又可跟踪战术导弹的发射。该系统的建设将大大提高俄罗斯战略攻防能力,并使其"还击-迎击核突击"战略成为可能。2017 年 12 月 22 日,据俄罗斯塔斯社报导,国防部长谢尔盖宣称,"首次全覆盖的雷达系统已经在俄罗斯周边建立起来。"

2.3.2 防空预警体系

俄罗斯防空预警体系以地面防空预警系统为主体,以空中预警系统为支撑,采取要地和区域相结合的防空布局。

1. 地面防空预警监视系统

地面防空预警系统的中近距雷达主要以全国各大城市为中心,俄罗斯境内有 7000~10000 部对空监视雷达,主要由苏联时期部署在各加盟共和国的警戒、引导、测高和目标指示雷达组成,采用交错配置,构成一个多层地对空警戒系统,堪称世界最复杂的预警系统。该系统的特点是规模和覆盖面积很大,对周边重要方向实施严密监视;各雷达站重叠覆盖,可靠性好,但对低空目标的探测能力较为有限,主要依靠空中预警机来弥补地面雷达探测低空目标能力的不足。俄罗斯空军目前装备约 2600 部常规雷达,在亚洲地区部署了 5 个旅 17 个雷达团、704部雷达。这些雷达主要分为三类：一是边境雷达，其探测距离为450～600km，用于支援拦截部队；二是目标捕获与火控雷达，用于支援俄罗斯境内上千个战略地对空导弹发射场；三是支援地对空导弹的移动式雷达，探测距离为600km。

俄罗斯防空预警监视系统根据任务分为四种类型：一是侦察雷达，主要由米波雷达和分米波雷达组网，为各级指挥所和部队做好战斗准备提供充足的预警时间；二是战斗雷达网，主要是向各级指挥所和部队提供高质量的雷达情报；三是指标雷达网，主要是完成日常对空监视任务和为保障部队日常训练提供雷达情报；四是低空雷达网，主要是探测从沿海和平原地区可能入侵的低、小、慢目标。

2. 空中预警系统

俄罗斯依靠空中预警机弥补地面雷达探测低空目标能力的不足，俄罗斯装备有图-126预警机、安-71预警机、雅克-44舰载预警机、卡-31舰载预警直升机和A-50预警与控制飞机。A-50型空中预警机共装备21架（图2.20），其对高空目标的探测距离为620km，对低空巡航导弹的探测距离为170km，并可同时引导12架战斗机作战，指挥具有下视下射能力的米格-31战斗机拦截低空飞行的巡航导弹。

图2.20　A-50预警机

俄罗斯于21世纪初开始对A-50进行升级，升级后的预警机型号为A-50U。新的A-50U预警机采用全向旋转雷达天线罩，装备有源相控阵雷达，进一步提升了情报处理、目标识别、无线电通信和卫星导航能力，并有效解决了噪声干扰和超高频辐射问题。相比于A-50预警机，A-50U预警机探测距离由之前的650km提高到800km,跟踪目标由150个提高到300个,且可对650km外的轰炸机和450km外的战斗机进行侦察探测。首架升级后的A-50U预警机于2011年10月由别里耶夫飞机公司移交给俄罗斯空军,之后分别于2013年4月、2014年3月、2016年12月向俄罗斯空军交付了其他3架升级后的A-50U预警机(图2.21)。A-50U预警机主要驻扎在俄罗斯伊万诺沃的北方空军基地。

图2.21 A-50U预警机

俄罗斯于21世纪初开始计划研制新一代预警机A-100。A-100以伊尔-476机身为基础进行改造研制,使用新的VegaPremier有源相控阵雷达,在探测距离和跟踪目标数量方面较A-50预警机都有明显提升,其探测距离可以达到1000km。

2.3.3 导弹预警系统

1. 系统组成

俄罗斯弹道导弹预警系统由地面预警雷达系统和天基预警卫星系统构成,地面预警雷达系统分两层部署:第一层是部署在西部和东部的4部后向散射超视距雷达,朝向美国的洲际弹道导弹发射场并监视中国洲际导弹的发射,其中部署在尼克拉耶斯夫附近的一部雷达,专门监视中国弹道导弹发射,部署在尼古拉耶夫斯克和欧洲地区明斯克的两部雷达直接对准美国的弹道导弹发射场,部署在海参崴附近的纳霍德卡用于监视美、日等国在太平洋地区的军事活动,超视距后向散射雷达可对洲际导弹的攻击进行预警。这些雷达对美国洲际导弹的攻击能提前30min预警,雷达的作用距离为8500km。超视距雷达与预警卫星系统配合使用,对洲际弹道导弹提供30min的预警时间,对潜射弹道导弹提供

5～15min的预警时间,对超声速飞机和亚声速飞机分别可提供1.5h和3h的预警时间。第二层为大型相控阵雷达,重点保障以首都莫斯科为核心的国家重要目标免遭导弹袭击,为拦截打击系统提供战略预警情报,并兼顾对俄罗斯航空航天兵器及洲际弹道导弹的发射保障任务。

俄罗斯天基预警卫星系统是由HEO预警卫星和GEO预警卫星组成的天基预警卫星网,主要用于担负对敌弹道导弹的早期预警任务。俄罗斯自称目前有9颗HEO预警卫星在网工作,已形成对美国全境洲际导弹发射场的全天时覆盖,其预警能力与美国相当。俄罗斯的导弹预警卫星能测定导弹发射场的大概位置,对陆地发射的洲际弹道导弹提供30min预警时间;能对袭击俄罗斯的潜射导弹提供预警,对潜射弹道导弹提供5～10min预警时间。

2. 装备组成

俄罗斯经过导弹防御兵、航空兵、航天兵等部队资源的整合,作为战略预警体系中战略袭击侦察预警系统的一部分,逐步形成了以首都防御为主的本国反导预警体系。俄军的弹道导弹预警系统主要包括预警卫星、远程预警雷达和超视距雷达。

1)预警卫星

由苏联时期发展而来的第一代预警卫星"眼睛"和第二代预警卫星"眼睛"-1(图2.22)已于2014年全部退役,之后俄罗斯失去了弹道导弹预警系统中的天基预警传感器。在2014—2015年间,俄罗斯曾经面临一段时间的天基预警真空,失去了对全球弹道导弹活动信息的监测和预警能力,为此俄罗斯在"眼睛"系列预警卫星系统基础上建设新一代"统一空间系统"弹道导弹预警卫星(图2.23)。2015年11月17日,俄罗斯在普列谢茨克航天发射场成功发射"统一空间系统"的第1颗导弹预警卫星"冻土带"(编号"宇宙"-2510),该卫星位于HEO,近地点高度1128.4km、远地点高度39239.7km、长半径26555km、倾角63.8°、重访周期717.8min。这颗卫星是俄罗斯要在2017—2021年之间建立的新一代弹道导弹预警卫星网络中的第一颗,使俄罗斯重新拥有导弹预警卫星,提高了导弹袭击预警能力,预警卫星的覆盖范围如图2.24所示。

2017年5月25日,俄罗斯再次成功发射"统一空间系统"的第2颗导弹预警卫星(编号"宇宙"-2518)。该卫星同样位于高椭圆轨道,近地点高度1663.8km、远地点高度38594km、长半径26499km、倾角63.8°、重访周期715.5min。"统一空间系统"卫星主要利用弹道导弹尾焰的红外辐射来实现预警。"统一空间系统"卫星具有5～6颗原"眼睛"预警卫星的能力。俄罗斯计划发射18颗"冻土带"导弹预警卫星,建成空间导弹预警网"统一空间系统",全面

图 2.22 "眼睛"预警卫星示意图

图 2.23 "统一空间系统"卫星

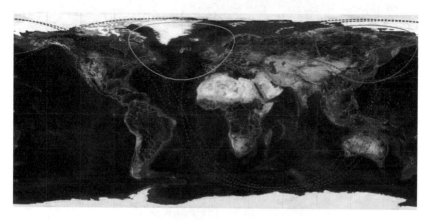

图 2.24 俄罗斯预警卫星覆盖范围

恢复太空预警能力。"冻土带"导弹预警卫星采用新的红外探测器和可见光电视摄像机,灵敏度高于以往"眼睛"-1系列等导弹预警卫星的探测仪器,具有更强的探测能力,可全天候、不间断地对全球进行侦察监视,对陆基弹道导弹和潜射弹道导弹的发射进行准确预警,判定导弹弹道参数和可能的落区。此外,该卫星还安装了作战指挥系统,可转发实施还击的指令。

2) 远程预警雷达

远程预警雷达发展经历3代,先后有"鸡窝"雷达(早期将第聂斯特雷达、第聂博雷达、达乌嘎瓦雷达等通称为"鸡窝")、达里亚尔雷达、"伏尔加"雷达和"沃罗涅日"雷达等高性能雷达,探测范围交叉重叠,形成对弹道导弹的全方位监视。发展至目前,俄罗斯共有9部远程预警雷达,包括1部第聂斯特雷达-U"鸡窝"雷达、2部达里亚尔雷达、1部伏尔加雷达、4部沃罗涅日雷达和A-135莫斯科反导系统中的1部"顿河"-2N雷达。"沃罗涅日"(Voronezh)雷达为俄罗斯第三代战略预警雷达,目前共发展了3种型号,即"沃罗涅日"-M、"沃罗涅日"-VP和"沃罗涅日"-DM雷达。俄罗斯力图建设和完善基于境内预警雷达装备的导弹预警能力,形成以莫斯科为中心、欧洲地区为重点的环形导弹预警网络。虽未实现全境、多层次、交叉式覆盖,但基本覆盖俄罗斯重点区域。此外,俄罗斯西部面对的欧洲地区依旧是俄罗斯导弹预警的重点区域,俄罗斯远程预警雷达的覆盖范围如图2.25所示。为了防范美国导弹穿越北冰洋、打击俄罗斯本土,俄罗斯北部将在3~5年内换装新型"沃罗涅日"系列雷达,以取代现有的两部苏联时代的雷达装备。

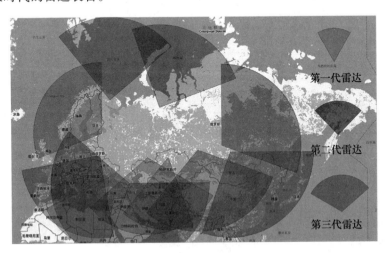

图 2.25 俄罗斯预警雷达覆盖范围

(1)"沃罗涅日"-M雷达。其为米波雷达,工作频段为30~300MHz,波长为1~10m。雷达探测方位角为120°，水平探测距离为4200km。第一台"沃罗涅日"-M雷达部署在俄罗斯圣彼得堡的列赫图西(Lekhtusi)。2005年开始部署，2012年开始执行作战任务，主要负责对正北方向的预警探测。

第二座"沃罗涅日"-M米波雷达部署在俄罗斯奥伦堡的奥尔斯克(Orsk)。2013年开始部署，2017年开始执行作战任务，主要负责对南面方向的预警探测。

(2)"沃罗涅日"-VP雷达。其为米波雷达，工作频段为30~300MHz，波长为1~10m。雷达探测方位角为120°，水平探测距离为6000km。第一台"沃罗涅日"-VP米波雷达部署在俄罗斯伊尔库茨克的米舍列夫卡(Mishelevka)。2011年开始部署，2014年开始执行作战任务，主要负责对俄罗斯国土南面方向预警探测。

(3)"沃罗涅日"-DM雷达(图2.26)。其为分米波雷达，工作频段为300~3000MHz，波长为0.1m。雷达探测方位角为120°，水平探测距离为6000km，垂直探测距离为8000km。

图2.26 "沃罗涅日"-DM雷达

第一台"沃罗涅日"-DM雷达部署在俄罗斯克拉斯诺达尔的阿尔马维尔(Armavir)。2009年开始部署，2015年开始执行作战任务。实际上该处布置了两台"沃罗涅日"-DM雷达，分别朝向西南方向和东南方向。

第二台"沃罗涅日"-DM雷达部署在俄罗斯加里宁格勒(与俄罗斯本土不相连)的皮奥涅尔斯基(Pionersky)。2011年开始部署，2014年开始执行作战任务，主要负责对西面方向的预警探测。

第三台"沃罗涅日"-DM雷达部署在俄罗斯克拉斯诺亚尔斯克的叶尼塞斯克(Yeniseysk)附近。2013年开始部署，2017年开始执行作战任务，主要负责对东面方向的预警探测。

第四台"沃罗涅日"-DM雷达部署在俄罗斯阿尔泰的巴尔瑙尔(Barnaul)。2013年开始部署，2017年开始执行作战任务，主要负责对南面中国西北部方向的预警探测。

3）超视距雷达

俄罗斯部署在远东尼古拉耶夫斯克和明斯克董燕 280km 处的两部超视距雷达,主要应对来自美国方向的威胁,其探测距离 3000~4000km,对美国发射的弹道导弹提供 30min 预警;第三部部署在欧洲地区尼古拉耶夫附近,面向东南,专门监视中国的导弹发射情况;第四部部署在海参崴附近的纳霍德卡,用于监视美、日等国在太平洋地区的军事活动,监视的范围从中国的东海岸到关岛地区。

2.3.4 空间目标监视系统

俄罗斯空间目标监视系统是伴随着其弹道导弹预警系统的建设而发展起来的,主要以地基系统为主,包括地基雷达、光学和光电探测器,与空间监视中心共同构成空间监视系统,由俄罗斯航天部队掌管。俄罗斯空间监视网每天能生成 5 万条左右观测数据,维持 8500 个目标的编目,其中大部分为低轨目标。俄罗斯空间监视系统目前主要受制于两个因素:一是没有形成覆盖全球的网络,监视的对象大部分为低轨目标,还无法达到对空域、时域的无缝覆盖;二是苏联解体后,俄罗斯需要租用部署在其周边邻国境内的空间目标监视系统。

1. 地基雷达系统

受地理位置分布局限,无法探测跟踪低轨道倾角和西半球的空间目标。据俄罗斯军方称,2001 年俄罗斯雷达网仅能覆盖 1/3 领土上的空间。俄罗斯可用于空间监视的雷达包括:部署在俄罗斯摩尔曼斯克、伊尔库斯克以及哈萨克斯坦巴尔喀什的"第聂伯河"电扫描米波雷达;部署在俄罗斯伯朝拉和阿塞拜疆明盖恰乌尔的"达利亚尔河"相控阵米波雷达;部署在白俄罗斯巴拉诺维奇的"伏尔加河"连续波相控阵分米波雷达以及俄罗斯圣彼得堡列赫图西的"沃罗涅日"-DM 米波雷达与"顿河"-2N 相控阵厘米波雷达。其中,"伏尔加河"雷达 2002 年开始部署,与"达利亚尔河"雷达相比,跟踪精度明显提高,能够发现和跟踪数千千米以外飞行中的弹道导弹和空间目标,并监测其飞行数据,具有较强的抗干扰能力。"沃罗涅日"-DM 是俄罗斯最新研制的超大型相控阵雷达系统,2005 年开始部署,可跟踪、识别 4800km 外的空间目标,可有效应对突然出现的高速目标,能在极其恶劣的条件下发挥作用,是俄罗斯新一代主力预警装备。

2. 地基光学系统

俄罗斯最先进的光学空间监视系统是位于塔吉克斯坦境内的"窗口"-M 系统,该系统为有源光电空间监视与跟踪设施。2015 年 7 月,俄罗斯首套"窗口"-M 地基光电空间监视系统具备完全运行能力。该系统可识别轨道高度 2000～40000km 的航天器,与地基雷达配合,能使俄军空间监视能力覆盖目前所有航天器的运行轨道,空间监视能力增强 4 倍。俄罗斯还计划在未来 4 年内,再建设超过 10 套"窗口"-M 系统,部署在阿尔泰以及滨海边疆地区,将为俄罗斯的未来遂行空间对抗提供支撑。

2.3.5 俄罗斯战略预警中心

1. 指挥机制

俄罗斯战略预警系统由总参谋部统一指挥,按照"集中指挥、分区负责"的原则,在总参谋部领导下,空天军担负对本军种的建设训练管理和部分作战指挥职能。俄军按规定对空天力量实施灵活高效的作战指挥。平时在总参谋部指挥下,由空天军组织俄军空天防御(防空)战备值班,并对值班力量实施总体领导;军区所属空防集团军对军区防空区域的战备值班兵力实施具体指挥。战时在实施全境战略性空天防御行动时,总参谋部对全军空天力量实施全面领导,空天军指挥本兵种所属空天力量遂行作战任务;在实施战略方向空天防御行动时,由军区司令指挥辖区内空天力量遂行作战任务,空天军提供支援保障。

2. 作战运用

俄罗斯战略预警和防空反导力量联合实施空天防御作战。俄军将作战空间划分为太空(100～40000km)、临近空间(30～100km)和空中(30km 以下)三个作战区域。根据《俄军事行动准备与实施教令》,俄军空天防御作战坚持以防为主、攻防兼备的作战原则,强调对重点目标实施全面预警和有效防护。作战样式是在总参谋部统一组织指挥下,梯次配置,逐层补防,采取防空、反导、反卫及电子对抗等作战样式,实施多系统联合作战,夺取制空天权。在作战使用上,针对敌弹道导弹攻击,战略预警系统发现敌来袭导弹后,通过指挥自动化系统,将预警警报与目标特征情报传送至国家防务指挥中心,同时传送至反导系统做好拦截准备,并通报各军兵种做好战斗准备。最高统帅部作出战略决策,通过国家防务指挥下达作战命令,防空反导兵团使用 A-135 战略反导系统防空导弹系统等对来袭空天目标实施拦截。

3. 能力水平

俄罗斯防空预警系统对低空目标探测距离为 150km,中空目标探测距离为 180～240km,高空目标探测距离为 250～600km,可在距离边境 400km 处发现并识别目标性质,为部队提供 10～30min 预警时间。

俄罗斯的导弹预警系统可对美国和西方其他国家的陆基、海基和潜射导弹发射以及核试验进行有效探测,对美国洲际弹道导弹发射提供早期预警信息。这些雷达对美国洲际导弹的攻击能提供 30min 预警,雷达的作用距离为 850km。超视距雷达与预警卫星系统配合使用,对洲际弹道导弹提供 30min 的预警时间,对潜射弹道导弹提供 5～15min 的预警时间,对超声速飞机和亚声速飞机分别可提供 1.5h 和 3h 的预警时间。

2.4　美、俄战略预警系统发展启示

美国、俄罗斯等西方军事强国为强化战略防御能力,投入了大量的人力、物力和财力。经过多年的建设发展,已经建成较为完备的战略预警体系,其中不少经验做法值得思考和借鉴。通过对美、俄战略预警体系发展的梳理,可以总结以下六点启示。

1. 将战略预警体系建设作为争夺战略制高点的重中之重

世界军事强国都把战略预警体系作为国家战略能力的重点来加速建设。一是战略预警在整个作战体系中具有支柱性优势。没有战略预警体系,就难以精确掌握战场态势,难以应对各种战略武器以及平台的袭击。二是运用战略预警形成"寓攻于防"的战略态势。相对于战略进攻武器,处于战略防御地位的战略预警,战略主动性问题尤为突出。建好战略预警体系更使战略性进攻武器在交战中取得主动,最终赢得战争。军事强国都通过加强战略预警体系建设抢抓战略机遇,谋求战略主动和战略优势。三是战略预警体系具有重要的威慑效应。战略预警体系建设可以营造对战争全局具有重要意义的有利地缘战略态势,对局部地区构成战略威慑。

2. 战略预警体系建设应立足国情

战略预警系统建设应立足国情,把握战略重点,紧密结合周边态势,建设适合本国发展的导弹预警体系。美国为实现"全球预警、全球到达、全球力量"的战略目标,通过整合各军兵种资源力量,并且积极拓展海外军事基地,抓紧建成了具有装备功能最完善、作战效能最强大、反应速度最灵敏的陆、海、空、天一体的全球性战略预警体系。俄罗斯的预警体系则是以首都防空反导预警为核心的本土防御体系,其建设布局与地缘政治高度契合,由于俄罗斯领土横跨欧亚大陆,且其欧洲部分集中了绝大部分的人口和生产力,并且呈现出以莫斯科为中心

向四周扩散的格局,因此各预警雷达围绕其欧洲领土形成环形防御,且以对西欧和北极两个方向为重点,以东、南方向为补充。

3. 注重对战略预警体系建设的顶层规划与综合集成

主要军事强国的战略预警体系建设:一是坚持科学设计,采用体系工程方法开展体系顶层设计,全力提升系统建设的技术水平和经济效益。美、俄在战略预警体系建设之初,始终强调以威胁为导向,不断强化顶层设计,确保体系建设的目标要求不发生大的偏差。美国国防部推动三位一体的体系顶层设计,对建立全球范围的预警监视体系制定了长达15年的总体规划,统筹全球打击、导弹防御、国土防空、空间攻防等作战需求,推进系统架构统一和信息共享,有效地保障了系统建设的协调发展。俄罗斯早在1992年即提出"空天一体防御"构想,及时确立了"合理配置、优化资源"的建设原则,强调对预警、指挥控制、武器等系统装备进行统一调整和部署,全力恢复和提高战略防御整体作战能力。二是坚持统一领导,世界主要国家注重加强战略预警体系建设的组织领导,成立国家战略预警体系建设领导机构,统领体系建设总体规划。三是坚持统筹规划,各国多根据国情和实际,分步骤、分阶段推进战略预警体系建设,依据国际形势和面临的空天战略威胁,统筹设计适合国情、军情的战略预警体系建设方案。四是构建一体化的综合集成信息系统,建设与联合作战体系相适应的指挥控制体系。主要军事强国普遍运用综合集成的方法,以期实现战略预警建设的一体化。在战略预警体系内部,美、俄等国战略预警体系建设坚持空、天、地、海预警一体,美军早在最初成立的北美防空防天司令部就通过综合集成来建设一体化战略预警体系,后又根据空天战场和空天一体作战的发展趋势,运用多手段、多平台、空天地预警一体的"陆、海、空、天一体化"的预警网;在体系与体系之间,特别是信息系统、指挥控制系统与火力打击系统一体化,组织好相关作战体系相互之间的综合集成,从而满足联合作战和协同作战的需要。

4. 战略预警体系的部署突出重点威胁方向

世界主要军事强国都把战略预警装备部署与探测方向指向各自现实或潜在的主要作战对手,表现出明确的战略方向性,对不可能构成战略打击威胁的方向则弱化部署或不部署。在总体部署上基于主要来袭(威胁)方向的判断,实施有重点的部署;在部署方式上,立足尽早、尽远、尽快发现目标,尽可能前伸部署;在装备应用上,成体系部署实现对天基预警卫星和地基预警雷达组网运用。美军战略预警体系部署主要针对俄罗斯、中国、伊朗、朝鲜等国,以本土和亚太、欧洲基地为依托基本上形成了覆盖全球的前置型部署态势;俄军的战略预警体系主要针对美国,以首都莫斯科为中心,以本土为依托,形成区域性的环形防御部署态势。

5. 导弹预警装备体系呈现多源、多维一体化融合发展趋势

导弹预警在装备体系构成上,当前趋势仍然是以天基、陆基为重点,海空基为补充,总体上呈现多维度、多信源一体化融合发展趋势。导弹预警要求全天候、全天时、全覆盖,反应快速、准确可靠、不漏警、不虚警。因此,导弹预警系统是体系化工程,既需要覆盖范围广的天基预警卫星,又需要跟踪精度高、识别能力强的各种类型的雷达。在作战运用上,需要陆、海、空、天多平台协同工作、多手段相互补充、多信源相互印证,从而克服单一平台、手段虚警率高,反隐身、抗干扰能力弱、战场生存能力差的缺点,实现平台多样化、传感器网络化、多信息融合化,有效提高导弹预警的及时性、准确性以及对反导作战、战略核反击信息支援的可靠性、有效性。

6. 空间目标监视和导弹预警体系建设成一体化发展趋向

空间目标监视装备和弹道导弹预警装备具有很高的通用性,因此在装备体系建设方面,各国普遍重视装备的通用与兼用性,绝大多数的导弹预警传感器可以兼负空间目标监视任务,空间目标监视装备和弹道导弹预警装备建设成一体化的发展趋势明显。例如,美国的空间目标监视和弹道导弹预警体系建设一直遵循统一规划、体系推进的原则,实行按分工统筹建设、按任务协同运用、数据归口管理、统一分发。在组织管理层面,美军战略司令部下设空军、海军和陆军航天司令部,分别管辖各自的空间目标监视系统,但是在业务层面,各监视系统获取的空间目标监视数据都报送到夏延山的空间目标监视中心,进行集中处理和分发利用。

第3章 弹道导弹预警装备体系

3.1 弹道导弹预警系统概述

弹道导弹预警是指对敌方弹道导弹发射征候和来袭情况进行侦察、探测并发出预先警报的活动,主要完成弹道导弹发射的早期发现、定位、跟踪、识别和实时报知导弹动态的任务。弹道导弹预警系统要实现有效预警,必须具备可靠的预警能力,对弹道导弹发射场进行全球全时监视,以迅速发现目标特征,确定发射方向、威力和可能瞄准的目标区域,实施助推段和后助推的探测、捕获和跟踪并提供目标数据。导弹预警系统综合运用多种技术手段对来袭导弹目标进行及早发现、可靠预警、全程监视和准确引导,是保障国家重大战略安全的基础性设施,对于保证国家空天安全,保障国家在政治、军事、经济等领域的战略安全具有举足轻重的地位,是慑敌以止战、反敌于外线、抗敌于多维的重要力量。导弹预警系统的核心任务是对战略核反击作战进行即时可靠预警,对战略反导和防空天打击实施全域态势掌控和准确目标交接与引导。导弹预警系统是整个战略预警系统的核心,其主要的任务是为指挥机构、反击作战部队以及其他相关机构提供实时、准确、可靠的导弹预警情报以及毁伤效果评估情报。

弹道导弹预警系统按照平台可分为地基(海基)预警系统、空基(临近空间)预警系统和天基预警系统。地基(海基)平台预警系统主要是指陆基、海基预警雷达,包括大型相控阵雷达、天波超视距雷达、舰载预警雷达等;空基平台预警系统主要是指各种预警机,包括有人或无人驾驶预警机;临近空间平台预警系统是指部署于临近空间的预警系统,包括高空浮空器、平流层飞艇、高空长航时无人机等;天基平台预警系统主要是指天基卫星预警系统。不同平台预警系统承担着不同的预警任务,在导弹的助推段,前置部署的浮空器、地基雷达及预警机等对导弹的发射有一定的预警作用,高轨预警卫星在导弹飞入云层以上之后进行有效的预警及粗跟踪;在导弹飞行的中段,地基、海基预警雷达以及低轨光学/红外卫星星座实现对导弹的连续,同时地基天波超视距雷达可通过电离层反射进行预警探测,大型相控阵预警雷达可完成视距内的预警跟踪。

导弹预警系统概论
Introduction to Missile Early Warning System

导弹预警系统的主要使命任务是：对弹道导弹实施大区域、全高度预警监视，尽远发现、连续监视、有效识别，为战略决策、防空反导、战略反击和联合作战提供实时、准确的预警和目标指示情报支援，具体任务有三部分：一是对导弹发射活动进行探测；二是实现对弹道导弹的早期预警；三是对弹道导弹目标进行跟踪和识别。根据来袭导弹在不同飞行阶段的物理现象和目标特性，可以采取不同的探测手段进行探测和跟踪，预警探测装备的工作波长从可见光、红外一直到微波波段。目前，弹道导弹预警主要依靠预警卫星和预警雷达，通过红外监视、微波探测来进行预警。由于红外探测技术、微波技术本身的局限性，使弹道导弹预警系统在功能上受到限制，现有的弹道导弹预警不能实现对导弹的全程探测跟踪。弹道导弹预警雷达固定在地面，雷达地面设备庞大，远程预警雷达的天线面积为几千平方米，大的天线系统极易遭受导弹攻击，预警通信系统不具备抗毁能力，受电磁脉冲干扰；预警系统的探测能力有限，跟踪多目标和综合判定能力较弱，不能实时全弹道探测跟踪。

弹道导弹预警系统的工作过程如下：在来袭导弹起飞并穿过稠密大气层后（随着红外探测技术的发展，未来天基预警卫星可具备对导弹"起飞即发现"的能力），预警卫星的红外探测器首先发现目标，经 60~90s 的探测和连续跟踪便能准确判定其发射位置或潜射导弹出水面处的坐标。导弹穿过电离层时喷焰会引起电离层扰动，天基预警卫星监视系统能够检测这种物理现象，借以进一步核实目标。在导弹进入地面雷达预警网的视界后，早期预警雷达测量来袭目标的数量和瞬时运动参数，计算弹头返回大气层和落地时间并估计目标属性。根据星历表和衰变周期，预警系统不断地排除卫星、再入卫星、陨石和极光等空间目标的可能性，以降低虚警率，减小预警系统的威胁目标量。雷达随即截获目标并进行跟踪和判别，利用雷达回波中的振幅、相位、频谱和极化等特征信号粗略识别目标的形体和表面层物理参数，估计来袭目标可能造成的军事威胁。有关目标的全部情报数据通过通信网快速传到指挥中心和反导弹拦截系统，供防御指挥机关决策。导弹预警系统组成示意图如图 3.1 所示。

未来弹道导弹预警系统，至少需要三层预警，实施多层拦截防御。

第一层：配置在高度 36000km 的地球同步轨道以及高椭圆轨道上的弹道导弹预警卫星上的红外探测器系统，可在几秒内探测到弹道导弹强烈的红外辐射，将导弹发射情况、导弹跟踪数据传递给弹道导弹预警地面指挥控制中心、导弹拦截系统和第二层预警传感系统。

第二层：配置在高度 8000~24000km 的中轨道上的光学和红外探测器用于跟踪与识别目标。探测器能够精确跟踪全弹道的目标、监视弹头母舱和突防装置的攻击过程，准确地确定弹道导弹的姿态、特性和落点，具备识别弹道导弹弹

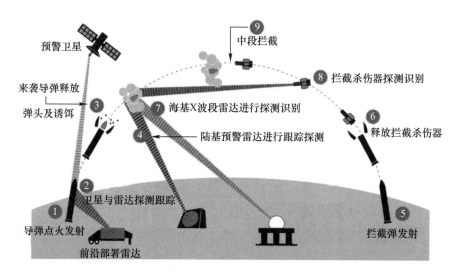

图 3.1 导弹预警系统组成示意图

头与诱饵的能力。

第三层:配置在高度 150~2000km 低轨道上的低轨道光学传感器或者雷达传感器,与地面超视距预警雷达和其他陆基、海基探测手段共同配合,用于导弹中段以及末段弹头目标的跟踪与识别。

弹道导弹预警系统未来将采用新的预警机理和预警装置,实现全球监视、逐层交替探测跟踪,不仅可以通过对目标光谱的分析,识别出真假弹头,还可以利用激光、粒子束"看"到弹头细节信息;同时雷达成像技术可以形象地显示出导弹姿态和轨迹的变化情况及精确大小,从而大大提高探测、识别弹道导弹的精度和准确性。

3.2 导弹预警系统组成

导弹预警的探测手段是随着战略威胁对象的发展而不断地发展变化的。从早期应对战略轰炸机威胁而出现的远程雷达、预警机,到后来为应对弹道导弹威胁而出现的预警卫星、大型相控阵雷达、超视距雷达以及新型天基探测手段等,战略武器的多样化发展与预警手段相对滞后的矛盾,使导弹预警系统呈现出不同的时代特征。

弹道导弹在不同的飞行阶段呈现不同的目标特性,本着尽早、尽远、尽快发现目标的原则以及进行目标指示和打击效果评估的要求,弹道预警系统使用不同探测机理和功能的装备实现对弹道导弹目标助推段、中段以及再入段的预警探测任务,根据反导预警的作战需求,弹道导弹预警系统必须具备对来袭导弹目标的早期预警、连续跟踪识别以及打击效果评估等能力。弹道导弹预警系统一般由指控中心、预警中心、红外预警卫星、远程预警雷达、精密跟踪识别雷达和火控雷达等构成。

根据导弹的飞行过程和目标特性,可将弹道导弹预警过程划分为助推段预警、中段预警以及再入段预警三个不同的阶段,每个阶段都由不同的预警探测装备实现对目标信息的获取。预警中心主要用于收集各种探测手段获得的预警信息,并经数据融合处理后完成目标跟踪、识别等任务,并将目标信息发送到反导指控中心,反导指控中心再根据预警信息制定拦截方案。

3.2.1 助推段预警装备

对于助推段而言,弹道导弹一般没有突防措施,有可能采取降低天基红外卫星发现的发动机红外特征缩减技术,包括降低或改变导弹发动机尾焰的辐射特性,缩短助推段发动机关机时间;采用柔性发动机改变推力方向使导弹滚动;对导弹进行抗激光加固设计;在发射区投放烟幕、热熔胶等对抗激光武器攻击,这些干扰措施使得敌方探测跟踪助推段导弹目标愈加困难。助推段虽然导弹的飞行速度慢,弹道弹体 RCS 大,但是飞行时间短,洲际弹道一般不超过 5min,如何在这个时间段内实施有效的探测和准确的拦截非常困难。

由于在弹道中段拦截弹道导弹存在很多技术障碍,美国许多专家认为助推阶段追求弹道导弹防御是可行的选择,由此提出了两种类型的助推阶段防御:海上平台(最有可能在"宙斯盾"巡洋舰上使用)和机载激光系统(可在有人驾驶或无人驾驶飞机上使用)。这两种类型的导弹防御中,以平台为中心的防御距离都不会超过 1000km,这意味着需要在给定威胁区域的海岸外部署其助推阶段拦截平台,而这种部署方式是针对某个特定威胁的。这样的系统对于有大战略纵深的国家所发射弹道导弹是完全无效的,因为这些国家可能从其本国领土内远离沿海的地区发射,在助推阶段探测拦截目标之前,洲际弹道导弹的弹头就已经进入中段飞行。

即使如此,助推阶段拦截系统仍然具备一定的技术优势,它能够避免导弹中段飞行过程中出现许多复杂情况。助推段拦截系统的预警探测和跟踪的传感器与跟踪中段导弹的相同,主要区别是对于拦截弹的技术要求。首先,助推阶段是导弹在大气层内进行动力飞行的阶段,因此具有明显尾焰,可通过红外传感器技术检测到;此外,导弹在此阶段飞行中,拦截弹不必直接瞄准导弹的弹头,可以通过击中导弹的任何部分(相对较大的目标)来击毁目标,从而减少对拦截准确性要求。即使只是摧毁了助推器,而弹头仍保持原样,这样的弹头也不会达到投送到预定轨道所需要的速度,很可能落到本土。由于弹头和诱饵尚未脱离助推火箭,助推段拦截系统只需要跟踪并摧毁上升段导弹的任何一个部分即可。与中段拦截和末段拦截不同,助推段拦截要求拦截器在弹道导弹发射之后以其最高速度追赶弹道导弹,由于助推阶段持续不到5min,因此进行导弹拦截的决策权必须下到战地指挥官,他们需要当机立断决定是否进行拦截弹的发射,这样拦截弹才有可能在导弹主动段加速飞行的过程中,追上并击毁导弹。拦截弹的速度必须能够加速到9km/s才有可能截获速度为7~8km/s的弹道导弹,因此对于决策者而言,需要在导弹发射后的60s内作出决策。

针对助推段可能出现的拦截,弹道导弹也可以采取相应的突防措施,例如,采取包括缩短导弹发动机燃烧时间、发射诱饵弹、上升过程中导弹旋转以及使用隔热罩等,这些措施都会提高拦截弹拦截的难度。但是,由于弹道导弹仍处于大气层内,与导弹中段飞行相比,准确区分目标相对容易。由于助推段拦截所需要的技术要求没有中段拦截要求高,特别是对于关键、核心指标的要求,因此有很多研究人员强烈支持放弃中段拦截,而采用助推段拦截的替代方案。如果拦截装置部署在海上或空中,要建设一个功能完整的系统不会低于10年的时间。另外,这种助推段拦截的系统一般都是针对特定威胁,旨在对付那些所谓的弹道导弹发射能力有限的国家。因此,许多导弹防御专家建议,如果美国要进行导弹防御系统建设,应该是建设一个部署在海上或者空中的助推段拦截系统。2019年美国发布的《导弹防御评估报告》中明确指出,美国要推进机载动能和定向能拦截技术研究,发展助推段拦截能力,利用动能拦截弹或者定向能拦截来袭导弹,以提高拦截成功率,减少对进攻方导弹中段或者末段防御所需要的拦截弹的数量。

弹道导弹预警系统实现对处于助推段导弹目标的探测发现和目标指示,探测系统以天基预警卫星为主,以空基和地基超视距雷达和地基前置部署雷达为辅。

1. 天基预警卫星

天基预警卫星是目前导弹预警系统中广泛使用的一种探测设备,主要由GEO卫星、HEO卫星以及LEO光学预警卫星和卫星地面站组成。因为导弹发射时会从尾部喷出炽热的火舌(一般称为羽状尾焰),这种羽状尾焰会产生强烈的红外辐射,通过在卫星上搭载红外/紫外探测设备,可监测弹道导弹助推段散发的尾焰,对弹道导弹进行早期的预警及跟踪,并将测得的方位角和辐射强度等有关信息迅速传递给地面中心,引导地面预警雷达并给拦截武器提供目标指引信息,从而使地面防御系统能够赢得尽可能长的预警时间,以采取有效的反击措施。

天基预警卫星能够尽早对威胁国家安全的导弹发射、核爆炸、卫星发射等活动提供早期告警信息,主要解决对战略袭击武器的早期发现和早期预警问题。GEO 卫星主要用于南北纬 60°之间的导弹预警,HEO 卫星主要用于北极地区的导弹预警,LEO 卫星主要用于中段以及再入段导弹的预警探测。预警卫星携带多种红外探测设备,通过探测火箭发动机或者核爆炸产生的热量来实施预警和跟踪。

导弹预警卫星搭载的红外探测器可以在敌方从地面或水下发射导弹后数十秒内探测到导弹上升飞行段的羽状尾焰的红外辐射,并发出警报。通过对导弹发射主动段尾焰的红外辐射等探测成像,将红外辐射图像信号变换为数字化电信号传输,经处理识别后提供敌方导弹袭击的预警信号。高分辨率的电视摄像机会跟踪拍摄导弹目标,并自动或按照地面遥控指令向设在本土或海外军事基地的防空指挥部发回目标图像。这样,导弹尾焰图像的运动轨迹就可实时地显示在地面站的电视屏幕上。地面站的工作人员便可根据尾焰在不同高度上形状和亮度的差异,识别出目标的真伪,对导弹的类型和发射方向作出及时、准确的判断。

由于地球曲率的影响,即便是超视距雷达,预警范围依然有限,很难实现全球预警,因此要发展天基红外预警技术。天基红外预警的优势是站得高,看得远,预警范围大;弹道导弹助推段红外特性明显,有利于早期预警;无源探测,隐蔽性好,能耗低,全天候工作;它的不足体现在由于大气对红外能量具有吸收特性,因此稠密云层对目标探测性能影响较大。要实现天基红外预警,需要科学设计,合理进行红外波段选择、卫星轨道选择、传感器工作方式选择、弹道参数估计。

2. 空基预警装备

空基平台相比地基雷达对同一高度目标的通视距离更远,特别是对于临近空间目标这类低高度目标的优势更为明显,能够提供更长的可见弧段,可以作为一种补充手段,支持对临近空间目标的跟踪探测,并且在必要时可前出至沿海或沿边地区进行目标早期发现和特征获取。可采取平流层飞艇、机载两类平台,安装光学、雷达探测器,在外部引导下对目标进行跟踪探测。

空基预警装备主要包括平流层飞艇预警系统和机载预警系统,空基装备相比陆基装备具有视距优势,可作为补充手段,在外部引导信息支持下,综合运用光学、雷达等探测手段,对目标进行探测发现、连续跟踪和目标特性获取。前置部署的机载预警系统可以发现处于助推段的战术弹道导弹,由于受到空基平台部署和活动范围的限制,空基预警装备难以有效地对中、远程和洲际弹道导弹实现助推段的预警探测,其作为弹道预警系统的辅助手段,为战区反导预警提供情报支援。

3. 地基天波超视距雷达

地基天波超视距雷达利用电离层的反射实现对远距离位于助推段导弹目标的探测,但是由于其测量精度较低,且无法获得目标高度信息,因此地基超视距雷达只能作为导弹助推段预警探测的辅助手段,为导弹预警系统提供弹道早期发射告警。地基超视距雷达工作在 3~300MHz 的短波波段,其工作原理如下:弹道导弹助推段飞行时,由于发动机喷焰以高温高速电离附近大气,随着导弹不断升高,大气密度逐渐降低,等离子体的电子浓度将足以反射高频电波,等离子体散射强度比常规飞机目标通常高出 10~20dB,且具有独特的多普勒特性,可被天波雷达探测并识别。

由于电波通过电离层折射进行传播,不受地球曲率影响,不存在低空盲区,因此可以对低空目标进行有效探测。但是,其视距内的范围是探测盲区,所以地基超视距雷达只能用于远程预警。大气电离层作为天波超视距探测的传输信道是一个时变非平稳的传输介质,受太阳活动影响严重,具体区域和时间段的电子浓度变化具有相当的随机性,虽然现在已有电离层浓度的检测装置,但是电离层的不稳定性直接导致雷达探测性能也随之起伏,影响到整体探测效能。因此地基天波超视距雷达性能并不稳定,所以难以持续精确跟踪,只适用于目标的粗略探测预警,这就决定了天波超视距雷达难以独立工作,需要和大型相控阵雷达协同配合,才能实施有效的防空反导预警任务。

4. 地基前置部署预警雷达

地基前置部署预警雷达多采用高分辨率 X 波段固态有源多功能相控阵体制,属于陆基移动弹道导弹预警雷达,可远程截获、精密跟踪和精确识别各类弹道导弹,主要负责弹道导弹目标的探测与跟踪、威胁分类和弹道导弹的落点估算,并实时引导拦截弹飞行及拦截后毁伤效果评估。典型的雷达型号为美国 AN/TPY-2 雷达,即美国 THAAD 系统的火控雷达,是 THAAD 系统的重要组成部分,为拦截大气层内外射程为 3500km 内中程弹道导弹而研制,是美军一体化弹道导弹防御体系中的重要传感器。AN/TPY-2 雷达探测距离远、分辨率高,具备公路机动能力,雷达还可用大型运输机空运,战术战略机动性好,其战时生存能力高于固定部署的雷达。AN/TPY-2 雷达有两种部署模式,既可单独部署成为早期弹道导弹预警雷达(前置部署模式),也可和 THAAD 系统的发射车、拦截弹、火控和通信单元一同部署,充当导弹防御系统的火控雷达(末段部署模式)。

3.2.2 中段预警装备

弹道导弹从发射到进入中段飞行的时间很短,而在中段飞行时间最长,飞行空域高,中段拦截高度和范围通常都在几百千米以上,空间跨度极大,但作战时间非常有限,如果拦截成功对本国不易造成重大灾害,是最为有利的拦截阶段。要想在中段实施拦截,就要尽可能提前发现来袭的弹道导弹,同时能够对其进行连续跟踪、计算飞行弹道,这样才能估计出最佳拦截点。中段是弹道预警系统实现连续跟踪、精确识别和有效拦截的关键阶段,中段弹道导弹预警的主要任务是根据早期弹道导弹预警指引信息,完成对中段飞行的导弹目标的连续精密跟踪监视、识别真假目标、获取目标弹道并进行落点估计,为火力拦截提供目标精确的指引信息,并对拦截效果进行评估。中段弹道预警装备主要包括地基(海基)中段导弹预警装备和天基中段预警装备等。

1. 地基(海基)中段导弹预警装备

地基(海基)中段导弹预警装备主要包括远程预警雷达、远程跟踪监视雷达、精密跟踪与识别雷达。其中远程预警雷达主要完成弹道导弹目标的早期发现,远程跟踪监视雷达作为远程预警雷达的补充,实现国土多重多方向覆盖,精密跟踪与识别雷达实现对导弹目标的跟踪与识别,是弹道导弹预警系统的主要手段。

1)远程预警雷达

远程预警雷达对空远距离搜索跟踪战略轰炸机、弹道导弹等目标,主要功能需求是作用距离要远,搜索跟踪能力要强。远程预警雷达主要采用相控阵技术来同时实现探测与跟踪等多种功能,能够实现对中远程弹道导弹的中段预警探测、跟踪以及概略识别等任务。远程预警雷达根据早期导弹预警装备(天基预警卫星、前置预警雷达等)发来的弹道导弹发射警报,根据目标指引信息在指定空域进行探测搜索,截获目标后进行概略识别和持续跟踪,并将相关预警信息提供给精密跟踪识别雷达或者拦截武器系统制导雷达,同时将预警信息提供给指挥中心和相关作战单位。

远程预警雷达固定部署执行战略预警任务,通常工作在 P 波段(230~1000MHz)、L 波段(1000~2000MHz)或者 VHF(30~300MHz)波段,利用该频段电磁波频率低的特点,实现大功率发射以获得较远的探测距离。根据预警作战要求,远程预警雷达的探测距离必须在 3000km 以上,主要承担对来袭弹道导弹、战略轰炸机和空间来袭武器进行的远程预警任务。远程预警雷达通常部署在国土周边,用于在预警卫星引导下或自主对各个威胁方向来袭弹道导弹进行值班警戒、搜索跟踪、弹道测量、落点预报、导弹目标粗识别和威胁评估等,为精密跟踪识别雷达或反导武器系统提供引导信息。作为兼用型的装备,远程预警雷达还可以担负对空间目标监测以及对己方发射的导弹、火箭等航天器进行跟踪测量的任务。

远程预警雷达平时可处于预警指示状态,主要执行空间目标监视任务,对作用空域内出现的目标进行跟踪、识别、编订并更新空间目标轨道数据库,确保空间态势的实时感知。一旦系统识别到弹道导弹等威胁目标,或者根据天基预警系统的目标指示信息,对威胁目标进行跟踪测量,提取目标轨道参数,计算飞行轨道、发射点以及弹着点等,并将相关数据上报相应的指挥中心。远程预警雷达具有以下特点:

(1) 作用距离远,覆盖范围大。如果以远程预警系统的位置为弹着点的位置计算,对射程 10000km 和 4500km 的标准弹道导弹,从地平线上升起时,距离预警雷达的距离分别为 3900km 和 3000km。因此远程预警雷达全范围作用距离至少要超过 3000km,此外为了能应付多方向目标,远程预警雷达的方位和俯仰角范围应尽可能大。

(2) 具有对付高速、高机动目标能力。远程预警雷达的主要观测对象是弹道导弹、高超声速武器以及卫星等具备高速或者高机动运动特性的目标,要求其必须具备对付高速、高机动目标的能力。

(3) 多目标跟踪能力。远程预警雷达必须尽可能对所有目标进行跟踪,并能及时发现和跟踪新进入观测空域的目标。由于空间目标种类繁杂、数量众多,且优先级不同,要求远程预警雷达必须具备灵活的多目标跟踪能力,因此远程预警雷达通常采用相控阵体制,具备波束电子扫描能力。

(4) 高效的数据处理与抗干扰能力。远程预警雷达的主要目标是弹道导弹,由于目标存在时间、空域和方向的不确定性,需要雷达系统具备实时对所有发现的目标进行跟踪、识别和轨道计算的能力,同时由于远程预警雷达的作用十分重要,使其极易成为敌方电子干扰的目标,因此要求雷达系统具有强的抗电子干扰能力。

典型的远程预警雷达装备如美国 AN/FPS-132 预警雷达,是美国雷声公司研制的基本型 AN/FPS-115"铺路爪"相控阵雷达的最新改进型号,主要用于洲际/潜射弹道导弹预警和空间目标监视。AN/FPS-115"铺路爪"相控阵雷达于 1976 年开始研制,1980 年开始装备部队,先后共有 6 部投入使用,历经多次升级改进,其中 3 部已经升级到 AN/FPS-132 型,2 部雷达已于 2016 年—2017 年升级到 AN/FPS-132 型,1 部已于 1995 年停止使用。俄罗斯"沃罗涅日"系列相控阵雷达是新一代地基战略远程预警雷达,包括"沃罗涅日"-M 和"沃罗涅日"-VP 米波段雷达以及"沃罗涅日"-DM 分米波段雷达三种类型,具备作用距离远、模块化程度高、建设成本低、便于系统日常维护和现代化升级等特点,是其空天防御部队导弹战略预警系统的主力装备,主要用于弹道导弹和飞机预警。

2) 远程跟踪监视雷达

远程跟踪监视雷达通常部署于国土腹地,是远程预警雷达的重要补充,也是构建全要素导弹预警体系的重要骨干力量。主要作用体现在:一是实现重点战略方向多重覆盖,通过与远程预警雷达协同探测,提高预警系统的探测精度;二是满足目标进入国土上空及腹地后的连续跟踪和一定的目标识别要求,增加系统对集火突击场景下跟踪目标的数量,提升对复杂突防环境下的目标探测识别能力;三是兼顾对国土腹地内高速高机动临近空间目标连续跟踪监视要求,针对飞行速度快、分布范围广、机动性强的临近空间目标,提供更广空域的目标截获能力和更高数据率的目标连续跟踪能力。鉴于导弹预警卫星和远程预警雷达可提供引导信息,一定程度上降低对国土腹地雷达的大空域自主搜索能力要求,同时能覆盖多个战略方向和来袭方向,雷达阵面应尽可能实现 360°全空域覆盖。

3) 精密跟踪与识别雷达

精密跟踪与识别雷达多采用高分辨多功能相控阵体制,一般工作于 X 波段。它通过增大带宽提高了对目标结构精细刻画的能力,有利于对目标进行分类和识别,能够对弹道导弹飞行中段实施连续跟踪与目标特性精确识别,对于弹道导弹中段的弹头与诱饵识别尤为重要,能够为拦截武器提供目标指示信息。高分辨雷达的回波经过处理以后可以形成一维距离像、二维 ISAR 像及一维/二维像序列,据此可以得到目标的特征,例如,目标的径向长度、尺寸、形状和运动特征,然后就可以识别出目标。精密跟踪识别雷达精确识别目标形状,进行威胁判断,为拦截武器提供最终的目标特性,目标识别的能力高低很大程度上反映了导弹预警系统的总体水平。该类型雷达的优点是目标分类与识别能力较强,缺点是不能进行大范围搜索,需要远程预警雷达、天基预警系统等其他传感器的引导。

精密跟踪识别雷达主要承担对弹道导弹的精密跟踪与识别任务,用于在远程预警雷达的信息引导下,对导弹弹道进行持续精密跟踪、落点精确预报、对目标群进行分类识别、真假弹头识别和拦截效果评估等,为反导武器系统提供多次拦截的信息支持。精密跟踪识别雷达部署与反导系统需要达到的拦截次数、威胁控制区、被保护区、武器部署及其性能密切相关。

地基精密跟踪识别雷达通常采用有源相控阵体制,由相控阵天线阵面、处理系统、显控设备、冷却系统以及供电系统组成。对于常规弹道目标,X波段雷达能够探测跟踪4000km外的目标(不考虑地球曲率影响)。精密跟踪识别雷达承担对来袭目标的分类识别和拦截效果评估的重要职能,只有实现对目标的精确识别,才能引导拦截武器进行有效的拦截以及为战略决策提供可靠的情报支撑。在拦截弹对目标导弹进行拦截打击后,精密跟踪识别雷达需要对打击效果进行评估,确定来袭目标的威胁是否被消除,一般拦截效果主要有成功拦截、任务拦截和失败拦截三种情况。成功拦截是指目标导弹在拦截导弹的打击下发生爆炸、引燃或者打哑等物理性毁伤;任务拦截是指目标导弹在拦截弹的打击下虽然没有发生物理性毁伤,但其飞行姿态和运动轨迹发生显著变化,无法继续对我方造成威胁;失败拦截是指拦截导弹未能成功命中目标,并且没能对其造成影响,目标导弹的威胁依旧存在。

在第一种情况下,预警雷达需要对拦截成功后的爆炸产物进行监控,避免有较大的爆炸产物产生威胁;第二种情况下,仍需对来袭导弹进行落点预测和监控,确保其对我方的威胁完全消除;第三种情况下,则需根据第一次拦截失败的数据进行修正,如果有可能的话,进行第二次拦截打击,如果时间不够,则需要尽最大的可能减少打击损失。

典型的装备如美军的GBR-P、SBX和AN/TPY-2等都是典型的X波段功能雷达,能够实现对目标的搜索、跟踪识别、火力支持和杀伤评估等功能。针对远程/洲际导弹威胁,由于导弹发射点通常距离国土较远,为了实现尽早发现、尽早拦截的目标,根据作战需要,在环境局势允许时,可考虑利用海基监测船(平台)前出至相关海域,执行早期预警任务。舰载预警雷达一般工作于S波段,通常采用无源相控阵体制,如美军的舰载"宙斯盾"雷达;海基大型预警雷达通常工作于X波段,采用有源相控阵体制,通过前置部署,实现对目标的早期探测、连续跟踪以及目标识别等任务。

2. 天基中段导弹预警装备

相对地基和海基系统,天基跟踪与识别系统可实现对导弹从发射到命中目标全程的跟踪,具有极大的优势。由于弹道导弹在中段飞行过程中,红外特性减弱,天基红外预警系统不能实现对中段飞行导弹的持续跟踪,需要装备窄视场凝视型多光谱跟踪探测器的天基中段跟踪与识别系统完成对弹道导弹中段以及再入段的跟踪测量与目标识别。美国未来计划建设中的天基跟踪星座将承担毁伤效果评估和弹道导弹中段真假目标识别等任务,该计划的目标是构建具有对弹道导弹全程跟踪和探测能力的卫星星座,能够区分真假弹头,并将跟踪数据传输给指挥控制系统,以引导雷达跟踪目标,并能提供拦截效果评估。目前,美国只有两颗"天基跟踪与监视"系统演示验证卫星在轨运行,无法实现对导弹飞行全程的探测和跟踪。制约天基跟踪系统发展的主要问题是高昂的成本,美国正在考虑将天基探测器载荷搭载在商业卫星上,以降低天基跟踪与识别系统的建设成本。

3.2.3 再入段预警装备

再入段是弹道导弹飞行的最后阶段。在这个阶段,弹道导弹弹头重返大气层,弹头速度快,要求导弹预警与拦击火力系统一体化运用。这个阶段的预警任务分为末段高层(40~150km)预警和末段底层(40km以下)预警。预警装备以陆基多功能相控阵雷达(火控雷达)为主,具备一定的机动能力,战时生存能力高。该类型雷达依靠中段远程预警、精密跟踪识别雷达提供的目标指引信息,在目标来袭空域方向进行目标探测、跟踪和识别,进行弹道导弹目标威胁分类和弹道导弹的落点估算,并实时引导拦截弹飞行及拦截后毁伤效果评估。

机动相控阵雷达用于再入段的预警探测,通常采用多功能相控阵体制,工作于 X 波段。通过不同的部署方式实现对目标早期探测、连续跟踪以及目标识别等功能(前置部署),也可以作为火控雷达为拦截武器直接提供目标指引信息(末段部署)。该类型雷达主要用于对各类大型固定式雷达形成有效补充,并在必要时可机动部署至相关阵地以满足特定任务需要,对机动多功能雷达的主要需求包含两方面:一方面,对于中近程弹道导弹,地基远程预警雷达存在一定的探测盲区,为形成国土周边全域闭合覆盖,实现可靠预警和精准引导,需要部署一定数量的机动雷达用于重要地区补盲;另一方面,针对中近程战术弹道导弹精密跟踪和识别,以及周边国家弹道导弹发射试验、航天发射试验数据积累建库等需求,利用机动多功能雷达,根据需要对重要方向进行机动抵近监测。

典型的机动多功能雷达是美国的 AN/TPY-2 高分辨率 X 波段固态有源相控阵多功能雷达。AN/TPY-2 雷达探测距离远、分辨率高,具备公路机动能力,雷达还可用大型运输机空运,战术战略机动性好,其战时生存能力高于固定部署的雷达。AN/TPY-2 有两种部署模式,既可单独部署成为早期弹道导弹预警雷达,也可和 THAAD 系统的发射车、拦截弹、火控和通信单元一同部署,作为导弹防御系统的火控雷达。

3.3 导弹预警系统功能

弹道导弹预警系统用于早期发现来袭的弹道导弹并根据测得的来袭导弹的

运动参数提供足够的预警时间,同时给己方战略进攻武器指示来袭导弹的发射阵位,是国家防御系统中的重要组成部分。导弹预警系统按照战时和平时要求不同,根据不同的任务要求,具有不同的功能,其核心功能是:及时发现并确认弹道导弹目标,尽早给出弹道导弹来袭报警,按照一定精度给出落点预报,为拦截作战指挥控制进行火力单元选择、威胁评估等提供信息支持;进行目标群初步识别,判断真假弹头,判断真弹头基本属性,评估弹头当量以及突防能力;提供来袭弹道导弹精确弹道参数,选择并引导制导雷达截获目标。

3.3.1 支援反导作战行动

导弹预警系统与反导拦截武器在整个作战过程中紧密交联,在时间、空间和信息上紧密耦合,从作战流程角度来说,导弹预警系统的主要功能体现在以下四个方面:

(1) 尽早发现目标。要求能够在尽短时间内以极低的虚警、漏警概率发现目标,快速确定目标发射点、射向以及落点位置信息,及时给出早期发射告警和来袭预警,支持反导作战部队快速实施等级转进和作战计划制定,尽早赢得拦截机会。

(2) 连续跟踪监视。要求能够连续跟踪监视导弹飞行目标,实时更新目标轨迹数据,掌握导弹飞行态势,支持反导拦截作战任务指挥控制。

(3) 准确目标指示。要求能够有效应对各类突防、干扰等复杂作战环境,对真假弹头目标进行高可信度识别,向反导拦截武器提供准确的目标指示信息。

(4) 拦截效果评估。要求能够持续跟踪拦截弹与来袭弹头,获取碰撞时间、位置信息,支持拦截效果分析评估,为上级决策处置提供依据,同时为多次拦截赢得时间。

3.3.2 支援战略核反击作战

针对有核国家可能实施的核打击,导弹预警系统需要尽早、可靠地发布核打击预警,有力支持核反击作战。主要体现在三个方面:

(1) 尽早发现目标。该要求与支援战略反导相同,要求导弹预警系统能够在尽短时间内以极低的虚警、漏警概率发现目标,快速确定目标发射点、射向以及落点位置信息,及时给出早期发射告警和来袭预警,支持核反击作战部队快速实施等级转进和作战计划制定,为核反击作战争取时机。

(2) 目标可靠判别。要求导弹预警系统能够在相关情报侦察分析的支持下,准确判别目标的核常属性、威胁等级,不误判、不漏判,为上级决策实施战略核反击提供可靠的预警信息支持。

（3）飞行态势监视。一方面跟踪监视来袭导弹，及时更新发布目标落点的位置信息，支持己方军事调动部署和民防疏散；另一方面待己方核反击导弹起飞后，跟踪监视我方导弹的飞行状态，及时预报其落点位置，并上报相关信息，支持反击效果评估。

3.3.3 支援反临近空间武器

反临作战、反导作战对导弹预警系统的需求存在一定的相似性，但由于临近空间高超声速飞行器飞行高度特殊、飞行速度快、轨迹难以预测、机动性能强等特点，对其进行预警探测的难度将更高。针对未来的反临作战，首先应确保尽早发现目标，其次是能够对目标的飞行过程进行连续跟踪和监视，掌握飞行态势。在此基础上，尽力向拦截武器提供可信的目标指示信息，支持拦截任务规划以及拦截作战。

3.3.4 目标情报获取

当前国外各类导弹发射活动频繁，部分敏感地区局势较为复杂，要求导弹预警系统能够对热点地区的发射活动实施可靠监测，一方面为指挥机构决策应对敏感事件提供情报支撑，另一方面通过对国外各类导弹试验的长期跟踪测量和侦察监视，持续积累获取目标的运动特征、几何尺寸、光学特性、电磁特性等目标特性数据，掌握各国武器部署、作战模式、飞行特点等信息，分析主要战、技术性能指标，构建完备的作战目标数据库，为己方搜集技术情报和提高导弹预警作战效能提供可靠的作战目标信息支持。

3.4 导弹预警系统关键技术

导弹预警体系建设中需要解决的两个关键技术：第一个关键技术是任务规划，包括空间规划和时间规划（图3.2）。从空间规划上讲，主要是确定重点防范的弹道导弹来袭方向、本土重点防范区域，以及周边潜在威胁热点区域，依据取长补短、分层部署的原则，合理部署探测手段，包括超视距雷达、远程预警雷达、高分辨雷达以及预警卫星等。从时间规划上讲，预警中心根据弹道导弹飞行时段（助推段、中段、再入段）的不同，按时序协调相应的传感器进行监视、跟踪、识别。通常情况下，预警中心调用天基红外长期对全球进行观测，做到早期发现助推段的导弹；然后预警中心将信息移交给地基的超视距雷达或远程预警雷达对目标继续跟踪；当飞行进入中段落入高分辨雷达的观测范围时，由高分辨雷达对其进行精密跟踪和识别;预警中心综合所有传感器的信息,得到确认的预警信息后上报给作战指挥中心。

另外一个关键技术就是多源信息融合。面对复杂的对抗环境,单一传感器很难获得目标准确全面的信息,必须综合天基红外系统、地基雷达系统、侦察监视系统、情报系统等多元信息,对这些信息进行时空配准、数据关联、数据融合等信息融合操作以形成目标的位置估计、属性估计、态势估计等信息,最终形成目标的位置(经纬度、高度、速度等)、弹道(发射点、落点等)、属性(类型、国别、真假等)、态势(批次、用途、威胁等)等预警信息。

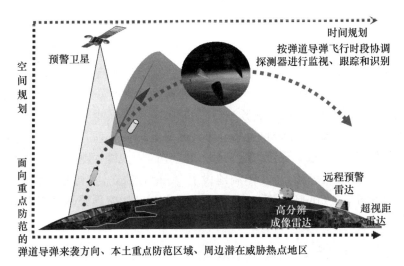

图 3.2　导弹预警系统空间与时间规划

3.5　国外导弹预警体系建设启示

面对全球军事力量的变化和先进战略目标威胁的出现,各军事大国一直在加大投入、加紧研发前沿技术,发展新型预警监视手段,谋取战略预警领域的优势地位。通过对美、俄导弹预警系统的发展现状和特点分析,可以得到以下7点启示。

1. 加强导弹预警系统顶层规划设计

在导弹预警系统建设上,以应对来袭目标的高概率拦截为主要目标的预警体系,需要统筹防空反导两个力量的建设,两个力量应统筹协调发展。预警系统建设要统一标准,按照空天一体的要求发展建设地基、海基、天基和空基预警装备,统一数据接口、通信协议,实现信息、数据在体系中高效流转。充分发挥导弹预警体系对战略预警的牵动作用,加强体系顶层设计,实现反导拦截武器、预警装备等在技术指标、作战过程、接口标准等方面的协调匹配,以最大发挥建设效益。预警系统建设应以融入联合作战体系为目标进行设计,按照统一的技术体制和标准规范,实现预警系统与作战体系的信息融合共享,实现预警探测、拦截打击和指挥系统无缝链接以及各军兵种防空反导力量之间的高效联动,形成一体化联合防空反导作战能力。

2. 构建强有力、专职负责的领导机构

导弹预警系统的领导指挥体制对于导弹预警系统的建设和作战效能的发挥有着重要的影响。领导指挥机构设置得合理高效、职能明确、关系顺畅,才能保证导弹预警系统的建设顺利开展并在战时发挥应有的效能。一是要编制国家战略预警领导机构,统一组织、领导和管理战略预警探测力量的作战使用和发展建设,并对各个军种的预警探测业务进行归口管理和指导,重点在预警体系建设、作战使用、力量编成、系统研制与部署等方面进行归口管理与领导;二是组建专门的导弹预警探测(战略预警探测)兵种。这是因为预警探测具有专业性强、技术含量高、任务量大等特点,在体制建设上,要相对独立,实行专业化建设和管理。导弹预警探测(战略预警探测)兵种主要由国家战略预警领导指挥机构、战略预警相关部队以及预警探测系统等组成。

3. 加强导弹预警系统作战能力规划设计

一是为了实现对导弹预警信息的顺利交接,需要进行合理周密的预警探测资源时序设计。按照导弹飞行的不同时段协调天基、地基、海基、空基预警装备进行跟踪、监视与识别。二是在预警体系空间规划上,既要全面覆盖国土周边,又要保持适当的重叠。要确定重点防范的弹道导弹来袭方向、本土重点防范区域,以及周边潜在威胁的热点区域,依据长短结合、分层部署的原则,在国土、领海、公海范围内合理部署预警探测装备,包括超视距雷达、远程预警雷达、高分辨成像雷达、多功能相控阵雷达以及预警卫星等。三是为了获得高可靠的预警信息,需要进行多源信息融合,实现对目标的相互印证、可靠预警。四是在预警体系的运行机制上,着重各种预警资源的整合,而资源整合的重点在于预警任务规划、信息融合处理、情报交互分发等方面建立合理、顺畅的运行机制,通过系统互联和信息融合共享形成一体化的预警体系,为国家战略决策、反导拦截、预警反击、空间攻防行动提供信息保障,以及平时涉及空间安全的信息保障需求。

4. 在预警探测系统的发展思路上要着眼重点加快装备建设

美、俄的导弹预警系统建设遵循螺旋发展、不断完善的过程。导弹预警系统的建设应立足现有探测力量,重点发展一批急需的导弹预警装备。一是要不断完善现有预警探测系统,不断发展完善系统建设,提升现有装备性能。二是要着眼现实需求加快重点装备建设,以军事需求为牵引,重点发展新型导弹预警装备,形成战略预警能力。重点推进天基预警卫星、多功能地基/海基相控阵雷达、大型远程相控阵雷达等装备建设。

5. 加强机动部署预警装备建设

由于来袭目标的多样性和方向的不确定性,在发展骨干预警装备的基础上,也需要重视发展可机动部署的预警装备,以便进行预警系统补盲、前置部署等,用于可靠探测、早期发现和目标识别,增强导弹预警体系的总体能力。

6. 加强目标特性与识别技术攻关

对来袭目标的早期预警与准确识别是导弹预警系统的核心能力,而目标识别的高效性、准确性是决定成功拦截和准确报复的关键因素,因此需加强目标特性与目标识别基础研究工作。综合利用天基预警卫星和地基(海基)预警雷达进行目标融合处理与识别,为武器系统提供可靠的预警信息。充分利用世界各国的航天发射、导弹试验演习以及本国的火箭发射、导弹试验、军事演习等检验导弹预警系统的预警能力。通过建设目标特性与识别中心,构建国家级目标特性数据库,加强目标特性基础技术研究,丰富观测手段,实现对周边/全球火箭发射、弹道导弹试验的动态测量,支撑导弹预警体系以及装备建设。

7. 在拦截武器方面

从总体上看,当前外军的导弹防御系统的拦截主要采用破片杀伤和动能杀伤等拦截技术,正在研发激光、电磁脉冲等新型的拦截技术。在现役的拦截装备中,动能拦截技术代表主流的发展方向,而破片杀伤技术处在不断的改进中。以美国为代表的国家主要发展动能杀伤战斗部,兼以定向破片杀伤部为辅。未来在大幅提高对目标的预警探测和识别问题的同时,重点解决三个问题:

1)提升拦截弹动力技术

开发新型专用拦截弹,而不是采用由现役弹道导弹改进而来的拦截弹,采用新型高效火箭发动机,提高对远程和洲际弹道导弹的拦截能力。

2）改进拦截弹控制技术

由于复合控制技术具有响应时间短、可用过载大和机动性强等诸多优点，拦截弹更多地采用由气动控制力与直接侧向力结合的复合控制技术，并重点解决侧向喷流气动干扰流场难以建模问题、脉冲发动机引起的运动模态变化和随机干扰问题、控制分配的协调问题、点火逻辑的实时性问题等。另外，以动力推进系统为突破口，带动总体、气动、材料等相关技术领域协调发展；研究直接侧向力与气动力深层次的联合设计，设计出可靠、智能化的控制分配算法，实现复合控制力最大限度的连续可调；研制运算速度更快，体积、重量更小的弹载信息处理器和智能化的点火逻辑，实现脉冲发动机点火的精确性、实时性。

3）发展新型拦截技术

主要是开发激光等新型拦截手段。未来一段时期，美军将逐步解决激光反导系统的相关关键技术问题，包括大气扰动问题、激光传输效率问题、热平衡管理问题、电-光转换效率问题、激光光束控制问题等。美军未来将考虑部署陆基和海基机动激光反导系统，对来袭导弹目标实施中段或末段拦截，也可能部署空基激光反导系统，具备有限的空基拦截能力。

弹道导弹拦截系统是美国全球一体化多层导弹防御系统的重要组成部分，也是导弹防御作战的最终执行者。未来美国将不仅不断改进现役动能拦截系统，也将大力推进定向能拦截系统形成作战能力。在此基础上，美国不断创新一体化发展与运用手段，使所有拦截系统形成一个一体化、分布式的拦截网络。该网络能够实现对各种具有隶属或非隶属关系的发射装置的控制，通过交战序列组合方法，创新战法（齐射模式）实现对远中近程弹道导弹乃至洲际弹道导弹的有效拦截。

第4章 弹道导弹威胁评估

4.1 战略弹道导弹发展现状

20世纪50年代末出现的洲际弹道导弹(ICBM)又称战略弹道导弹,是继战略轰炸机之后的又一种新型战略武器。洲际弹道导弹的出现打破了人类战争的传统观念,颠覆了传统战争中战略纵深的概念,使进攻方无须攻城略地就能实现对位于敌方战略纵深的高价值目标的打击,使战略纵深的意义大打折扣。战略弹道导弹作为战略核力量的核心,既是军事打击手段,也是大国间保持战略平衡的政治筹码。战略弹道导弹不断向高弹道、高速度、远距离、高技术、强突防的趋势发展。当前,对近程、中近程弹道导弹的防御体系初步形成,随着技术能力的提升,远程、洲际弹道导弹成为导弹防御体系面临的主要威胁来源,该型导弹具有再入速度快、突防能力强的特点,对当前现有的导弹防御系统提出了巨大挑战。2019年,美国退出《中导条约》,发展《中导条约》所禁止的陆基中程导弹武器装备,继续推动新一代核武器发展。俄罗斯仍重点发展战略核威慑力量,持续推进陆、海、空基战略武器装备的更新换代,首批"先锋"高超声速战略武器投入初始战斗值班,携带布拉瓦导弹的新型"北风"一级战略核潜艇列入北方舰队服役。印度导弹试射频率和种类数量突破纪录,中近程导弹技术水平已趋于成熟,进一步验证导弹武器系统全天候、多平台的作战能力。朝鲜通过频繁发射弹道导弹、公开新型武器、进行大型液体发动机静态试验,展现朝鲜防卫能力,以此向美国施加压力。

4.1.1 发展概况

1. 美国战略导弹发展现状

自第二次世界大战结束以来,美军陆基洲际弹道导弹历经五代发展,海基潜射弹道导弹历经三代变化,美军战略弹道导弹向着高实战化、高灵活性演进,强调攻防一体,欲对所有潜在敌人实施威慑,使其导弹武器具备全球打击能力及打击多目标能力。未来美军将着重在核导弹武器装备延寿和改进中突出信息化,并在高超声速武器、动能武器等新型武器研发方面实现突破创新。据《原子能科学家公报》2019 年统计,美国空军目前部署 400 枚"民兵"-Ⅲ洲际弹道导弹,共携带 400 个核弹头;海军拥有 14 艘俄亥俄级弹道导弹核潜艇,其中 12 艘处于作战巡逻状态,共装备 240 枚"三叉戟"-Ⅱ潜射弹道导弹,携带 890 个核弹头。2019 年,美国共开展 8 次战略弹道导弹飞行试验,试射"民兵"-Ⅲ导弹 4 次,"三叉戟"-Ⅱ导弹 4 次,全部成功。美国目前的核武器力量主要是三位一体,即由装备有潜射弹道导弹的核潜艇、洲际弹道导弹以及能够投放炸弹和空射巡航导弹的战略轰炸机组成。在美国核力量的指挥控制系统的统一指挥之下"三位一体"的核力量可以为美国提供强大的核威慑。

1) 陆基战略导弹

美国部署的陆基战略导弹型号主要是"民兵"-Ⅲ(LGM-30G)。"民兵"-Ⅲ洲际弹道导弹是"民兵"-Ⅱ的改进型,导弹全长 18.29m,弹径 1.68m,发射质量 35.4t,投掷质量 1t,射程 9800~13000km,命中精度 90~120m。"民兵"-Ⅲ洲际弹道导弹是美国第一种可携带分导式多弹头的地地战略导弹,每枚有 3 个弹头(图 4.1(a)),弹头有突防装置,导弹采用三级推进火箭,第三级发动机采用新型固体复合推进剂,并增加液体火箭发动机的末助推级,进行抗核加固,将目标转换时间缩短为 25min,是第一种配置了独立多重重返大气层载具的陆基洲际弹道导弹。美国国防部希望通过正在进行的服役延寿计划,对其精度和可靠性进行现代化改造,换装新型发动机和导航系统,将其延期服役到 2030 年以后。美国计划发展新的地基战略威慑(GBSD)洲际弹道导弹项目,该项目属于美国陆基洲际弹道导弹系统,处于早期发展阶段,计划从 2027 年开始逐步取代美国空军现有的"民兵"-Ⅲ洲际弹道导弹。"民兵"-Ⅲ洲际弹道导弹正以每年 2~3 枚检验性试射的速度在逐步消耗,目前剩余 400 余枚。2016 年 7 月 29 日,美国空军核武器中心、ICBM 系统理事会、GBSD 部门提出了开发和维护地面战略威慑下一代核洲际弹道导弹的提案请求。新型导弹将从 21 世纪 20 年代后期开始分阶段实施,估计在 50 年的生命周期内耗资约 860 亿美元。在 2027 年,GBSD 导弹项目预计将投入使用,并将持续服役到 2075 年。

2) 海基战略导弹

美国的潜射弹道导弹力量全部由"三叉戟"-Ⅱ(UGM-133A)导弹组成,该导弹是美国洛克希德·马丁公司制造的潜地远程战略导弹,为三级固体燃料火箭导弹。该导弹的外形、布局和结构与"三叉戟"1C-4 相似,但尺寸加大,采用 MK-6 星光惯性制导系统,弹长 13.9m,弹径 2.08m,起飞质量 2.27t,射程 7400~1000km,命中精度(CEP)120~150m,能携带 8 个分导式热核弹头(图 4.1(b)),弹头威力相当于 47.5MtTNT 当量。2019 年 2 月 22 日,美国海军战略系

(a)"民兵"-Ⅲ战斗部　　　　　(b)"三叉戟"-Ⅱ战斗部

图4.1　美国典型战略弹道导弹

统项目办公室向工业界发布征询公告,研究"三叉戟"-ⅡD5潜射弹道导弹的第二次延寿计划,这一计划将使该武器系统的服役时间从目前的2042年延长至2083年。该征询公告指出,海军战略系统项目办公室要求开展降低技术、硬件和架构风险的工程研究,改变"三叉戟"-Ⅱ延寿型导弹在材料和部件上的老化趋势,延长其寿命以达到新型哥伦比亚级战略弹道导弹核潜艇的最终服役期限。"三叉戟"-Ⅱ导弹在1983年开始全尺寸研制,2083年其全寿命将达到1个世纪。

2019年2月22日,美国国家核安全管理局在得克萨斯州阿马里洛潘特克斯工厂成功完成了首批W76-2核装置的生产。首批W76-2核装置的生产标志着国家核安全管理局正按照2018年《核态势评估》报告的相关要求快速推进低当量核装置的研制工作,并在短时间内达到项目关键里程碑。针对不断变化的威胁环境,W76-2核装置能够帮助美国实现定制威慑战略。W76-2计划是在"三叉戟"-Ⅱ导弹W76-1核装置的基础上进行改进,将为美国提供海上发射低当量弹道导弹弹头的能力。2019年,美国仍将"三位一体"核力量建设作为关注重点,投入巨资升级核武库,不断提升武器系统的技战术性能,核武库现代化计划全面推进且进展顺利。同时为满足新兴战略要求,美国生产首批装备潜射弹道导弹的低当量核装置,加速发展陆基中程导弹武器,抢占战略与技术优势,提升导弹武器系统的灵活性和多样性。

2. 俄罗斯战略导弹发展现状

俄罗斯当前综合国力衰退,经济萎靡,其重点在改造现有战略导弹,适度研制新型武器,以维持战略威慑的有效性。俄罗斯弹道导弹型号最多,其中"白杨"-M是俄罗斯陆基战略核力量的重要组成部分,具备很强的突防能力。俄罗斯战略弹道导弹发展目标着眼于同美国军事对抗能力的提高、对先进反导系统突破能力的提升和增加局部地区威慑手段,扩大威慑范围等。在具体实施过程中采取旧装备优化延寿、新装备研发部署的策略,但是其发展重点更倾向针对美军的反导防御体系。根据《原子能科学家公报》统计,俄罗斯目前共部署"白杨""白杨"-M、"亚尔斯""撒旦"和"匕首"共5种型号大约318枚洲际陆基弹道导弹,可携带约1165个核弹头;海军拥有12艘战略导弹核潜艇,共部署"红鱼""蓝天""布拉瓦"3种型号大约160枚洲际海基弹道导弹,可携带约720个核弹头。2019年,俄罗斯共开展12次战略、战术弹道导弹飞行试验,试射"亚尔斯"导弹2次、"白杨"-M导弹1次、"布拉瓦"2次、"蓝天"2次、"红鱼"1次以及"伊斯坎德尔"导弹3次,全部成功。2019年,战略核力量的发展仍是俄罗斯军备建设的重中之重。俄罗斯率先装备世界上第一批高超声速战略导弹系统,进一步提升战略导弹突防能力,核力量更新换代计划进入关键时期,近1~2年核武器现代化率将达到90%。俄罗斯典型战略弹道导弹如图4.2所示。

图4.2 俄罗斯典型战略弹道导弹

1)陆基战略导弹

SS-18导弹是苏联第三代地地洲际导弹,也是世界上最大的液体战略弹道导弹。该导弹共研制了5种型号,起飞质量220t,可携带20MtTNT当量的核弹头,射程12000km(1型)、11000km(2型、4型)、16000km(3型)、9000km(5型),命中精度260~430m,突防能力强,其弹道计算机系统可测量导弹对于预定弹道的偏差,并及时纠正,或使导弹按重新选定的弹道飞行。SS-19导弹是苏联1975年装备在地下发射井的地地液体洲际弹道导弹。弹长22.4m,弹径2.5m,射程10000km,命中精度300~450m。先后研制了SS-191、192、193型3种型号。该导弹采用惯性制导,具有强大的打击目标和导弹地下井硬目标的能力。SS-193型采用了高精度木制导系统。

SS-25("白杨")导弹是苏联采用三级固体燃料的机动型道导弹(图4.2(a)),是目前世界上首先完成部署的小型机动式洲际弹道导弹,其投掷量仅680~908kg,可携带一个当量为55Mt TNT的核弹头,也可携带多弹头,射程9600~10000km,命中精度260~400m。该导弹可采用地下井热发射,也可在公路上机动冷发射,多种的发射方式提高了导弹的生存能力。

SS-27("白杨"-M)洲际弹道导弹是俄罗斯研制的地地战略弹道导弹,是一种单弹头导弹,射程10500km,在推进系统中应用了更先进的固体火箭发动机,具有命中精度更高的制导系统以及快速发射等特点。新的机动型"白杨"-M导弹还没有装备,未来俄罗斯将保持200个携带单弹头的"白杨"-M导弹,最终只维持两种实战部署的洲际弹道导弹:"白杨"-M和"白杨"-M1。英国《简氏防务周刊》曾评析说,俄罗斯战略核武器的打击和突防能力居世界领先地位,"白杨"-M的技术要比美国现役战略核导弹领先8年。

"先锋"(Avangard)是俄罗斯总统普京在2018年1月公布的6种新俄罗斯战略武器之一,其以前称为OBJEKT4202、YU-71、YU-74,是一种助推式高超声速滑翔式飞行器(HGV),可以由R36M2和RS-28Sarmat重型洲际弹道导弹发射,可以携带核弹头或者常规弹头。HGV的巡航飞行高度一般在100km左右,位于大气层的边沿,其轨道高度远低于远程弹道导弹,飞行速度为马赫数5~20。高超声速滑翔飞行器可以凭借其低空飞行的能力,不被现有预警雷达发现,从而可以有效地突破敌方的导弹防御系统。这种武器可以在距离目标较远的地方就再入大气层在低空飞行,避免了在距离目标很近的地方从太空中再入大气层,进而避免了被对手预警雷达在有效载荷打击预定目标之前就被过早发现。"先锋"导弹飞行的速度最高可达到声速的27倍,当导弹接近目标的时候,能够在飞行中进行大过载的水平和垂直机动。"先锋"导弹能够携带核弹头当量超过2MtTNT,射程超过6000km。

作为一种助推式滑翔飞行器,"先锋"导弹将弹道导弹技术带到了顶峰,目前飞行的载体是 SS-19"Stiletto"(UR-100NUTTH),后来将会被 R-28"Sarmat"取代。俄罗斯最初计划将"先锋"导弹安装在移动式 RS-26"Rubezh"(SS-X-31)上,但是由于财政限制推迟了部署,目前选择使用基于发射筒仓的 RS-28"Sarmat"。"先锋"导弹在助推段上升到 100km 的亚轨道地点时,滑翔飞行器就会跟弹体分离,然后通过大气层向下飞行。"先锋"导弹能够保持马赫数 20(6.28km/s)的速度进行机动飞行,这种飞行轨道让弹道轨迹变得不可预测,导弹防御系统对其在后期上升段的拦截变得非常困难。目前没有公开的"先锋"导弹的外形数据,根据相关研究报告,"先锋"可能是"短楔形的设计,带有小稳定翼,安装在运载体的头部",据分析"先锋"导弹可能不使用推进系统,仅依靠重力以及其空气动力学特性来维持速度和高度。

2019 年 11 月底至 12 月初,俄军首次装备 2 套"先锋"战略导弹系统。该系统携带"先锋"高超声速滑翔弹头,能在航向和高度上进行机动,并突破导弹防御,这是世界上部署的第一款高超声速核弹头。首批"先锋"战略导弹装备在战略火箭部队奥伦堡地区的栋巴罗夫斯克导弹兵团。俄罗斯国防部透露,俄联邦武装部队计划共装备 2 个"先锋"导弹团,每个团由 6 枚导弹组成。"先锋"战略导弹系统携带的高超声速滑翔弹头由俄罗斯机械制造科研生产联合体研制,从 2004 年开始测试和试验。

俄罗斯"军队—2019"国际军事技术论坛期间首次公开了"萨尔玛特"新型重型洲际弹道导弹的技战术性能(图 4.3)。"萨尔玛特"洲际导弹的射程为 18000km,起飞质量为 208.1t,有效载荷近 10t,燃料 178t,导弹弹长 35.5m,直径 3m,战斗部为分导式核弹头。"萨尔玛特"重型洲际弹道导弹将逐步取代即将退役的洲际弹道导弹。俄罗斯总统普京 2018 年在发表年度国情咨文时表示,正在积极测试"萨尔玛特"重型洲际弹道,首批量产型导弹将于 2021 年投入使用。俄罗斯继续加强战略核力量现代化建设,重点发展可突破先进反导系统、能力更强的现代化武器装备。从 2020 年开始,"萨尔玛特"战略导弹开展飞行试验,"亚尔斯""先锋"陆基战略导弹系统以及"布拉瓦"潜基战略导弹系统将继续部署。

图 4.3 "萨尔玛特"新型重型洲际弹道导弹

2) 海基战略导弹

SS－N－18 导弹是带分导式多弹头的潜地战略弹道导弹,是二级液体导弹,装有高级制导装置,主要装备于"德尔塔"级 1 型核潜艇上进行水下发射。该导弹弹长 14.1m,弹径 1.83m,起飞质量 20～30t,有 1、2、3 三种型号,1 型携带 3 个分导式多弹头,爆炸当量 45Mt TNT;2 型携带单弹头;3 型携带 7 个分导式多弹头。射程远近与携带弹头的数量有关,携带单弹头时最大射程可达 8000km,携带多弹头时射程约为 6500km,命中精度 1.4km(1 型)、600m(2、3 型)。

SS－N－23"轻舟"是三级固体分导多弹头远程潜地弹道导弹(图 4.2(d)),装备在"德尔塔"4 级和 3 级核潜艇上,用以替换 SS－N－18 导弹。该型导弹采用星光惯性制导,核潜艇水下机动发射,全长 16.9m,弹径 1.8m,起飞质量 35.6t,投掷质量 1.53t,射程 8500km,可携带 6 个分导式多弹头,每个弹头威力为 25Mt TNT 当量,命中精度 595m。

SS－NX－30"布拉瓦"潜射弹道导弹由莫斯科热力学研究所研制(图 4.2(c)),是"白杨"－M 洲际弹道导弹的潜射型。该导弹长约 9m,重 36.8t,可携带 1 个 55Mt TNT 当量的核弹头,也可携带 10 个分导核弹头,射程达 8000km。该导弹已装备在 2010 年投入使用的"北风之神"级核潜艇上。

3. 英国战略导弹发展现状

英国目前仅拥有单一的海基核力量。其核武器主要装载于 4 艘英国战略核潜艇上,每艘潜艇装备 16 枚导弹,每枚导弹最多携带 6 个弹头,导弹是美制的"三叉戟"－Ⅱ型潜地远程战略导弹,潜艇和核弹头是英国自己研制的。导弹为三级固体燃料火箭,采用星体惯性制导,射程 7400km,可携带 1～3 个弹头,弹头威力相当于 10MtTNT 当量。

4. 法国战略导弹发展现状

法国拥有 4 艘弹道导弹核潜艇,每艘携带 16 枚 M－45 型导弹。M－45 导弹是法国于 1969 年开始装备的潜射中程战略导弹,是法国海基核力量的主力导弹。采用新的隐身型多弹头 TN－75 和突防装置,其载荷可达 1t,可携带 6 个 TN－75 弹头,每枚核弹头的爆炸当量为 10Mt TNT,射程超过 4000km。

M－51 是法国正在研制的新一代三级远程潜射弹道导弹。该导弹采用强劲的三级动力火箭推进装置和先进的复合制导系统,在飞行过程中更易调整姿态准确地飞向目标,增强了其射程和精确度,可携带 6 个 TN－76 型隐身分导式核弹头,每个弹头为 10～15Mt TNT 当量,射程为 8000km,导弹壳体采用了抗激光加固措施,提高了突防能力。

5. 印度战略导弹发展现状

印度致力于发展独立的"三位一体"核威慑能力以震慑敌对国家,并跻身世界大国行列。印度国防研究与发展组织实施的联合制导导弹发展计划中涉及"大地"近程导弹、"烈火"中远程弹道导弹等。继 2018 年,印度初步验证了"歼敌者"号核潜艇与 K–155 导弹形成"弹艇合一"的作战能力后,2019 年,印度进一步加快推进 K–4 潜基中程导弹的研制和试验进程。K–4 是在"烈火"–5 导弹基础上发展而来的固体中程潜射弹道导弹,发射质量约为17t,弹长12m,弹径1.3m,射程为3500km,弹头质量为2.5t。未来,印度还计划研制 K–4 改进型,通过将弹头质量降低到1t,使射程提高到5000km。K–4 潜射弹道导弹使印度具备了在己方海域打击南亚及东亚纵深战略目标的能力,对增强印度核力量的生存能力和作战使用灵活性具有无可替代的作用。印度将进一步加快远程导弹的研制进程,持续开展"烈火"–5 导弹(图 4.4)和 K–4 潜射导弹的技术验证飞行试验,提升印度导弹武器系统多平台的打击能力。

图 4.4 印度"烈火"–5战略弹道导弹

6. 朝鲜战略导弹发展现状

朝鲜正在研制公路机动型的"火星"–13(KN08)洲际弹道导弹,2015年10月,朝鲜公布"火星"–14新型公路机动洲际弹道导弹。朝鲜"大浦洞"–2导弹改进的"银河"–2运载火箭在2012年12月首次成功把一颗卫星送入预定轨道,2016年2月把第2颗卫星送入预定轨道。"火星"–10("舞水端")中程弹道导弹从2016年4月开始经历了多次试验失败(图4.5)。朝鲜还在研发新型固体近程、潜射和中程弹道导弹。2017年4月,朝鲜开始进行"火星"–12新型液体中程弹道导弹试验。2019年,朝鲜频繁进行弹道导弹飞行试验,共计12次试射,其中KN–23新型导弹6次、"北极星"–3新型潜射导弹1次、KN–02导弹5次。2019年10月2日,朝鲜国防科学院在东海元山湾近海成功试射了1枚"北极星"–3型潜射弹道导弹。韩国国防部称,朝鲜本次垂直发射的导弹,最大飞行高度约910km,飞行了17min,飞行距离约450km,该导弹采用高弹道发射,若以标准弹道发射进行估算,那么"北极星"–3型的最大射程可达到1900km。朝中社报道称,本次试射目的:一是科学验证最新设计的弹道导弹的核心战术技术指标;二是展示朝鲜在军事力量方面的最新重要成果,给外部势力施压。报道还称,此次发射并未对周边国家的安全产生任何负面影响。

图4.5 朝鲜"火星"–10弹道导弹

7. 伊朗战略导弹发展现状

伊朗正在发展洲际弹道导弹,伊朗运载火箭项目的进步加快了伊朗研制洲际弹道导弹的步伐。2008年以来,伊朗多次成功发射两级"信使"运载火箭。伊朗还公布更大的两级"神席"运载火箭。"神鸟"运载火箭可作为洲际弹道导弹技术的试验平台。伊朗研发出"Qam1"近程弹道导弹(第四代"征服者110"升级版),声称具备打击舰船的能力,将进行大规模生产。伊朗增强了"流星"-3中程弹道导弹射程和精度(图4.6(a)),声称已部署两级固体推进的"Seji"导弹。2015年,伊朗公布"Emad"导弹(图4.6(b)),"Emad"导弹宣称采用精确制导技术,是伊朗第一款精确制导弹道导弹,可以实施高精度打击,伊朗官方发布计划研制更高精确制导能力的"Emad"-2导弹和新型"Seji"导弹。

(a) "流星"-3　　　　　　　　　　　(b) Emad

图4.6　伊朗典型弹道导弹

传统的"三位一体"战略核力量的概念一直是各国聚焦的重点,且弹道导弹在向着精简化、信息化、多元化、强突防能力、通用化的方向发展。外军主要类型的远程战略弹道导弹型号如表4.1所列。

表4.1　外军主要类型远程战略弹道导弹型号

国家	主要型号	部署方式	射程/km	突防方式	制导模式
美国	"民兵"-Ⅲ	地下井热发射	10000	分导弹头;箔条和诱饵弹头	惯性制导
	"三叉戟"-Ⅱ	潜艇水下发射	8000~10000	分导弹头	星光惯性制导系统
俄罗斯	"白杨"-M	公路机动地下井发射	13000	分导弹头;特殊弹道弹头再入大气层变轨	星光惯性组合制导
	"亚尔斯"	地面机动地下井发射	8000~10000	分导弹头;机动变轨;主动电子干扰系统;红外干扰系统	GLONASS
	"布拉瓦"	潜艇水下发射	8300	分导弹头;诱饵装置	惯性制导;GLONASS
	"轻舟"	潜艇水下发射	8300	分导弹头;发射不受气候因素影响	星光惯性制导系统
法国	M-45	潜艇水下发射	4000	分导弹头;隐身弹头	星光惯性制导系统
	M-51	潜艇水下发射	8000	分导弹头;隐身弹头	复合制导

续表

国家	主要型号	部署方式	射程/km	突防方式	制导模式
印度	"烈火"-5	地面机动 公路机动	5000	分导多弹头;机动弹头	INS + GPS/GLONASS/IRSS 末制导
朝鲜	"大浦洞"-2	地下井发射	6000~9000	未知	惯性制导
朝鲜	"火星"-14	公路机动	6000~10000	机动弹头	星光惯性组合制导

4.1.2 发展趋势分析

各国在提升远程弹道导弹射程以拓展其打击范围的同时，不断提升其技术含量，使远程弹道导弹向着高技术、强突防能力、强机动能力、精确打击能力、多毁伤手段、一体化作战的方向发展。

1. 核弹数量裁撤精减，武器性能实质提升

在导弹限制发展阶段，各国通过归并、裁撤和退役的方式，大幅削减导弹型号和数量，战略重心逐渐转向提升导弹性能。普遍采取的措施包括：一是升级现役导弹，提升作战能力；二是加强维护并延寿，在节约成本的同时保留强大核打击力量。美国、法国等国持续对战略导弹进行现代化改进，提升导弹的总体性能。目前，美国仍在对"民兵"-Ⅲ推进系统、制导系统、末段助推和再入等系统进行改进。对"三叉戟"-2的升级也正由美国空军和海军共同实施，改进后该型导弹或可服役至2080年。

2. 设计注重灵活多用，新型武器研发迅速

信息化条件下，远程弹道导弹的设计更加注重模块化、通用化和系列化，使其在作战中可灵活部署，一弹多用。为此美国确定使用"模块化系统结构"，使陆基战略威慑各层级结构逐步实现模块化。同时针对"民兵"-Ⅲ在机动能力、生存能力等方面的"硬伤"，以及对导弹小型化、精准化的追求，决定研发新型洲际导弹取代"民兵"-Ⅲ，并在高超声速武器、动能武器方面加快研发脚步。目前，俄罗斯陆基战略导弹"白杨"-M和"亚尔斯"，以及新型潜射"布拉瓦"导弹之间也具有一定技术通用性，"布拉瓦"导弹30%左右的部件和战斗部与"亚尔斯"导弹可实现通用。

3. 机动能力不断增强，突防手段日益多样

随着导弹防御系统关键技术不断突破和部署范围的扩展，导弹生存能力面临重大挑战。在部署方式上，俄罗斯采取井基与公路机动、铁路机动、核潜艇、战略轰炸机部署相结合途径,充分固定、机动部署优势,以低风险应对复杂新威胁。俄罗斯的战略导弹多采用全导式多弹头技术,制导与推进系统使多弹头在飞行中改变弹道,实现突防。美军"民兵"-Ⅲ洲际导弹则采用分导式多弹头,可在中段飞行释放轻型诱饵,在再入段可做机动变轨,具备多种突防手段。

4. 注重强化实战能力,体系建设成为趋势

美国、俄罗斯等国一直高度重视提升和检验战略导弹的实战能力。俄罗斯几乎每年都通过大规模战略核军演检验战略导弹接受指令、快速发射的战备能力。同时,美、俄一直将作战指控系统的建设作为增强战略导弹实战能力和体系化的重要手段。美军借助C2BMC系统实现传感器、拦截器的多层一体化防御体系;俄军83M6E、30K6E等指控系统的发展,使C300、C400拦截武器系统在通信效率、展开速度、打击精度、打击目标批次数量和类型上都有突破性进展,大幅提升作战效能。

4.1.3 战略弹道导弹特点以及发展

据统计,目前全球共有超过26个国家和地区具备弹道导弹研发或者改装能力,43个国家和地区拥有弹道导弹,拥有射程超过3500km弹道导弹的国家共有10个,拥有弹道导弹和核武器研发能力的国家共有8个,弹道导弹部署数量超过3000余枚,在未来一个时期,其部署的数量规模将会持续扩大,威胁程度将继续加重。弹道导弹目标具有以下特点:

(1)核常兼备的战略导弹是未来弹道导弹发展的主要方向,通过增加射程、增强精确打击能力和突防能力,实现实战能力和威慑能力的提升。

(2)发展多种射程弹道导弹,实现全纵深打击。从射程几百千米的短程弹道导弹到射程上万千米的远程弹道导弹,可以实现对战术目标以及战略目标的攻击行动。

(3)部署平台多样,生存能力大幅提高。弹道导弹可部署于固定发射井、潜艇、水面舰艇、飞机或者公路、铁路机动发射。机动部署的导弹能够极大地提供导弹发射前生存能力。

(4)弹道导弹突防能力不断增强。一方面,弹道导弹飞行速度快,雷达散射截面积小,预警探测装备发现困难;另一方面,弹道导弹通过携带诱饵和弹载干扰设备可以对敌方传感器进行干扰、欺骗,或者通过携带多弹头和变轨道飞行等多种措施提高导弹在飞行过程以及末端突防过程的生存能力。

(5)弹道导弹的命中精度不断提高。弹道导弹通过采用卫星辅助制导能够极大地提高打击精度,弹道导弹采用末端主动制导方式能不断提高打击精度,并使弹道导弹具有打击移动目标的能力。

(6)弹道导弹与高超声速飞行器相结合。弹道导弹与高超声速飞行器相结合是未来发展的重点方向,此可大大增强战略弹道导弹的生存能力,提升战略导弹的机动和全球打击能力。

(7)弹道式和巡航式组合是未来弹道导弹发展的重要方向。巡航式弹道导弹可有效提升弹道导弹的射程和可靠性,增强弹道导弹突防能力和打击能力。

4.2 弹道导弹目标特性

4.2.1 弹道导弹目标

弹道导弹诞生于第二次世界大战后期,具有射程远、速度快、突防能力强、精度高、杀伤威力大、核常兼备战斗部配置等特点,世界各国都将弹道导弹作为发展战略、战术进攻武器的首选。随着弹道导弹在世界范围内的扩散和发展,其部署方式更加灵活,机动方式更加诡秘,生存能力更强,各国面临的弹道导弹威胁程度日益加深。对弹道导弹的识别,一方面要求分辨能力高。由于弹道导弹在突防过程中释放无源干扰假弹头和有源干扰机,迷惑甚至干扰对方的预警探测和反导防御系统,客观要求预警探测系统具有高分辨识别能力,能对真弹头进行识别,支持准确有效拦截,需要高分辨率的X波段多功能相控阵雷达,提高对真假弹头和多弹头的跟踪识别能力,并能同时分辨至少20批目标和干扰源。另一方面,要求综合目标识别能力强。单一的目标识别方法难以在弹道导弹运动的全过程对其进行有效识别,这就要求采用多种识别方法对目标进行识别,并综合多种识别方法的结果对弹道导弹进行全过程识别。

从广义上讲,所谓弹道就是指导弹从发射点飞往目标点所经过的路径(或者轨迹)。弹道导弹的飞行弹道是根据打击目标的具体任务和射程的要求,通过飞行控制系统的工作而实施。通常,弹道导弹的飞行弹道,从起飞到接近目标时的再入段几乎全是椭圆形的。弹道导弹的飞行弹道是一条空间轨迹,在导弹横向运动很小的情况下,可以将其简化为一条平面弹道。根据弹道式导弹从发射点到目标点运动过程的受力情况,可以将弹道分为不同的飞行阶段。根据导弹在飞行发动机和控制系统释放工作,可将其弹道分为动力飞行段(主动段或者助推段)和无动力飞行段(被动段)两部分。在主动段,导弹的发动机处于工作状态;而被动段,是指导弹发动机已经关闭,导弹是依靠惯性飞向目标。为了进一步提高导弹的命中精度,可能采用中段制导和末段制导,在这种情况下动力装置参与工作。另外,在被动段根据弹头所受空气动力的大小又可以分为自由飞行段(自由段或者中段)和再入大气层飞行段(再入段)两部分。在被动段的起点,导弹的动能达到最大值,随后导弹飞到弹道的最高处,动能最小,势能达到最大。从弹道的最高点至再入大气层之前的一段下降弹道,目标的速度会受到地球引力的影响从小增大,势能重新转变为动能。重新进入大气层之后,导弹弹头受到空气阻力的影响,速度又开始急剧下降。

在导弹飞行的主动段,导弹在发动机的作用下飞向外太空,弹头和弹体连为一体,导弹火箭发动机的尾焰含有可见光、短/中波红外和紫外等波段的能量。在中段,弹头与弹体分离,基于突防的目的,通常在中段会释放诱饵以及各种干扰装置,形成包括弹头、发射碎片、弹体、各种诱饵和假目标的威胁目标群,在近似真空的环境中惯性飞行。再入段是弹头返回大气层的阶段,由于大气阻力使得目标产生减速效应,轻质诱饵在该阶段很快被大气过滤掉,剩下的弹头和重诱饵在高速再入的过程中会引起大气电离,形成等离子鞘套和尾流。

弹道导弹按照射程大体可分为近程、中程、远程以及洲际导弹,不同类型的弹道导弹,其飞行轨迹、速度、加速度的具体数值差异较大,但总体变化规律基本一致,整个飞行过程分为助推段、中段和再入段,如图4.7所示。不同飞行阶段分别表现不同的目标特征。在导弹助推段,导弹的尾焰、大气以及虚警源具有相似的红外特性,导弹分离和诱饵释放过程中也将有相似的红外特性和电磁特性;在导弹飞行的中段,弹头、弹体、诱饵以及其他伴飞物将在复杂的空间环境特征背景下表现出不同的运动特性、微动特性、电磁散射特性和光学辐射特性;在导弹飞行的再入段,弹道导弹主要表现为微动特性、电磁散射特性、红外特征以及激光散射特征等。

1. 飞行特征

弹道导弹是指在火箭推力作用下按预定弹道飞行,关机后按自由抛物体轨迹飞行的导弹(图4.7)。按射程,弹道导弹分为近程弹道导弹(射程小于1000km)、中程弹道导弹(射程1000~3000km)、中远程弹道导弹(射程3000~5500km)、远程弹道导弹(射程大于5500km),一般将射程大于8000km的远程弹道导弹称作洲际弹道导弹。

弹道顶点超出大气层(100km以上)的弹道导弹,其弹道可分为助推段、中段和末段。不同类型的弹道导弹,其飞行轨迹、速度和加速度的具体数值差异较大,但总体的变化规律是一致的,如表4.2所列。

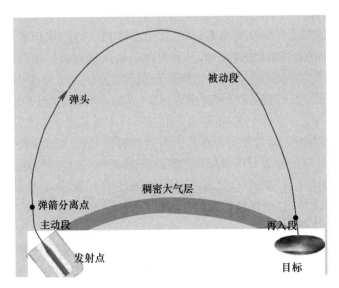

图 4.7　弹道导弹飞行过程示意图

表 4.2　不同射程的弹道导弹的飞行参数

射程/km	10000	3000	2000	1000	500	120
飞行时间/min	30	14.8	11.8	8.4	6.1	2.7
弹道最高点/km	1300	800	500	150	50	30
再入速度/(km/s)	7.2	4.7	3.9	2.9	2.1	1.1
再入角度/(°)	27	38	40.9	43	44	44.7
助推段时间/s	170~300	80~140	70~110	70~100	60~90	30~40
助推段高度/km	180~220	100~120	70~90	50~80	40~60	10~15

弹道导弹的飞行过程的助推段以导弹离开发射架作为起点,以助推器最后一级火箭熄火,有效载荷与助推器分离为终点。远程弹道导弹助推段时间约为160~230s,战术弹道导弹约为60s。助推段是弹道导弹最脆弱的阶段,其红外和雷达特性非常明显,推进剂储箱受打击易遭摧毁,而且飞行速度也较慢,这个阶段还没有产生碎片,也没有释放诱饵等突防装置,目标识别问题不突出。

中段主要是指弹道导弹助推火箭关闭发动机后,导弹在大气层外飞行的过程。典型远程弹道导弹中段的飞行时间约为 15~20min,是弹道中最长阶段,防御方有足够的时间作出决策,甚至可以人工参与,以便确定是否发射拦截弹,以及发射几枚拦截弹。先进的战略弹道导弹一般采用多种突防措施提高弹头的突防能力,如采用各种隐身措施减小弹头的雷达散射面积,在中段飞行的导弹还经常采用投放干扰箔条和模拟弹头的假目标,或将末级火箭炸成碎片形成干扰碎片云等突防措施。由于大气阻力低,这一阶段弹头、诱饵、整流罩、母舱和碎片残骸等,均在弹道附近伴随弹头高速运动,在整个中段飞行阶段形成一个目标群,这个目标群扩散的范围可达几千米。要实现拦截武器精确打击目标,预警探测系统必须从目标群中识别出真弹头,引导拦截器实施打击。如何从大量干扰团及伴随弹头一起飞行的诱饵中识别出真弹头,并实施有效拦截,是反导系统的核心任务。

再入段是指弹头及其伴飞物进入大气层向打击目标飞行的阶段,再入段又称末段,持续时间一般为 $60\sim90s$。在该阶段,由于大气阻力作用,目标群中伴随弹头飞行的碎片、轻质诱饵、箔条等会因摩擦产生高温,从而被烧毁或降低速度而被大气过滤掉,这个现象称为大气过滤。经过大气过滤,只有少数专门设计的重诱饵呈现出类似弹头的运动轨迹,弹道目标及重诱饵再入大气层时,不同质阻比的目标表现出不同的减速特性,可以通过质阻比对真假弹头目标进行识别。在再入段,反导系统的目标识别压力大大降低,但反应时间很短,对拦截系统提出了更高的要求。

由于弹道导弹具有强大的作战潜能,有能力的国家都争相发展弹道导弹武器,冷战时期超级大国都极力发展弹道导弹,引发了弹道导弹武器的快速发展和弹道导弹防御系统的发展。表4.3详细列出了各种不同射程弹道导弹的运动数据,可以看出弹道导弹的射程可以达到10000km以上,最大高度可以达到1000km以上,总飞行时间由数分钟到42min不等,这些因素都给弹道导弹防御带来了较大的难度。

表4.3 弹道导弹飞行数据(按接近节省能量弹道计算)

射程/km	关机速度/(km/s)	最大高度/km	最大高度速度/(km/s)	70km高再入角度/(°)	总飞行时间/s(min)
300	1.42	84.4	1.08	25	331(5.51)
600	2.1	164	1.56	39	443(7.38)
1000	2.8	257	2.05	40	562(9.37)
1500	3.2	391	2.4	42.1	377(11.2)
2000	3.78	490	2.78	40	789(13.15)
2500	4.2	600	3.1	39	892(14.87)
3000	4.5	700	3.36	38.6	989(16.48)
3500	5	750	3.50	38	1120(18.7)
4000	5.15	880	3.78	36	1207(20.12)
6000	6.1	1170	4.45	32	1538(25.63)
8000	6.65	1200	4.95	27	1872(31.2)

续表

射程/km	关机速度/(km/s)	最大高度/km	最大高度速度/(km/s)	70km 高再入角度/(°)	总飞行时间/s(min)
9000	6.71	1300	5.11	26.2	2020(33.67)
10000	6.92	1349	5.33	23.9	2149(35.8)
11000	7.09	1394	5.55	21.7	2269(37.81)
13000	7.36	1420	5.97	17	2470(41.16)
14000	7.45	1428	6.2	14	2565(42.75)

2. 目标特性

在工程中,常将导弹的运动分为质心运动和绕质心运动,可分别称为弹道特征和微动特征。弹道导弹从发射到攻击过程要经历弹箭分离、碎片抛射、诱饵释放等事件和中段飞行、再入减速等运动过程。为了保持在大气层外飞行的稳定性,弹头在中段进行空间姿态控制,其中自旋稳定是最常用的控制方式;由于大气扰动、诱饵释放以及弹箭分离时其他载荷的反作用力影响,弹道导弹目标在中段和再入段存在进动和章动等运动形式,这些自旋、进动、章动等运动形式构成了空间弹道目标的微动特征。

1) 助推段特性

助推段以导弹离开发射点作为起点,以最后一级助推器关机、与弹头完成分离为终点。在助推段,发动机和控制系统持续工作,导弹和诱饵尚未分离,导弹弹头和弹体作为一个整体目标存在。导弹作为整体的飞行时间通常很短,约在几十秒到几百秒的范围内。远程及洲际弹道导弹助推段时间约 3~5min,中程弹道导弹助推段时间约 2~4min,近程弹道导弹助推段时间约 1min。弹道导弹助推段是其最脆弱的阶段,导弹的光学和雷达特性较为明显,助推段发动机喷焰能量集中于中短波段,辐射强度 $5\times10^4 \sim 5\times10^6$ W/sr,导弹上升至 8~10km 高度后,可被红外预警卫星探测捕获。通过对导弹飞行位置的实时连续测量,可以估算导弹关机点参数,然后将该信息提供给地基远程预警雷达用于引导探测和跟踪测量。弹道导弹发射后,处于低高度的第一级火箭产生的尾焰,在喷嘴附近直径为 4m,可见长度达 50m 以上,喷嘴出口的温度为 1800K,在可见尾焰的边缘降低到 1000K 以下,尾焰的平均温度为 1400K。助推段时间通常很短,例如,600km 射程的导弹主动段约 90s,3000km 导弹主动段的大概为 120s,10000km 的洲际弹道导弹大概为 300s。

通常在飞行助推段的终点,弹头和弹体进行分离。在助推段终点的主要飞行参数有关机点速度、弹道倾角、飞行高度、飞行距离、飞行时间等。这些参数确定以后就可以利用椭圆弹道理论估算被动段射程以及弹道导弹全射程,利用导弹预警卫星对导弹飞行位置进行实时连续的采集,可以估算出导弹关机点参数,这对导弹预警系统能否成功预警十分重要。这个阶段,导弹将弹头加速到 6～8km/s 的速度,在助推段飞行的过程中,还分为垂直飞行段、程序飞行段和瞄准飞行段,从导弹离开发射台到开始程序转弯飞行前的一段弹道,这个阶段导弹是垂直飞行,持续时间不到 10s,高度也就几百米。之后是程序飞行,这个过程导弹在飞行控制系统的作用下,让垂直飞行的导弹自动朝目标方向转弯,按照预定的飞行程序角度(俯仰角),把导弹引导到椭圆弹道上,这是导弹程序飞行的基本任务。从程序飞行段结束到达关机点速度而且发动机熄火为止,这一段称为瞄准飞行段。

由于该阶段弹头尚未分离,与助推级一起整体飞行,目标体积较大,典型频段雷达反射截面积(RCS)可达 $1m^2$ 以上,且导弹飞行速度相对较慢,以有动力的爬升为主,主要由克服重力的纵向运动和侧向运动组成,质量逐渐减小,速度逐渐增大。这个阶段碎片、伴飞物较少,突防装置尚未释放,是导弹目标早期预警和初步识别的关键阶段。助推级与弹头分离是助推段结束点附近的一个关键特征事件,该时间点目标姿态变化将引起其 RCS 特性发生起伏,可以通过观测上述变化进行识别。

2) 中段特性

中段主要是弹道导弹助推段发送机关机后,导弹在大气层外飞行的阶段,远程及洲际弹道导弹其中段飞行时间大约 20～30min,中、近程弹道导弹中段飞行是大约 5～15min,中段是弹道的最长飞行段,也是实施导弹防御拦截的关键阶段。在中段的初期,导弹在惯性的作用下会继续向弹道的最高点飞行,并且在这个阶段释放再入弹头和各种突防措施。一般当导弹达到弹道最高高度时,将所有的载荷释放完毕。这个阶段为了实现高度命中精度,在助推段结束后,导弹会进行控制,例如中段制导,用以修正助推段飞行所积累的误差,用以提高命中精度、降低助推段对飞行控制精度的要求。这个阶段对于洲际弹道导弹飞行最高高度能达到 1300km 或者更高,对于中短程射程大约 600km 的,弹道最高点大概在 250km 或者更高。在这一阶段各种导弹突防措施的运用给探测带来了相当大的难度。弹道导弹进入中段后,分弹头中夹杂着假弹头、电磁诱饵箔条和红外诱饵,以及导弹碎片、充气金属涂敷球、反射偶极子、金属涂层锥体角反射器等各种假目标,形成有源和无源干扰,这些干扰引起雷达和红外探测器"过载",从而会提高导弹突防的概率。

中段弹道在无推力作用下以惯性飞行,运动轨迹可预测,弹头在中段与大气摩擦迅速减少,弹头表面温度很快降至常温,红外辐射能量主要集中于中长波

第4章 弹道导弹威胁评估

段,辐射强度也迅速减小,高轨预警卫星将难以捕获目标。此外,先进的导弹武器一般会在中段采取多种突防措施用以提高弹头的生存能力,例如,采用各种隐身措施减小弹头的 RCS,P、S、X 波段目标 RCS 典型值可低至 $0.4 \sim 0.01\text{m}^2$,并且导弹将释放多种类型的诱饵、无源干扰箔条、有源干扰机等突防装置。这一阶段诱饵、干扰装置、碎片残骸等均在弹道附近伴随弹头运动,形成目标群,扩散范围可达数千米,其中诱饵的红外特征、电磁散射特性与弹头较为接近,而干扰装置则将大幅降低雷达探测距离,上述措施均对预警探测系统的目标探测与识别能力提出巨大挑战。

若要成功实现中段拦截,预警探测系统必须从目标群中识别真弹头,并引导拦截武器打击目标,为此需要通过采取多种传感器手段,提取各目标不同特征的微小差异来加以区分和识别。例如,对于弹头来说,为确保稳定、安全、有效的命中目标,一般会采用自旋稳定和姿态控制及修正技术,不会发生大幅翻滚动作,弹头相对质心存在一定的微动特征,但进动角一般不大且较为稳定;而诱饵及其他伴飞物则不具备这种自我姿态控制及调整能力,受分离作用力的影响可能出现发散式的摆动和翻滚。上述运动特征的差异可以通过系统分析雷达回波特性加以提取和识别,包括 RCS 时间序列、微多普勒特征、宽带特性等。中段目标群的构成是非常复杂的,这增加了识别的难度。另外,反导目标识别是典型的非合作目标识别,与其他识别场景相比,它主要有如下三个特点:

(1) 对识别的准确率要求高。无论是以真为假还是以假为真,其代价均相当高。因此,防御方对弹道目标识别的准确程度要求苛刻。

(2) 识别先验信息缺乏。由于识别对象(弹头、诱饵)的特殊军事目的,一般无法获得待识别对象的特征数据库,只能根据粗略的先验知识进行识别,这是弹道目标难以有效识别的主要原因。

(3) 识别实时性要求强。弹道中段的飞行时间虽然长,但反导系统的识别窗口和拦截窗口却十分有限,在有限的时间内,雷达要完成目标识别、威胁评估、目标引导、杀伤效果评估等一系列工作,识别系统必须反应迅速。

中段弹道导弹目标识别的以上特点决定了在目标识别分类器设计和特征提取方面都有自己独特的要求。在分类算法方面,由于先验信息缺乏,无法采用模板匹配这一类的方法,而只能采用专家系统等方法;考虑到实时性的要求,分类器还应当简洁、稳健、高效。由于这些限制,许多经典而成熟的分类识别算法,如贝叶斯分类器等难以直接应用于反导目标识别。此外,那些对学习训练要求苛刻、计算烦琐、推广能力较差的识别方法也不太适应反导目标识别的要求。

在特征的提取方面,目标识别雷达必须提取出那些能够反映出真假目标本质差异的特征量才能用于识别。对特征量的要求主要有两个:一是具备良好的可分性；二是物理意义清晰。前者是特征提取的共同要求，而后者是在先验信息缺乏条件下的特定要求。在反导系统发展的不同历史阶段，尽管受技术条件的限制，所提取的特征各不相同，但均反映了以上两个要求。以美国的导弹防御系统为例，在反导系统建设初期，所采用的是窄带雷达系统，所提取的特征主要是目标的雷达散射截面和弹道系数；随着宽带技术和极化测量技术的发展，雷达获取目标精细结构信息的能力大为提高。

3）再入段特性

再入段是指弹头及其伴飞物进入大气层高度 80km 以下向打击目标飞行的阶段，持续时间较短，大概 30~90s，这时候弹头重新进入稠密大气，受到强烈的空气动力作用，会出现严重的气动加热效应。所有弹头必须采取有效的姿态稳定和防热措施，使弹头能够高速、顺利穿过大气层命中目标。再入段的弹道目标主要有再入弹头、诱饵、碎片、干扰机等。再入的过程中，目标会出现黑障现象，形成等离鞘套和尾流。这个过程的等离子鞘套和尾流的 RCS 和红外辐射特性要远远大于弹头本身的散射和辐射特性，这些目标特性可用于进行目标识别。

如果在再入过程中，弹头采用末制导技术，会使对再入弹头的探测变得更为复杂，采用末制导的目的是提高命中精度和突防能力。在导弹飞行的末段，由于经过大气过滤，轻诱饵被烧毁殆尽，只剩下重诱饵和重碎片。重诱饵的弹道参数与真弹头相仿，因此雷达无法利用弹头和重诱饵在大气中的减速特性进行识别，或者说很难识别。但是重诱饵的雷达散射特性与真弹头有差别，而且它们的高温尾流大小与形状很不相同，这给红外识别带来了机会。此时，一般在地面用相控阵雷达、机载、天基红外探测器就能探测到目标，但由于目标飞行时间短，实现对目标的捕获和跟踪比较困难。因此，在再入段，虽然目标识别难度降低，但由于反应时间很短，对末端导弹防御拦截系统也提出了较高要求。

4.2.2 临近空间飞行器

临近空间飞行器可以分为高速和低速两大类。高速飞行器主要包括助推滑翔式飞行器、高超声速巡航式飞行器，主要执行精确打击和战略威慑等任务，具有航速快、航距远、机动能力高、载荷种类多等特点。低速飞行器包括浮力型、升力型和升浮一体型三种，主要用于情报侦察、预警和通信，如平流层飞艇、高空气球、太阳能无人机等。临近空间目标特点要求预警探测系统必须尽早发现目标，需要研发平流层飞艇载预警雷达等探测装备，提高对临近空间武器的预警探测识别能力，尽早提供关于临近空间目标的实时预警信息，为拦截武器系统预留作战准备时间。考虑目标的威胁性，预警探测对象以更具进攻性和毁伤性的临近空间高速飞行器（以下简称临近高超目标）为主要目标，重点是助推–滑翔（跳跃)式飞行器和高超声速巡航飞行器。临近空间高超声速飞行器独特的飞行方式和运动特性,决定了其具有独特的光学(红外\紫外\光谱)和微波特性。

1. 红外辐射特性

助推 – 滑翔类目标,红外辐射一般情况下集中在短、中波,峰值波长约 $2\mu m$,辐射强度约为千瓦至万瓦量级。其中在火箭助推段辐射最强,主要来自火箭高温尾焰,与中短程固体弹道导弹辐射强度相当,约为万瓦量级;滑翔段红外辐射由飞行器本体、高速扰流场组成,本体平均温度约为1000K,扰流场的温度可达10000K,比导弹中段红外辐射强1~2个量级,目标强度为千瓦至万瓦量级。巡航类目标,由于飞行速度低于滑翔类目标,红外辐射强度略低,主要集中在中波段,辐射强度约为百瓦至万瓦量级。其中,发射段由于同样采用固体火箭助推,辐射强度与助推 – 滑翔式基本一致;巡航段辐射由飞行器本体、超燃冲压发动机尾焰组成,综合辐射强度约为百瓦至千瓦量级。

2. 紫外辐射特性

临近高超目标的紫外辐射主要由尾焰辐射、等离子体鞘套辐射和电离层扰动等三个方面。由于理论建模计算过程复杂、外场试验难度大,目前关于临近高超目标的紫外辐射数据较少,仅有少量地基对导弹助推段尾焰的测量数据,在十瓦至千瓦量级。同时,在背景特性方面,由于距地表30~50km的臭氧层对紫外辐射(特别是波长小于280nm的日盲紫外辐射)有强烈的吸收作用,使得紫外探测的干扰源少、背景洁净,利于目标探测。

3. 光谱特性

光谱测量是通过提取和比对目标光谱中的特征谱线,从而发现和识别目标。临近空间高超声速目标的辐射光谱特征主要来自飞行器本体和扰流场两方面。飞行器本体的辐射光谱是连续谱,辐射峰值在短、中波红外附近。扰流场气体辐射主要来自空气中的氮、氧原子,其辐射光谱具有很强的选择性,当气体温度达10000K时其辐射能量会在紫外波段集中表现。

4. 电磁散射特征

由于临近高超目标特殊的外形构造,且几何尺寸比战斗机小很多,其微波反射等效面积较小。另外,高速运动产生的等离子体鞘套是影响目标微波特性的重要因素,其RCS较隐身战斗机还小。当电离大气在目标表面及周围形成等离子体时,会对电磁波进行吸收、衰减、折射等作用。一方面,等离子鞘套影响目标

RCS 大小,改变了目标可探测距离;另一方面,等离子鞘套改变了目标的散射回波特性,影响雷达对目标的可靠检测、稳定跟踪和参数的准确测量。

4.3 弹道导弹典型突防手段

弹道导弹的飞行过程主要有助推段(上升段、主动段)、中段(自由飞行段)、再入段(末段)。不同飞行阶段的状态不同,自由飞行段是弹道导弹最长的飞行阶段,期间发射的弹体碎片、诱饵等处于近似真空的环境中,在重力的作用下伴随弹头飞行,逐渐形成扩散的目标群。末段是当弹道导弹的弹头再入大气层后的飞行过程,可以借助空气动力飞行,根据飞行高度可细分为末段高层、末段低层,期间弹体的碎片和轻诱饵等很快被大气过滤掉,剩下的弹头和重诱饵高速飞行,针对不同飞行阶段的状态,如图 4.8 所示,其突防的手段也各有不同。

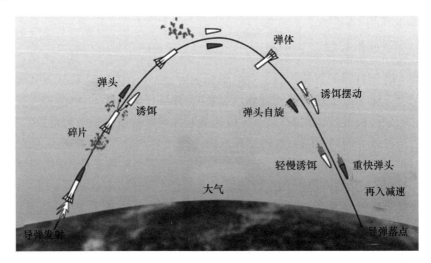

图 4.8 弹道导弹飞行突防过程示意图

4.3.1 稀薄大气层典型突防手段

该阶段的导弹高度一般在 150km 以下、60km 之上,该阶段导弹已经完成头体分离,其弹头 RCS 非常低,在 S~X 波段的 RCS 约为 $0.1m^2$。由于处于稀薄大气层中,该阶段依然存在大量的光电轻诱饵(6~12 个),这些轻诱饵质量小、体积小、数量大,通过气压膨胀成型,产生与弹头接近的雷达目标特性,在真空中进行无空气阻力的伴飞,在稀薄大气层中,质阻比较小,同时弹体解体产生了多个较大伴飞物(3~6 个)。该阶段会产生多个目标群,扩散直径在 3km 以内。

4.3.2 导弹助推段、中段典型突防手段

该阶段的导弹高度一般高于150km。由于在助推期间,弹道导弹一般没有突防措施,有可能采取降低天基红外卫星发现的发动机红外特征缩减技术,包括降低或改变导弹发动机尾焰的辐射特性,缩短助推段发动机关机时间,以使敌方探测跟踪系统探测、跟踪目标困难;采用柔性发动机改变推力方向使导弹滚动,对导弹进行抗激光加固设计,在发射区投放烟幕、热熔胶等对抗激光武器攻击,同时较好地隐蔽关机点,到自由飞行段后释放多个弹头及各类假目标。多弹头分导数一般为1~5个,释放的重诱饵为1~2个,飞行过程中,真假弹头和轻重诱饵形成目标群,一般群目标的直径约为2km,各群之间的距离为20km,落点相同。

弹道导弹的中段,导弹飞行时间长,是突破反导系统的重要阶段。由于发动机已关闭,红外辐射信号大大降低,躲避雷达探测和识别是该阶段重点,这时候导弹可采用弹头隐身、诱饵技术、电子干扰技术;躲避反导武器拦截也是该阶段面临的重要问题,可采用多头分导、机动变轨技术、释放主动反拦截器措施等。弹头隐身主要采用雷达隐身和红外隐身两种主要的方法,其中雷达隐身包括外形隐身设计和采用吸波材料,用以降低雷达反射截面积,减少目标雷达特性。同时还可以将弹头包裹在金属聚酯薄膜气球中,混杂在大量外观与之相似的空气球中一同释放,使雷达难以识别真假目标。红外隐身主要针对对方的红外探测系统发现、跟踪和瞄准,例如在导弹弹头安装红外干扰装置,或者采用含有主动加热装置的气球也会迷惑红外探测系统的红外导引头。诱饵是最早并且至今仍然被普遍使用的弹道导弹突防措施,诱饵其实就是一类假目标,从外形、RCS、动态特性等模拟真弹头,用来消耗预警雷达的探测资源,增加真假弹头的识别难度,提高真弹头的突防概率。常见的有轻诱饵和重诱饵两种,轻诱饵适用于中段无空气阻力飞行阶段,适合大量释放,能够产生于真弹头类似的RCS特性;重诱饵适合伴随弹头再入大气层。电子对抗措施主要针对各类型探测和跟踪雷达,弹头在飞行过程中,向目标上空释放有源干扰装置,干扰装置能够主动发射各种强大的无线电干扰信号,使敌方雷达难以进行正常的工作,干扰装置也可以进行欺骗式干扰,通过接收敌方的反导预警雷达的搜索、跟踪、识别信号,经过适当的处理,然后向这些雷达主动发射欺骗或者引诱信号,使敌方雷达被引向假目标,掩护真弹头突防。弹道导弹施放有源电子干扰最常用的手段是弹头上安装弹载干扰机,主动发射噪声、连续波、脉冲干扰或者复制对方探测雷达信号进行假目标、距离、速度干扰和欺骗。由于弹载干扰机随弹头共同飞行,因此该方法比较适用于有机动能力的弹道导弹。此外,对于传统弹道导弹,或机动弹道导弹抛物

线段也可将电子干扰进行抛掷,在实现距离、速度欺骗干扰外还可实现角度欺骗干扰。在多重电子干扰条件下,对方预警雷达探测范围将整体缩小,并在干扰机方向天线波束形成内凹,产生探测盲区,通过规划适合的导弹的飞行路径,可以有效回避威胁,提高突防效果。

无源干扰原理主要包括两个:一是利用箔条掩护目标,使目标淹没在箔条的反射信号中,从而降低雷达对目标的检测概率;二是模拟目标的电磁反射特性和运动特性,迷惑雷达的目标识别系统,使雷达处理能力饱和而失效。弹道导弹另一常见的突防手段是施放诱饵干扰。诱饵干扰要求诱饵必须具有与被掩护真目标相同的回波特征,能够产生虚假信息,有效地破坏雷达对真实目标的探测和跟踪。诱饵干扰可分为轻诱饵、重诱饵及智能诱饵等。导弹在大气层之外的被动段阶段,可以施放轻质形状似真实弹头的诱饵,包括用金属涂层柔性塑料制成许多"气球"。重诱饵具有与弹头同样的弹道特性和可被探测特性,增加探测器发生错误识别的概率或消耗拦截弹,主要用于中末段突防。智能诱饵能够根据敌方探测雷达信息确定诱饵应发射的脉冲信号,从而实现距离、速度、角度欺骗。此外,智能诱饵还能引诱拦截弹的能力,将拦截弹引导向诱饵,从而保证弹头的生存能力。受弹头空间、重量限制,弹道导弹无论加装电子干扰设备还是诱饵均占用弹头内有限的空间、载荷资源。需要对弹头开展总体优化设计,既要提高导弹的突防能力,又不能因加装电子干扰设备或诱饵而影响导弹总体性能。

多弹头分导、弹头的变轨机动等的反拦截手段等都是为了对付中段的拦截器。其中机动变轨就是弹头在跟踪体分离后,根据需要改变飞行弹道,实施机动飞行,增加敌方反导系统对导弹弹道预测的难度,同时有利于躲避拦截弹的拦截,是一种非常重要的弹头突防措施。中段程序式机动突防技术利用动力系统在预设程序控制下,实现中段弹道机动飞行,通过破坏中段拦截系统对自由段弹道的预测机理达到突防的目的。中段程序式机动导弹在发射前依据中段拦截系统的部署及相关特征参数,设计中段机动飞行程序、控制姿控、轨控发动机开关机时间,改变弹头飞行姿态及原有抛物线飞行弹道,形成机动跳跃弹道,如滑翔弹道、跳跃式 M 形弹道,压缩反导防御系统预警时间或使其丧失拦截条件。

综上,在该阶段目标识别的环境,除了大量的碎片外,还包括释放轻诱饵,用于破坏探测系统的数据关联,掩盖弹头特征,大量消耗防御系统的目标探测与识别资源;降低弹头特征信号,用于降低目标的可探测性,增加防御系统探测与识别时间;有源主动干扰,用于降低防御系统的目标探测与识别能力;复制诱饵,使导弹防御系统产生虚假目标;无源箔条干扰,用于屏蔽真目标,增加防御系统探测与识别难度。

4.3.3 再入大气层典型突防手段

再入段,是突破敌方导弹防御系统、对目标进行精确打击的关键段。再入段突防是战略、战术型弹道导弹共同面对的问题,对于战略导弹的再入段机动和高再入速度以及战略毁伤目的而言,对弹头再入段的拦截在一定程度上失去了意义并存在极大的难度。因此,再入段突防态势更多的是战术型弹道导弹(TBM)进攻和低层反导防御系统的拦截的攻防对抗。在这种态势下,对兼具搜索、跟踪、制导的相控阵雷达的对抗将成为弹道导弹突防的重点。

由于弹头再入大气层,需要采用弹头热屏蔽等技术降低红外特征,以防止红外探测器的"热追踪";携带弹载干扰装置和再入诱饵对敌地面雷达进行干扰;采用多弹头饱和敌方反导武器的攻击能力;通过机动变轨改变再入弹道躲避拦截武器拦截。再入过程主要的突防措施是重诱饵,重诱饵也称假弹头或者假目标,是带有推动力的弹头复制品,外形像再入弹头,尤其具备与真弹头相似的雷达特征。运动特性和弹道系数与真弹头非常相近,在真空段尤其是在再入段能够模拟弹头回波信号随时间的起伏特性。在弹头再入突防过程中,真弹头隐藏在许多简单和复杂的诱饵所组成的群目标中,共同构成弹头再入复杂的目标环境。有关研究证明,当子弹头数为 5~15 个时,导弹的突防概率趋近于 1,即拦截导弹无法对其进行有效拦截。如果高弹头采用末制导技术,则再入飞行时的弹道将变得更为复杂,而末制导的目的就是提高导弹的命中精度和突防能力以及实施对移动目标的打击等。

该阶段的导弹高度一般在 60km 以下,该阶段轻诱饵已经被大气过滤,但是再入重诱饵(1~2 个)仍然伴飞弹头,其质阻比达到 $1000 \sim 5000 kg/m^2$。同时,伴飞弹头的还有假目标欺骗式转发干扰机以及其他解体的较大伴飞物(3~6 个)。

再入段的弹头机动变轨和适当时机释放的子母式多弹头,可降低防御方的拦截概率或大大消耗拦截弹数量,提高导弹突防的效费比;再入重诱饵的伴随,同样起到消耗拦截弹和增大拦截误差和拦截难度的作用;带有辐射源定向定位的被动式精确导引弹头或专用导弹,可对特定雷达辐射源实施硬打击,毁伤其跟踪制导的作战能力;主动的电子干扰手段,在弹载平台或弹载携带释放平台主动电子对抗,包括对雷达的搜索截获、目标指示、跟踪制导、导引拦截、引导杀伤多个环节的干扰。适合于这些环节并满足弹头特性(含环境条件适应性)的有效干扰方法均是可选择的突防手段。在再入段的突防阶段,一般不考虑红外干扰和通信干扰突防,这是由再入段进攻弹头"三性"(运动特性、红外特性、电磁谱特性)和防御系统的固有特性所决定的。主动的电子(有源)干扰,其采用的方法和实施的途径是多样化的。可选择的电子干扰突防手段或方法有:噪声压制干扰,有效抑制雷达获取目标的距离信息;回答式欺骗干扰,形成经频率、幅度、相位和时域调制的假目标信号;相参的角度欺骗干扰;多种体制的组合干扰;宽频带、自适应复合干扰。有效电子干扰突防必备的实施条件:足够高的功率(尤其在宽带噪声阻塞时);在防御雷达天线方向图内(弹载或伴飞);被干扰对象的工作频率在干扰机的选定频率上(带内);干扰机能同时对付复杂信号(有分选和干扰管理能力);快速反应能力(立即干扰)。有效电子干扰突防实施的其他充分条件:防御雷达系统接收到的信号大于来袭弹头的反射信号;防御雷达系统的接收系统无法分辨其接收到的信号是干扰信号还是目标反射信号;对多阵地多传感器(组网雷达)的干扰(多方向干扰或方位覆盖);充分利用先验信息掌握被干扰对象尽可能多的细微信息特征;尽量处于静默状态,不能成为防御方的信标;体积、质量等弹载条件和环境条件的适应性。

4.4 弹道导弹突防关键事件判断

弹道导弹在飞行过程中会发生弹箭分离、调姿、抛撒诱饵、轨道机动等事件,如图4.9所示。对这些事件进行监测和判断可以对目标的运动状态和威胁等级作出判别,便于根据目标的运动状态采用不同的识别方法,减轻目标识别系统的负担,辅助目标识别过程。

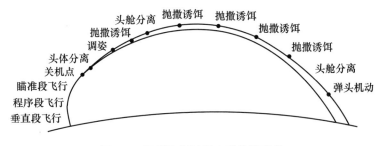

图4.9 导弹飞行过程中的关键事件

导弹飞行过程中的关键事件判断可以利用目标的RCS特性、目标的一维距离像、目标的位置等测量信息对导弹的弹箭分离、目标机动变轨、目标的翻滚、目标调姿等关键事件进行判断。通过收集弹道导弹的相关情报资料,特别是导弹飞行过程中的相关机动动作情报,总结特定型号导弹飞行过程中的典型事件,其中分离事件包括弹箭分离、弹舱分离、整流罩分离、释放诱饵、碎片分离等;机动事件包括机动变轨、平飞、偏离惯性弹道等机动特征;调姿和翻滚分布是弹头和非弹头目标的运动状态,可根据目标是否有调姿动作以及目标是否处于翻滚状态进行真假弹头的判别。

4.4.1 目标分离事件

1. 弹箭分离事件

弹道导弹火箭的级数根据实际的作战需求而不同,一般可分为一级助推、二级助推和三级助推,在每一级助推结束后,都会发生级间分离(弹箭分离)事件,最后一级助推器火箭发动机关机后,还可能会发生弹体爆炸和碎片分离事件,这样做的目的是将整个较大的弹体分离成许多小的碎片,从而增加预警雷达对导弹目标跟踪与识别的难度,增大导弹防御系统对弹头目标识别和分离事件判断的难度。

弹箭分离的事件发生在助推结束后,不同射程的导弹,其助推的时间和助推的高度是不一样的,因此弹箭分离的时间和高度也不相同。表4.4给出了典型射程的弹道导弹弹箭分离事件发生的不同阶段。以美国"民兵" - Ⅲ导弹为例,该导弹第三级与第二级分离后不久,在240km的高度,推力中断,弹头舱与末助推舱分离。

表4.4 不同射程导弹弹箭分离事件发生的阶段

射程/km	弹箭分离高度/km	弹箭分离距发射点距离/km	弹箭分离时距离点火时间/s
500	20~40	25~75	33
3000	100~170	125~250	80
10000	175~220	425~475	300

弹箭分离后,导弹主要的运动特征如下:

1) 弹头的运动特征

在弹箭分离之前,导弹的运动速度达到当前时刻速度的极值,在此之后,导弹由于失去动力而处于自由飞行阶段。导弹运动的加速度在此阶段也发生变化,在此之前,导弹的加速度由于火箭发动机的推力作用,产生向上的加速度;而在此之后,目标则由地球引力产生向下的加速度。利用预警雷达窄带回波,通过提取导弹目标的速度特性和加速度特性,即可以判断弹箭分离事件的发生,通过一维距离像序列的变化,也可以辅助进行弹箭分离事件的判别。

2) 目标的一维距离像序列

在弹箭分离的时刻,导弹目标的一维距离像序列会发生明显的变化。当弹头和箭体在一维像的距离窗内时,目标的一维距离像会多出一个目标,并且两个目标之间的距离会越来越远。经过一段时间后,两个目标的距离会逐渐超出一维距离像窗口,这时在一维距离像上只显示一个目标。除了弹箭分离事件,在导弹飞行的过程中,其他的分离事件包括弹舱分离、整流罩分离、诱饵释放、碎片分离等。

2. 诱饵释放事件

导弹释放诱饵的事件贯穿于导弹自由飞行段全过程。图4.10给出了"民兵"-Ⅲ导弹诱饵释放的全过程。从图中可以看出,导弹的第三级和第二级分离后不久,大约在240km的高度,推力中断,之后弹头与末助推舱分离,末助推控制系统开始工作,按照计算机设定的预订程序开始对末助推舱的方向和速度进行修正;大约在960km的高度,末助推舱开始沿着对射程不敏感的方向顺序释放分制导弹头、金属箔条云和重诱饵。

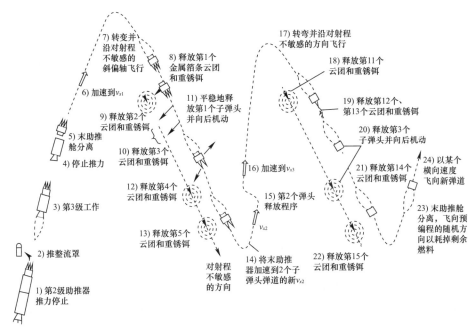

图4.10 "民兵"-Ⅲ导弹诱饵释放过程

在每一次释放的过程中,导弹弹头和重诱饵分别置于金属箔条云中,伴随末助推系统推动末制导舱的机动,从而改变弹道并调整母舱的飞行方向和速度,再投出下一个分导弹头或者重诱饵。当导弹携带3枚分导弹头的时候,全部的突防系统投放完毕后,在真空中会形成3个多目标群构成的多目标飞行状态,每个目标群包含4~6个以上的单目标,每个群中多数包含有重诱饵以及无源干扰云团;少数目标群中会含有真弹头,从诱饵释放的过程中可以看到,诱饵分为箔条、轻诱饵和重诱饵等,不同类型的诱饵释放过程具有不同的特征。利用目标运动状态可以为关键事件判别提供有力的判决信息,在实际的处理过程中,主要通过多普勒分析来实现,观测精度则要通过精度要求、波长和观测时间进行适当选择。

3. 弹舱分离事件

弹舱分离事件是指弹头和母舱的分离。由于母舱是诱饵和弹头的载体,弹头和母舱分离的过程一般发生在诱饵释放完全结束之后。如果导弹不含有诱饵等突防措施,弹舱分离事件可以发生在助推段结束之后或者在中段飞行的初期。弹舱分离事件发生时,主要特征表现为弹体分离事件和诱饵释放事件类似,其特殊之处主要体现在目标的运动特征、RCS 序列特征以及一维距离像特征上。在目标的运动特征方面,弹体分离前后的速度和加速度变化是非常明显的,而弹舱分离前后的速度和加速度变化没有弹体分离时明显。与诱饵的释放相比,弹舱分离事件的动量矩和机械能不守恒现象更加明显。在 RCS 序列特征方面,弹舱分离时,目标的 RCS 序列可能会发生突变。在一维距离像方面,弹舱分离事件的一维像序列与弹体分离事件类似,在一维距离像上表现为由一个目标逐渐分离成两个独立的目标。

4.4.2 目标翻滚事件

导弹在飞行的过程中,弹头、弹体、诱饵、碎片等有着明显不同的运动方式。弹头具有自旋、章动等特有的运动方式;诱饵的运动特征与弹头有着明显的差异,对于无姿态控制系统的诱饵或者碎片一般具有翻滚运动特性,其周期与弹头的章动周期存在较大的差异。由于弹头具有姿态控制系统,除弹头之外的其他目标都可能产生翻滚现象,因此翻滚现象是判断真假弹头的重要特征,能够直接反映目标翻滚特性的测量值是目标的 RCS 序列和一维距离像。

当目标发生翻滚时,目标相对雷达的姿态呈现周期性的变化,其 RCS 序列也相应出现周期变化的现象。一维距离像中的目标翻滚现象与 RCS 序列现象类似,目标姿态的周期性变化使得目标的一维距离像的像序列也呈现周期性变化的现象。

4.4.3 导弹调姿事件

在导弹飞行过程中,目标调姿的主要目的是通过调整弹头的姿态,减小弹头相对于敌方雷达的 RCS,从而降低被预警雷达发现的概率;其次弹头在再入的过程中,需要调整弹头向下的姿态对准弹头攻击的目标方向。因为弹头在进入中段飞行的时候,弹头的姿态一般相对于弹道是平的后者斜向上方,因此需要调姿来改变弹头再入大气层的姿态。弹头调姿通常发生在导弹的自由飞行段,通过对弹头姿态调整原因的分析,可以推断出导弹飞行的阶段。这是因为弹头调姿一般发生在导弹飞行中段的前期,因为调姿的时刻越往后,弹头被敌方雷达发现的概率就越高。

当导弹飞行过程中的调姿事件发生后,在目标的运动特性、RCS 序列以及一维距离像序列特性方面呈现不同的变化特征。在目标的运动特性方面,由于调姿一般发生在导弹飞行的中段,即自由飞行段,目标在地球引力的作用下处于自由落体的飞行状态。当弹头调姿是通过喷射气体等方式实现时,目标的动量矩和机械能不会严格守恒,但是由于弹头向往喷射的质量相对自身的质量很小,因此这种动量矩和机械能不守恒的现象能否被观测到取决于雷达测量的精度,尤其是对目标速度测量的精度。在 RCS 序列方面,弹头调姿时,目标相对于雷达的姿态发生明显的变化,这种变化会带来目标 RCS 的变化,这种变化不同于弹体分离时 RCS 的突变,而是与目标姿态调整速度相关缓慢稳定的变化。利用目标 RCS 的变化规律可以识别目标是否发生了调姿事件。在一维距离像方面,当目标发生调姿时,由于目标姿态的缓慢变化,目标的一维距离像也会出现与 RCS 类似的变化过程。

4.4.4 导弹机动事件

导弹的机动措施包括导弹发射前的机动和导弹发射后的机动。在导弹发射之前的机动,主要的目的是让防御方无法准确地预报导弹的发射点和飞行弹道;在导弹发射后的机动包括在助推段机动、中段机动和再入段机动三种不同的方式,助推段和中段机动可以躲避敌方防御系统雷达、光学传感器的探测、跟踪和识别。再入过程中的弹头机动变轨通过改变弹头的飞行弹道躲避敌方拦截武器的拦截,精确机动型的弹头不仅可以改变弹头的飞行轨迹,还可以利用弹头的末制导提高命中精度,甚至可以实现对移动目标的精确打击。

导弹的机动变轨可以分为全弹道变轨和弹道末段变轨两种,全弹道变轨主要采用低弹道、高弹道、滑翔弹道飞行和末段加速等技术;弹道末段变轨主要是指当弹头再入大气时,先沿着预定弹道飞行,造成攻击目标的假象,然后突然改变弹道飞向目标,使得对方防御系统来不及进行有效的拦截。

弹头的机动事件主要表现为目标的位置、速度和加速度方面的变化。当机动事件发生时,目标偏离了自由落体弹道,可通过观测目标位置的变化和速度的变化来判断机动事件的发生。当机动事件发生时,会造成目标的 RCS 和一维距离像的不稳定,但这种由于目标机动造成的目标 RCS 和一维距离像的不稳定变化并不能反映目标的姿态变化。

4.4.5 目标关键事件的判别方法

1. 分离事件的判别方法

1) 基于雷达宽带信息的分离事件判别方法

由宽带、高分辨的雷达获得目标的高分辨一维距离像(HRRP)对目标的结构变化敏感,可以对导弹的分离动作进行精确描述,基于 HRRP 的相关性与散步情况可以对目标分离事件进行判断。

2) 基于目标运动特征的分离事件判别方法

由于宽带雷达探测距离的限制以及获取宽带信息需要耗费较多的雷达资源,大部分远程预警雷达工作于窄带模式,基于窄带运动特征的分离事件判别方法在对目标跟踪质量良好、无目标丢失、新目标出现后能够尽快起批(新目标批次)的条件下,可以通过目标运动特性进行分离事件的判别。主要的判别依据为:如果新起批的目标与现有目标的最小距离小于一定的阈值,那么认为新起批的目标是由分离事件产生的。该方法无法准确判断哪个目标发生了分离事件,因为一般目标起批发生在分离事件之后,与新起批的目标距离小于一定阈值的现有目标都可能发生分离事件。

2. 翻滚事件的判别方法

翻滚事件判别的基本原理是首先采用循环自相关方法增强 RCS 序列的周期性,然后采用快速傅里叶变换(FFT)的方法判断序列是否有明显的周期特性。在比较大的信噪比条件下,一般只用一次相关即可以明显观察到 RCS 序列的周期性,而小信噪比信号取一次循环平均幅度差的周期性不明显,但是取二次循环平均幅度差后,信号的周期性体现得会非常明显。对于无翻滚的 RCS 信号,即使经过两次处理,依然没有周期性体现,通过这种方法就可以对目标的 RCS 的周期性作出较为准确的判断。

利用目标的一维距离像信息也可以用来进行目标翻滚事件的判别。目标的一维距离像序列变化与 RCS 周期的变化基本一致,都是由目标姿态的周期性遍历引起的,相对于窄带情况,宽带一维像对目标的刻画更为精细。基于目标一维距离像序列进行微动频率估计的基本原理是首先选择信噪比高的一维像序列参考一维像模板,计算一维序列中每个一维像与该模板的相关系数,之后对相关系数序列进行 FFT 变换提取微动频率。

3. 目标机动事件的判别方法

机动事件的判别主要通过采用测量目标的加速度的判别方法,机动事件按照其机动的阶段可以分为中段机动事件和再入段机动事件。中段飞行的非机动目标,除受到地球引力作用之外,不受到其他外力的作用。中段飞行目标在进行机动时,受到重力和轨道机动发动机外力的共同作用,因此判断中段目标是否机动可以采取估计目标在"东北天"(ENU)坐标系下的加速度的方法。

再入段的非机动目标,除受重力作用之外,还受到大气的阻力作用,并且不同类型的目标受到大气阻力的情况是不相同的。这种情况下利用目标加速度判别机动需要考虑大气阻力的影响。因此再入段目标是否存在进动的判别步骤如下:首先估计再入段非机动目标由大气阻力和地球重力产生的加速度在 ENU 坐标系下大概的范围;其次在得到目标在 ENU 坐标系下的加速度之后,如果该加速度超过预先设定的加速度范围,则目标存在机动,否则目标不存在机动。

4.5 弹道导弹目标威胁能力评估

现代战争中弹道导弹攻击场景复杂,如大规模作战、集火齐射、有源/无源诱饵及真假弹头突防等。这些作战场景导致预警雷达目标饱和、探测精度下降、弹头目标丢失,最终导致目标拦截失败。如何科学合理地对弹道导弹目标进行威胁度评估,进而有效调度预警雷达系统资源对重点目标进行高精度测量和准确识别,成为提高预警探测性能、实施有效拦截作战的关键因素。弹道导弹目标威胁度评估是指判明每批来袭导弹对重要保护目标是否构成威胁并确定威胁程度大小,完成威胁度排序。

威胁目标身份的推理基本过程如下:首先将选取的威胁目标特征定义为目标识别的特征要素;然后依照相关知识和历史经验,并参考目标特征库以及军事专家的意见,分析各个要素之间的因果关系;最后输入当前已知威胁目标特征信息,依照推理规则,进行威胁目标身份推理,得出识别结果。目标识别技术是弹道导弹防御系统的关键技术之一,其任务是从大量的诱饵、弹体碎片等构成的威胁云团中识别出真弹头。雷达目标识别主要根据目标的回波来鉴别目标,相关技术涉及雷达目标特性、目标特征提取方法和分类识别技术。识别的基本过程就是从目标的幅度、频率、相位、极化等回波参数中,分析回波的幅度特性、频谱特性、时间特性、极化特性等,以获取目标的运动参数、形状、尺寸等信息,从而达到辨别真伪、识别目标的目的。弹道导弹防御系统的目标特性测量雷达均具有窄带和宽带信号模式,窄带信号用于目标搜索、截获和跟踪,宽带信号用于目标特性测量和高分辨率成像。

弹道导弹目标威胁能力评估的功能是量化判断敌方的兵力结构部署或武器装备系统对我方构成威胁的能力。敌方威胁意图的估计将随弹道导弹飞行时间和天基预警以及地基预警系统跟踪探测逐渐明确,因此威胁评估的重点在于进行威胁程度的判断,并且这一判断过程需要随着敌方导弹飞临的时间、弹道、距离、高度、目标性质及类型等情况连续而实时地进行。威胁能力就是指敌方武器装备对我方系统的作战能力,能够反映敌方武器装备的作战能力的要素很多,主要分为静态要素和动态要素,静态要素是指武器装备的性能参数,动态要素是随着弹道导弹情况的变化所体现出武器装备所具备的攻击力。

弹道导弹攻防对抗过程中,通过对来袭目标的能力评估,判断敌方是否具有攻击能力,以及攻击能力等级,对于战场决策人员作出指挥决策有着重要意义。威胁目标的攻击能力是指威胁目标为执行攻击任务所具有的本领。弹道导弹威胁能力评估通常分为两个步骤:弹道导弹威胁能力特征提取和弹道导弹威胁能力的推理。具体流程如图 4.11 所示。

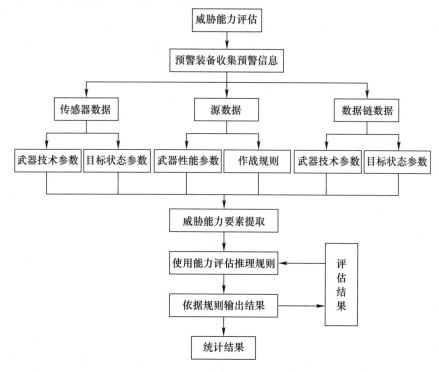

图 4.11 威胁目标能力评估流程图

弹道导弹威胁能力具有多层次、多参数、多因素的特点,能够反映作战能力的要素主要包以下两种,如图 4.12 所示。

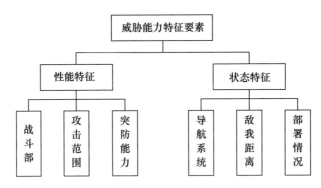

图 4.12　威胁目标能力评估特征要素

1. 武器装备性能参数

弹道导弹作战过程中,最能够反映武器装备作战能力的要素是武器装备的性能:一般情况下,武器装备的性能越好,技术水平越高对敌方的威胁程度就越大。在实施攻击过程中,主要依赖的就是武器装备的战斗部和作战能力,作战能力就是指弹道导弹完成攻击任务的能力,相关的性能参数有导弹最大飞行速度、作用范围、突防能力、携带分导弹头数量、信息获取能力等。例如:弹道导弹的作用范围大,则说明该目标的攻击能力强;电磁辐射强度大,则说明干扰能力强;携带分导弹头数量多,则说明机动能力强;信息获取快,则说明信息作战能力强等。

2. 武器装备的状态参数

武器装备的性能参数只是一种静态的特征,空间导弹攻防对抗是一种动态的过程,随着战场进程和影响武器装备各种因素的变化,武器装备对打击目标的作战能力是不同的。例如,当来袭目标与我方保卫要地的距离缩短,进入其攻击范围时,敌方就具备了作战能力,而不在攻击范围内时就发挥不了作战能力。因此,威胁目标的状态信息也是攻击能力的重要影响因素,例如,弹道导弹的飞行速度加快,与我方距离迅速减少,则说明该目标机动能力强。

弹道导弹威胁能力的推理基本过程如下:首先将选取的威胁能力特征定义为能力评估的特征要素节点;然后依照相关知识和历史经验,并参考目标特征库以及军事专家的意见,分析各个节点之间的因果关系;最后输入当前已知威胁目标能力特征信息,依照推理算法,进行威胁能力推理得出评估结果。

4.6 弹道导弹目标威胁意图评估

意图是指希望达到某种目的的基本设想和打算,这里的打算是指计划或预定要达到的预定目标。作战意图处于敌我对抗的环境中,双方的意图具有敌对性和对抗性。威胁意图是指敌方作战人员运用弹道导弹等武器装备实施威胁行为的目标和计划。威胁意图具有一定的层次性,分为战略级别、战役级别和战术级别。其中,战略级别的意图代表了国家和整个军事对抗的目标、任务或计划;战役和战术级别的意图低于战略级别,根据作战效果,可以分为窃取和利用敌方信息,使用"软打击"的方式干扰阻止敌方使用信息,使用"硬打击"方式物理损伤和摧毁敌方弹道导弹。在这些作战意图中,窃取和利用敌方信息属于威胁意图的中等以下等级,"软打击"和"硬打击"属于威胁意图的中等以上等级,具体等级还要根据作战规模等其他因素确定。战场意图评估指的是对弹道导弹的各种信息源得到的信息进行分析,从而对威胁目标的作战计划、作战任务以及作战方式等进行的判断和解释。将弹道导弹威胁意图评估过程分为两个步骤,即弹道导弹威胁意图特征要素提取和弹道导弹威胁意图的推理,具体流程如图 4.13 所示。

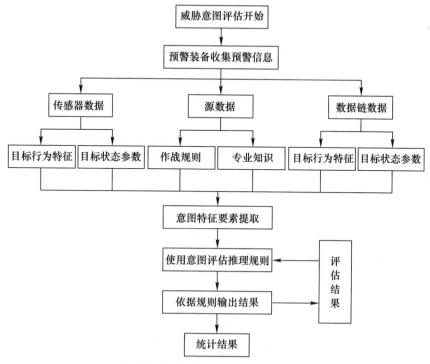

图 4.13 威胁目标意图评估流程图

作战意图就是作战目的和作战计划。但是,这些都不是直观的事物,是无法直接观测到的,因此,正向直接的推理意图是不可行的。虽然作战意图是不可以观测到的,但是从意图的内涵中可以发现,意图的实现是依靠一系列的事件和具体行动的,而这些事件和行动通过各种探测手段是能够观察和感知的。通过对这些事件和行动的理解和推理,就可以推理出这些事件和行动中所隐含的作战意图。

一般情况下,可以通过各种弹道预警探测系统(天基预警卫星、地基预警雷达)直接和间接地观测到弹道导弹所发生的事件和活动,可以分为意图层特征信息、行动层特征信息以及状态层特征信息。通过这三个层的特征信息,就可以对敌方作战意图进行评估。如图 4.14 所示。

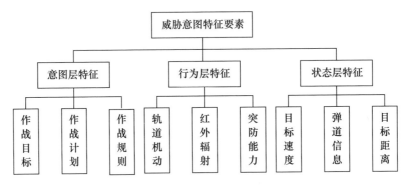

图 4.14 威胁目标能力评估特征要素

1. 意图层特征

意图层特征描述了目标的意图,它以期望、信念、目标、计划以及其他高层意图状态为特征信息。在进行威胁意图识别时,可以根据威胁意图的层次性,由战术意图去推理战役意图,再由战术和战役意图推理出战略意图。

2. 行为层特征

行为特征信息描述了威胁目标所进行的活动或动作。这些活动或动作是威胁目标意图状态的直接结果。行为可以视为对意图的分解,是对意图更为详尽的描述。威胁目标的行为特征包括威胁目标的行为特征和威胁目标辐射源的行为特征。威胁目标的行为特征指弹道导弹的行为动作,如轨道机动、再入机动、姿态调整等,威胁目标辐射源的行为特征主要指的是威胁目标的红外辐射以及所携带的电子设备的行为动作,如向地面发射电磁信号、向空间目标发射干扰信号、停止发送通信信号等。

3. 状态层特征

状态层特征信息描述了通过环境能够外部感知的目标行动属性。若把意图层次信息理解为实体内在的思维状态,状态层次特征则以通常可见的方式描述了实体的外在表现,如威胁目标的状态特征就包括威胁目标的身份属性、威胁目标的弹道轨迹、威胁目标的速度以及来袭目标与预定落点距离等。

弹道导弹威胁意图的推理基本过程如下:首先将选取的威胁意图特征定义为意图评估的特征要素;然后依照相关知识和历史经验,并参考军事专家的意见,分析各个要素之间的因果关系;最后输入当前已知弹道导弹威胁目标意图特征信息,依照推理规则,进行威胁意图推理,得出评估结果。

4.7 弹道导弹威胁目标排序

弹道导弹防御系统是集成了多平台、多传感器的复杂系统,在导弹防御的作战过程中,预警中心融合多个目标特征进行识别,单一的识别手段无法给出令人信服的结果。因此必须综合应用多种识别手段,形成合理的识别决策流程,给出最逼近真实情况的识别结果。弹道导弹的识别都是需要在弹道导弹不同阶段呈现出的不同的物理特性和对抗条件的基础上,利用天基、地基/海基等多平台、多传感器、多特征进行综合识别。在实现对目标有效识别的基础上,进行目标拦截优先级排序,确定目标拦截顺序,拦截的顺序既反映了对要地的威胁程度,又反映了预警系统资源调度以及拦截来袭目标的紧急程度,为了构造目标威胁评估与排序模型,必须将输入的信息进行科学的分析与综合。通过对导弹目标识别、威胁意图评估及导弹目标威胁能力的评估研究框架的构建,得到威胁目标排序,并且威胁目标排序是一个动态过程,随着时间的推移得到来袭目标的信息将逐渐增多,导弹目标的优先级排序也会改变,威胁目标排序的流程如图 4.15 所示。

通过对导弹威胁进行评估,最终给出威胁目标排序的结果,其作用体现在:一是在战争发生的时候有大批导弹目标来袭,这时的预警卫星为稀缺资源,通过得到的目标优先级排序可以更好地调度预警卫星系统让其充分发挥作用跟踪威胁大的目标;二是为防御指挥提供决策支持确定防御导弹系统打击目标顺序;三是为部署防御、反击作战以及目标拦截提供必要的决策支持。

弹道导弹目标威胁程度主要是指来袭弹头对保卫目标进行攻击可能造成的危害程度,它不仅与来袭弹头的类型、弹头的威力、是否有突防能力等因素有关,还与来袭弹头攻击的保卫目标重要程度、拦截火力单元对其剩余拦截时间、是否

导弹预警系统概论
Introduction to Missile Early Warning System

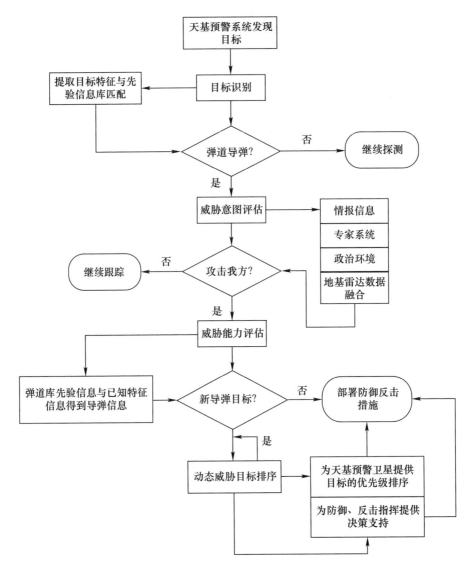

图 4.15 威胁目标排序流程图

是最高指挥部门指定拦截的目标有关。

在弹道导弹攻防作战中,敌对双方均相互保密,对防御方来说,只能根据预警系统的探测信息和平时掌握的对方信息进行威胁判断。一般可以从来袭弹头的类型、雷达的有效散射面积、弹道模式、是否有突防措施、目标属性、来袭弹头攻击目标的重要程度、攻击战法、拦截能力和对来袭弹头的拦截剩余时间等因素对来袭弹头的威胁程度进行评估,实行威胁目标排序。

弹道导弹根据其射程可以分为短程、中程或洲际弹道导弹三种,典型的弹道导弹飞行特性如表 4.5 所列。弹道导弹目标的关机点速率是指弹道导弹发射后,处于助推飞行阶段,助推飞行结束的时刻为弹道导弹的关机点。弹道导弹在关机点的瞬时速率称为关机点速率。在此之前,弹道导弹在推力作用下飞行,在此之后,弹道导弹在惯性作用下保持飞行状态。对于短程弹道导弹来说,关机点通常处于大气层内;对中远程弹道导弹来说,关机点通常处于大气层外的太空。弹道导弹目标的最高点高度是指助推段结束后,弹道导弹在惯性作用下继续保持上升飞行,在弹道的远地点上升段的飞行结束,此时的高度为最高点高度。弹道导弹的弹道可以有不同的模式,包括标准弹道、高轨道弹道和低轨道弹道等。弹道导弹按标准弹道飞行可以达到最远的距离,按高轨道弹道飞行可以获得更快的再入速度,按低轨道飞行可以有效地躲避传感器探测。另外,敌方发射基地、弹道导弹型号和数量、弹道导弹雷达截面积、毁伤精度(圆概率误差)、突防措施、攻击要地的重要程度与抗毁能力、火力单元对其剩余拦截时间以及是否是最高指挥部门指定拦截的目标等因素都有关系。在这众多的因素中,既有定量描述又有定性描述,而且相互间的关系复杂,要全面合理地给出一个威胁程度的函数,具有较大的困难。

表 4.5 弹道导弹飞行特性

导弹类型	射程/km	弹道初始角/(°)	关机点速度/(km/s)	飞行时间/min
短程弹道导弹	1000	43	2.9	7
中程弹道导弹	1600	41	3.0	10
	3200	38	5.1	16
洲际弹道导弹	8000	27	6.9	27

4.7.1 威胁排序的基本原则

从战术使用看,弹道导弹打击的一般都是相当重要的地面固定目标或者海面移动目标。因此,花较大力气计算保卫目标的重要程度、抗毁能力意义不大,因为对抗毁能力强的目标,进攻方可采用具有较大威力的导弹或采用多波次导弹攻击。至于进攻弹头的威力,其大小也是难以预测的。因此,对目标进行威胁排序时不必考虑上述因素。弹道导弹在飞行过程中偏离理想弹道,这种随机误差会时常发生。因此决定弹道导弹威胁排序的主要因素有三个,即上级是否指定、预测落点偏差和防御方对弹道导弹的剩余拦截时间。

具体威胁排序基本原则有以下两点:

(1)将各保卫目标根据其要害点的分布设定一要地中心和半径,在此半径基础上叠加弹道导弹杀伤半径(均值)和圆概率误差(临界半径)。当弹道导弹的预测落点落入某一要地的临界半径圈内时,将该弹道导弹划为 A 类目标,落入圈外的则划为 B 类目标。上级指定的拦截目标不参与此项分类。如此将目标分为三类。三类目标排序是:最高指挥部门指定目标、A 类目标、B 类目标。

(2) 同类目标的排序。上级指定目标按指定顺序先后排序。A 类目标按剩余拦截时间依次排序,剩余时间短的排前面。B 类目标排序方法与 A 类目标类似。

4.7.2 威胁排序的基本方法

目前,使用较多的威胁排序方法有以下四种。

1. 到达时间判断法

根据导弹预警系统对目标的探测信息计算目标的到达时间,到达时间为从该目标被发现起到它到达要地需要的飞行时间,时间越短威胁程度越高。

2. 相对距离判断法

根据目标与要地的相对距离来判定目标的威胁程度,相对距离越近,威胁程度越高。

3. 相对方位判定法

根据目标的当前航向与目标直飞要地的航向之间的夹角大小来确定威胁程度,夹角越小,威胁程度越大。

4. 多属性决策

根据目标的多个属性,可以是定量的也可以是定性的,加上人的偏好信息来对目标威胁进行评估。

综合分析比较以上四种方法,多属性决策是解决威胁评估问题的一个理想方法,其模型为

$$\begin{cases} \max f(x) \\ x \in R \\ R = \{x_1, x_2, \cdots, x_n\} \end{cases} \qquad (4-1)$$

式中:R 为威胁目标的集合;$f(x)$ 为目标 x 的威胁程度的优序数,值越大表明 x 的威胁越大。应用多属性决策(MADM)方法评估弹道导弹的威胁程度,其过程如下。

（1）对各指标按对威胁程度影响的大小进行量化；
（2）确定各指标的权系数；
（3）计算目标威胁的优序值。

4.7.3 弹道导弹威胁指标分析

影响弹道导弹威胁程度的众多因素中，既有定性的描述，也有定量的描述。在对指标的量化过程中，对定性的属性采用 G. A. Miller 的 9 级量化理论进行量化，并进行归一化处理；对定量属性采用区间量化，并进行归一化处理。定性属性的量化值和定量属性的量化区间通常要通过专家群组决策来确定，下面给出了各个指标的量化值，不一定准确，但基本反映了弹道导弹目标的指标与威胁的对应关系。

目标的类型（射程）：弹道导弹根据射程一般分为短程、中程、中远程和洲际弹道导弹，短程弹道导弹的射程为 500～1000km，中程弹道导弹的射程为 1000～5500km，中远程弹道导弹的射程为 5500～8000km，洲际弹道导弹的射程为 8000km 以上。一般情况下，射程越远，弹道导弹的威胁越大。

目标的雷达有效散射面积：来袭弹头的威力与其尺寸、再入速度、装药量等有关。对防御方来说，能够反映进攻弹头尺寸和重量的量只能是弹头的雷达有效散射面积。利用雷达回波辐度信号，可算出弹头的雷达有效散射面积，从而估算出弹头的尺寸，进一步可估算出弹头的装药量。弹头的雷达有效散射面积越大，其威力也越大，因此威胁程度也就越高。

目标的弹道模式：弹道导弹的弹道模式包括标准弹道、高轨道弹道和低轨道弹道等。对同类型的弹道导弹来说，无论是高轨道弹道还是低轨道弹道，都能够增加突防概率，使威胁增大。

突防措施：为突破对方反弹道导弹系统，现代的弹道导弹一般都有可能采取突防措施，如雷达隐身、带分离式子弹头、中段机动等。带有突防措施的弹道导弹增加了拦截难度，提高了突防概率，因此，其威胁程度也相对要大一些。判断是否有突防措施主要是依据弹头的类型及平时掌握的敌弹道导弹特性。因此，威胁程度按重诱饵、轻诱饵、无突防依次量化。

目标的关机点速率：弹道导弹目标在关机点的速率越快，该目标的突防能力就越大，威胁也就越大。

目标的最高点高度：弹道导弹目标弹道远地点高度越高，该目标的突防能力就越大，威胁也就越大。

目标的到达时间：弹道导弹目标的到达时间越短，对该目标拦截的需求就越迫切，威胁也就越大。

目标距要地的距离：弹道导弹目标距要地的距离越短，对该目标拦截的需求就越迫切，威胁也就越大。

要地的价值：要地的价值主要从经济、政治和军事三个角度综合考虑，一般由上级直接指定要地价值的量化结果，在这里假定上级已经指定了要地价值的参数表，将要地价值分为 0.1~1 共 10 个等级。防御资产的重要性确定作战时的保卫力度，防御资产重要性值由多方面因素综合决定，其中包括军事性、经济性、社会性、危险性、易损性、可恢复性，以及导弹威力精度等，计算公式为

$$D_k = \ln(C_{k1}C_{k2}\cdots C_{kn}) + 1 \qquad (4-2)$$

式中：C_{ki} 为考虑的因素值（如军事性），取值 [1,10]；n 为考虑因素的个数，归一化处理，C_{ki} 取值 [0,1]：

$$D_k = \frac{\ln(C_{k1}C_{k2}\cdots C_{kn}) + 1}{\ln(10^n) + 1} \qquad (4-3)$$

攻击战法：攻击战法虽多种多样，但是主要有单枚、多枚齐射、多枚梯次、多枚齐爆等方式，因此威胁程度依次量化为 0.5、0.7、0.8、0.9。

拦截能力：拦截能力与受保卫要地防御资源部署有关，威胁程度可取该导弹所攻击要地的防御水平。

拦截剩余时间：是指来袭弹头从当前时刻到飞出发射区的时间间隔 T，即对来袭弹头实施拦截的剩余作战时间。拦截剩余时间是衡量来袭弹头威胁程度大小的一个重要因素，该时间越短，威胁也就越大。基于拦截剩余时间的弹道导弹威胁量化准则：按 0.5min 等间隔依次量化为 0.9、0.8、0.7、0.6、0.5、0.4、0.3、0.2，5min 以上量化为 0.1。

4.7.4 弹道导弹威胁权系数的定量分析

权系数的确定方法主要有三种，分别是专家法、二项系数加权法和相对比较法。专家法就是邀请一些相关领域的专家，由专家对各指标权系数进行确定。

二项系数加权法是根据 n 个指标重要性的优先序，按对称的方式将给定的优先序重新调整，使得中间位置的指标最重要，同时重要性分别向两边递减。当 $n = 2k$ 时，排序为

$$f_1 < f_3 < \cdots < f_{2k-1} < f_{2k} > f_{2k-2} > \cdots > f_4 > f_2 \qquad (4-4)$$

n 个指标的权系数为

$$\omega_1 = \frac{1}{2^{2k-1}}, \omega_3 = \frac{c_{2k-1}^1}{2^{2k-1}}, \cdots, \omega_{2k-1} = \frac{c_{2k-1}^k}{2^{2k-1}},$$

$$\omega_{2k} = \frac{c_{2k-1}^k}{2^{2k-1}}, \cdots, \omega_4 = \frac{c_{2k-1}^1}{2^{2k-1}}, \omega_2 = \frac{1}{2^{2k-1}} \qquad (4-5)$$

当 $n = 2k+1$ 时,排序为

$$f_1 < f_3 < \cdots < f_{2k-1} < f_{2k+1} > f_{2k} > \cdots > f_4 > f_2 \quad (4-6)$$

n 个指标的权系数为

$$\omega_1 = \frac{1}{2^{2k}}, \omega_3 = \frac{c_{2k}^1}{2^{2k}}, \cdots,$$

$$\omega_{2k+1} = \frac{c_{2k}^k}{2^{2k}}, \omega_{2k} = \frac{c_{2k-1}^{k+1}}{2^{2k-1}}, \cdots, \quad (4-7)$$

$$\omega_4 = \frac{c_{2k}^1}{2^{2k}}, \omega_2 = \frac{1}{2^{2k}}$$

当指标数 n 较大时,二项式系数近似正态分布。相对比较法适用于比较容易确定两两指标之间相对重要性程度的情况。如果决策者认为指标 f_1 的重要程度是指标 f_2 的 4 倍,那么取 $\omega_{12} = 0.8, \omega_{21} = 0.2$,其余类推,并令 $\omega_{jj} = 0$。这样各指标的权系数可按下式确定。

$$\omega_i = \frac{\sum_{j=1}^{n} \omega_{ji}}{\sum_{j=1}^{n} \sum_{i=1}^{n} \omega_{ji}} \quad (4-8)$$

式中: $\omega_{ji} + \omega_{ij} = 1$; $\omega_{jj} = 0, i,j = 1,2,\cdots,n$。

4.7.5 目标威胁排序计算模型

根据目标各指标的威胁和指标的权系数,可选择多种排序算法计算各目标的威胁程度,根据模糊优化理论,可构造目标函数为

$$\min\left\{F(\mu_i) = \mu_i^2 \left\{\sum_{j=1}^{5}[\omega_j(1-r_{ij})^p]\right\}^{\frac{2}{p}} + (1-\mu_i)^2 \left[\sum_{j=1}^{5}[(\omega_j r_{ij})^p]\right]^{\frac{2}{p}}\right\}$$
$$(4-9)$$

取 $p = 1$,由 $\frac{dF(\mu_i)}{d\mu_i} = 0$,得

$$\mu_i = \frac{\left(\sum_{j=1}^{5} \omega_j r_{ij}\right)^2}{\left(\sum_{j=1}^{5} \omega_j r_{ij}\right)^2 + \left(1 - \sum_{j=1}^{5} \omega_j r_{ij}\right)^2}, i = 1,2,\cdots,n \quad (4-10)$$

式(4-10)即为目标优先级模糊优化模型, μ_i 为目标的相对优先级, μ_i 越大,表示目标 i 的优先级越大,由 μ_i 大小可得出目标相对优先级大小排序。

4.7.6 目标威胁排序仿真分析

假定在某一时刻受到了 5 枚弹道导弹目标的威胁,其具体指标参数如表 4.6 所列。

表 4.6 导弹目标指标参数

指标矩阵	目标 1	目标 2	目标 3	目标 4	目标 5
射程/km	1000	1600	3200	8000	10000
RCS					
弹道模式	低轨道	标准轨道	标准轨道	高轨道	标准轨道
突防措施					
关机点速度/(km/s)	2.9	3.0	5.1	6.9	7.2
最高点高度/km	100	400	700	1200	1100
到达时间/s	140	197	243	571	680
距要地距离/km	304	612	1154	3481	4814
要地价值	0.5	0.1	0.9	0.7	0.3
攻击战法					
拦截能力					
拦截剩余时间					

根据指标的量化准则,将目标的各指标威胁量化,如表 4.7 所列。

表 4.7 导弹目标威胁量化

指标矩阵	目标 1	目标 2	目标 3	目标 4	目标 5
射程	0.0	0.2	0.5	0.8	0.9
RCS	0.2	0.4	0.6	0.7	0.9
弹道模式	0.6	0.4	0.4	0.8	0.4
突防措施	0.1	0.1	0.1	0.1	0.1
关机点速度	0.4	0.4	0.6	0.7	0.8
最高点高度	0.2	0.4	0.6	0.7	0.8
到达时间	0.8	0.7	0.6	0.1	0.1
距要地距离	0.6	0.5	0.4	0.3	0.3
要地价值	0.5	0.1	0.9	0.7	0.3
攻击战法	0.5	0.4	0.6	0.5	0.4
拦截能力	0.5	0.4	0.5	0.6	0.4
拦截剩余时间	0.6	0.5	0.5	0.4	0.3

根据人的偏好信息,将目标各指标的重要性两两比较,得到比较矩阵如表4.8所列。

表4.8 两两指标相对重要程度化

	射程	关机点速度	最高点高度	弹道模式	到达时间	距离要地距离	要地价值
射程	0.0	0.2	0.4	0.6	0.1	0.3	0.2
RCS	0.6	0.3	0.2	0.2	0.5	0.1	0.1
弹道模式	0.4	0.2	0.3	0.0	0.2	0.2	0.1
突防措施	0.0	0.0	0.0	0.0	0.0	0.0	0.0
关机点速度	0.8	0.0	0.6	0.8	0.5	0.4	0.4
最高点高度	0.6	0.4	0.0	0.7	0.4	0.4	0.2
到达时间	0.9	0.5	0.6	0.8	0.0	0.6	0.5
距要地距离	0.7	0.6	0.6	0.8	0.0	0.6	0.5
要地价值	0.8	0.6	0.8	0.9	0.5	0.6	0.0
攻击战法	0.2	0.4	0.2	0.3	0.2	0.0	0.1
拦截能力	0.6	0.5	0.3	0.1	0.3	0.2	0.2
拦截剩余时间	0.6	0.6	0.2	0.2	0.2	0.2	0.2

根据相邻比较法计算,可得到各指标的威胁权系数如表4.9所列。

表4.9 威胁权系数

指标	权系数
射程	0.085
关机点速率	0.166
最高点高度	0.129
弹道模式	0.0676
到达时间	0.186
距要地距离	0.167
要地价值	0.200

根据目标各指标的威胁和指标的权系数以及计算模型,进行计算机仿真,如图4.16所示,计算可得各目标的威胁程度如表4.10所列。

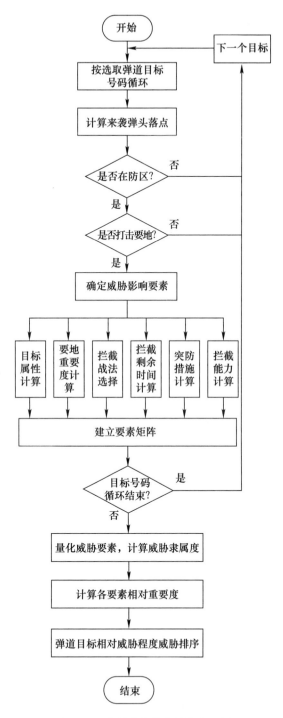

图 4.16 弹道威胁排序计算流程图

表 4.10　目标威胁程度

目标	威胁
目标 1	0.4903
目标 2	0.4125
目标 3	0.6047
目标 4	0.5626
目标 5	0.4680

从结果中可以看出,由于弹道导弹射程越远,其最高点高度和关机点速率也越大,因而威胁也越大;但是,受到要地价值和到达距离的约束,使得洲际弹道导弹(目标5)的威胁小于短程弹道导弹(目标1)和中程弹道导弹(目标3);从目标1(低轨道弹道)和目标4(高轨道弹道)的威胁程度看出,弹道模式对威胁程度的影响相对不大。综上所述,对这5枚弹道导弹目标的威胁判断基本符合现实情况。

由于弹道导弹目标的先验信息有限,因此识别方法很难得到弹道类目标的样本,或者建立完备的目标特征库。先验信息很大程度上只是识别目标的几种物理特征,如真假目标的 RCS 范围、目标长度的粗略估计范围、运动速度的大小等。威胁排序根据各种特征的先验信息,建立弹道导弹弹头的模糊模式,以求出待识别对象关于弹头的隶属度。由于先验信息不足,而且各种特征的分布特性都不同,因此很难对各种特征都找到合适的隶属度函数。为了在威胁度排序方法上取得进展,需要利用大量的弹头、诱饵、碎片等实测数据,进行分类建模,评价各种特征排序结果的置信度,综合利用多特征、时间序贯等信息,实行置信度较高的群目标威胁排序。

第5章　弹道导弹预警技术与原理

5.1　雷达预警技术

雷达,是英文 Radar 的音译,源于 Radio Detection and Ranging 的缩写,意思为"无线电探测和测距",即用无线电的方法发现目标并测定目标的空间位置,因此雷达也被称为"无线电定位"。雷达是利用电磁波探测目标的电子设备,雷达发射电磁波对目标进行照射并接收其回波,由此获得目标至电磁波发射点的距离、距离变化率(径向速度)、方位、高度等信息。在弹道导弹预警系统中,主要雷达装备包括远程预警雷达、超视距雷达、高分辨成像雷达、多功能相控阵雷达等,不同功能的雷达相互配合实现对弹道导弹目标探测、跟踪与识别。

5.1.1　远程预警雷达

远程预警雷达属于一种远距离搜索雷达,一般都采用超高发射功率,高几十米,宽几百米以上的电扫天线阵列或者大型相控阵天线,工作频率在 P 波段、L 波段以及超高频(UHF)和甚高频(VHF)波段,以减少电磁波在大气中的损耗。远程预警雷达的作用距离可达数千千米,配上相应的高性能计算机数据处理系统,能在搜索目标的同时跟踪 100~200 个目标,主要用来发现远、中、近程弹道导弹,测定其瞬间位置、速度、发射点和弹着点等关键参数,为导弹预警系统提供来袭导弹的早期预警信息。

1. 典型装备

美国"铺路爪"雷达(AN/FPS – 115)以及其改进型 AN/FPS – 132 雷达就是典型的远程预警雷达,该预警雷达由美国雷声公司制造,为收发合一的固态有源相控阵雷达,平均无故障间隔时间 450h,平均修复时间为 1h,可实时侦测雷达截面积大于 $0.1m^2$ 的目标,能够同时探测、跟踪和识别 100~200 个目标。"铺路爪"雷达主要用于探测与跟踪弹道导弹、巡航导弹和卫星等目标。在无电磁干扰条件下,对于战术弹道导弹、巡航导弹、战斗机、海面舰船等不同目标,"铺路爪"雷达的探测距离分别为 3300km、200km、600km、200km。对 $1m^2$ 的导弹目标探测距离为 4500km 左右,对高弹道的潜射弹道导弹的探测距离可达 5550km。

2. 工作原理

以美国"铺路爪"远程预警雷达为例进行分析,该雷达属于大型有源相控阵雷达,主要由发射系统、天线阵列、波控机、接收和信号处理系统、中心计算机、数据处理和显示系统等组成。

1) 系统组成及作用

(1) 发射系统。雷达的发射系统主要包括发射机、发射功率分配网络、发射机控制与保护单元、发射电源以及通风冷却系统。发射机工作频率在 420~450MHz 之间,雷达峰值功率为 582.4kW,平均功率为 145kW,最长的信号脉冲宽度达到 16ms,最大占空比为 24.9%,扫描一次所需时间为 6s,发射系统位于天线底座下部的工作机房。该部分的主要作用是形成高功率的射频信号,并送到天线阵列发射出去。"铺路爪"雷达可以根据执行的具体任务、监测目标的远近等因素实现输出射频信号功率的自适应变化。

(2) 天线阵列。天线部分是"铺路爪"雷达的核心,形成 360°空域覆盖需要 3 个圆形天线阵面,彼此成 120°,每个阵面后倾 20°,仰角覆盖范围为 3°~85°,其直径约 30m,由 2677 个辐射单元组成,阵面采用密度加权,采用多种信号形式,其中固态 T/R(收发)组件 1792 个,无源器件 885 个。每个固态 T/R 组件独立发射、接收电磁波,无源器件主要起信号功率放大、滤波等作用。

(3) 波控机。波控机又称为波束控制系统,包括波束控制运算单元、波束驱动控制单元以及接口单元等,基本功能是在雷达控制台的指令控制下,给天线阵列中各个移相器提供所需要的控制信号,并使雷达波束随工作模式自适应地变化。

(4) 接收系统。接收系统包括接收机系统前端、通道接收机、波束形成网络以及波束接收机。接收系统功能是接收从目标反射回来的信号,然后对其进行放大和变换,滤除接收机噪声或外来的有源干扰与无源杂波干扰,检测出目标回波,判定是否存在目标,并从回波中提取目标信息。接收机的噪声系数在 3dB 左右,接收机的带宽不大于 5MHz(估计带宽约 1MHz),接收机的带宽选择在 1.2MHz。

(5) 信号处理系统。信号处理系统主要功能是处理雷达回波信号,从而发现目标并得到测定目标的坐标、速度,形成目标点迹。有源相控阵雷达信号处理的目标搜索与跟踪分别有不同的处理方法，根据"铺路爪"雷达的功能，该雷达的信号处理示意图如图5.1所示。在目标搜索时，主要对 N 个接收通道合成的和支路进行处理，跟踪时 N 个通道的数据要形成俯仰与方位维的差支路信号，以形成误差信号去完成角度回路的闭合。

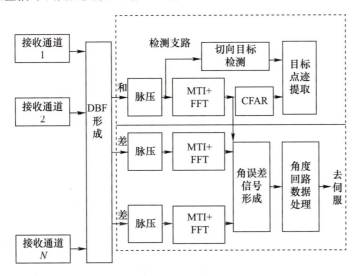

图5.1 "铺路爪"雷达信号处理示意图

（6）中心计算机。计算机在该雷达中起关键作用，控制整个雷达的工作并参与波束形成、信号处理、数据处理、信息显示和雷达的自动化监测，主要完成波束控制、信号自动分析、数据储存和显示、雷达工作状态检测以及执行任务后的数据简化和分析。

（7）数据处理和显示系统。功能是通过对目标点迹的处理形成目标的航迹，并通过显示系统实时显示目标的数据（空间位置、距离、方向、速度等）、能量管理状态、系统状态等，供操作人员和指挥决策人员使用。

2）系统工作过程与工作方式

"铺路爪"雷达天线成圆平面状，上面有规则地排列着许多辐射单元与接收单元，称为阵元。利用电磁波的相干原理，通过控制输往阵元电流相位的变化来改变波束方向进行电扫描。

工作时，发射系统产生一定发射波形的高功率射频信号，馈送到所有天线单元，以便向空中辐射。中心计算机计算出规定波束指向的相邻单元的相位差，然后由波控机算出每个辐射单元的移相器应有的相位，并控制驱动器使移相器达到该相位，从而使天线波束准确地指向规定的方向。波束跳跃的最大速度由计算机－波控机所需的计算时间和移相器－驱动器转换所需要的最少时间决定。

形成波束的天线阵元数可以改变,因此波束形状可以控制。每个天线单元接收来自目标的回波信号,经过信号处理系统进行相干相加、放大、检波后送给数据处理和显示系统。

"铺路爪"雷达采用搜索加跟踪的工作方式。当搜索远距离目标时,天线阵列上的辐射器通过电子计算机控制集中向一个方向发射、偏转,达到电磁能量的集中使用;在对付较近的目标时,这些辐射器又可以分工负责,有的搜索、有的跟踪、有的引导,同时工作。每个移相器可根据自己担负的任务,使天线波束在不同的方向上偏转,相当于无数个天线在转动,其速度要比同类机械扫描快十几倍到几十倍。

3)工作特性

"铺路爪"雷达具有以下四个独特的工作特性。

(1)系统反应快,波束控制灵活。与机械扫描雷达不同,"铺路爪"雷达天线的扫描工作方式采用电子扫描,而不是机械扫描(靠天线机械转动实现扫描)。在这种扫描方式下,天线波束指向由计算机管理,控制灵活,实现了无惯性快速扫描(扫描一次所需时间6s)。此外,"铺路爪"雷达天线采用全数字工作方式,数据处理(搜索信号数据处理和跟踪信号数据处理)系统与计算机相结合,从而缩短了对目标信号检测、录取、信息传递等所需的时间,提高了系统反应速度。

(2)功能强大,适用于多种作战环境。"铺路爪"雷达每个天线阵面上辐射单元自动分成56个子阵,每个子阵由各自的发射机供给电能,也由各自的接收机接收自己的回波。工作状态下,"铺路爪"雷达形成 56×3 个独立控制的波束,分别用以执行搜索、探测、识别、跟踪等多种功能。"铺路爪"雷达天线的仰角覆盖范围是 $3° \sim 85°$,阵列倾角是 $20°$,则实际上天线波束指向的最高仰角为 $105°$(过顶)。考虑到其具有三个阵面,则"铺路爪"雷达在天顶方向无探测盲区,可以实现对过顶目标的跟踪。此外,由于采用灵活的电子扫描,便于采用按时分割原理和多波束,使雷达能够实现搜索加跟踪工作方式。通过与电子计算机相配合,针对不同作战需求,通过修改作战软件,即可实现同时搜索、探测、跟踪不同方向和不同高度的多批目标,从而适用于多目标、多方向、多层次的反导防空作战环境。

(3)工作频率低,"三抗"能力强。在抗干扰方面,"铺路爪"雷达可以利用分布在天线孔径上的多个辐射单元合成非常高的功率,并能合理地管理能量和控制主瓣增益,可以根据不同方向上的需要分配不同的发射能量,易于实现自适应旁瓣抑制和自适应抗各种干扰。

在抗反辐射导弹打击方面,"铺路爪"雷达虽然发射的电磁信号功率达到

582.4kW,但其工作在 UHF 波段(420～450MHz),频率较低,而目前主流反辐射导弹使用的被动导引头是针对其他短波波段雷达设计的,在攻击"铺路爪"雷达时很难保证命中精度。即使研制专用的导引头,由于反辐射导弹弹头的尺寸有限,低频率接收天线也难以安装到弹头体内。此外,"铺路爪"雷达站体积庞大,即使毁伤部分天线阵元,仍能继续工作,并能够在开机状态下更换毁坏的天线阵元,因此,使用弹药量较小的反辐射导弹很难实现理想的打击效果。在抗隐身方面,由于隐身目标通常是按照 1～29GHz 的工作频率设置的,其在 UHF 波段的雷达散射截面积并没有实质性的下降,因此,波长较长的"铺路爪"雷达对隐身目标具有较强的探测能力。

(4)自动化程度高,工作稳定可靠。"铺路爪"雷达将雷达与计算机高度结合,不仅在波束形成与控制方面由计算机指令进行控制,而且在数据处理(包括搜索信号数据处理和跟踪信号数据处理)等方面也都有计算机参与,大大提高了雷达系统的自动化程度。"铺路爪"雷达的天线阵面、发射系统以及接收系统大量采用固态组件,信号处理部分全数字化,工作稳定性非常高。发射、接收系统的平均无故障间隔时间超过了 7700h,天线的平均故障间隔时间达 450h。尤其是天线阵列,其收/发固态组件并联使用,少数单元失效时,对系统性能影响不大。同类雷达试验表明,10% 的组件失效时,对系统性能无显著影响,无须立即维修;30% 失效时,系统增益降低 3dB,仍可维持基本工作性能。

5.1.2 超视距雷达

超视距雷达一般称为 OTH 雷达,天波是指从电离层(上层大气的带电层)反射或折射回地球的无线电波的传播,由于它不受地球曲率的限制,天波传播可以用于在洲际距离上超越地平线,它主要使用短波频段,通常为 1.6～30MHz(187.4～10.0m)。它使雷达系统能够发现非常远的目标,探测距离可达数千千米。天波超视距雷达系统在 20 世纪 50 年代和 60 年代开始部署,作为早期预警雷达系统的组成部分。

超视距雷达主要用于早期预警和战术警戒,是对地地导弹(特别是低弹道的洲际导弹和潜地导弹)、部分轨道武器(包括低轨道卫星)和战略轰炸机的早期预警手段。它能在导弹发射后 1min 发现目标,3min 提供预警信息,预警时间可长达 30min。超视距雷达在警戒低空入侵的飞机、巡航导弹和海面舰艇时,可以在 200～400km 的距离内发现目标。与微波波段雷达相比,超视距雷达对飞机目标的预警时间约可增加 10 倍;对舰艇目标的预警时间可增加 30～50 倍,还能探测 4000km 以内的核爆炸,通过测量电离层的扰动情况估计核爆炸的当量和高度。

1. 典型装备

俄罗斯的"集装箱"型29B6是典型的天波超视距雷达,该雷达探测距离高达3000km,能够监视3000km米范围内的5000个目标。该雷达体积巨大,其接收天线宽1300m、纵深200m、高34.155m,拥有144个接收馈线杆子。与微波雷达相比,天波超视距雷达对飞机目标的预警时间可增加10倍,对舰船等水上目标的预警时间可增加30~50倍。天波超视距雷达具有抗低空突防、抗隐身、抗反辐射导弹、抗电子干扰等突出优势。

2. 探测原理

无线电波是电磁辐射的一种形式,通常沿直线传播。所以地球的弯曲限制了雷达系统对于地平线外目标的探测距离。例如,装在10m桅杆顶部的雷达,考虑近大气折射效应,可以直视13km的地平线处。如果目标在地球表面之上,直视距离则会相应增加,所以相同的雷达,可以探测到一个在26km远、10m高的目标。一般来说,建立直视距离超过几百千米的雷达系统不切实际。天波超视距雷达使用多种技术进行超地平线探测,使之能够在早期预警雷达中发挥重要作用。

超视距雷达是使用电离层反射原理,这是由于大气的某种情况下,向电离层传播的无线电信号会反射回地面,探测原理如图5.2所示。无线电信号反射出大气后,少量信号会从地面反射回空中,少部分回到播出装置。只有高频(HF)或者3~45MHz的短波波段才经常出现这种情况。某种大气情况下,在此频段的无线电信号会反射回地面。"正确"地使用频率取决于当前大气情况,所以使用电离层反射的雷达系统通常实时监测反向散射信号的接收能力来持续调整发送信号的频率。

相比于从目标反射回的信号,从地面、海洋反射回的信号占大部分,所以需要信号处理系统将目标从背景噪声中区分出来。最简单的方法是用多普勒效应,此方法采用运动物体产生的频移来测量目标的运动速度,通过过滤掉与原发送频率相同的后向散射信号就可以探测到移动的目标。这个基本理念几乎用于所有现代雷达,但是在天波超视距系统的情况下,由于电离层运动也会引入相似的效果,使对目标的检测变得更为复杂。

超视距雷达如果按电磁波传播方式不同,可分为天波超视距雷达和地波超视距雷达两类,前者利用无线电信号在电离层中的折射,后者则利用无线电信号在地球表面的绕射。

天波超视距雷达又可分为前向散射和后向散射两种类型。天波前向散射雷达的发射站和接收站相距数千千米,利用目标对电离层的扰动来探测目标,必须多站配置才能求得目标距离,现已极少采用。天波后向散射雷达和地波

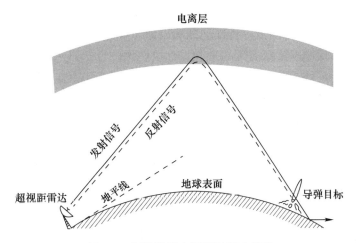

图 5.2 超视距雷达探测原理示意图

超视距雷达的发射站及接收站均位于邻近地点,利用目标后向散射原理探测目标,可提供目标方位、距离和径向速度。天波后向散射雷达能探测地面距离为 900~3500km 的低空目标。地波超视距雷达必须架设在海岸边,以减小传播损耗,对飞机的作用距离可达 200~400km。超视距雷达一般采用方位电扫 ±30°的相控阵天线,用单脉冲比幅法测角,用多普勒信号处理技术完成动目标检测。

3. 系统优势

超视距雷达的主要优点是能克服地球曲率的限制,探测地平线以下的目标。天波超视距雷达的作用距离为 1000~4000km。地波超视距雷达的作用距离较短,但它能监视天波超视距雷达不能覆盖的区域(探测盲区)。超视距雷达的工作波长接近或大于目标尺寸,因此它的目标散射截面比微波频段雷达大 1~2 个数量级。超视距雷达在使用上也存在不少问题,例如:只能探测电离层以下,即 300~400km 以下的目标;只能获得目标的方位和距离信息,很难获得仰角信息;测量精度低、分辨率差;电波通道不稳定,干扰因素多,气候变化、北极光和太阳黑子直接影响天波超视距雷达的性能,甚至使它不能正常工作;在中波、短波波段,频谱拥挤,带宽窄,互相干扰严重。此外,超视距雷达系统庞大,雷达站内还配建诸如电离层监测站和气象站等支援设施。为了提高超视距雷达的效能,需要进一步增强系统对环境的自适应能力和抗干扰能力。

5.1.3 高分辨成像雷达

导弹预警系统不仅要实现对来袭弹道导弹目标的探测跟踪任务,而且需要将威胁目标识别出来供决策者采取进一步的作战行动。高分辨成像雷达也称宽带成像雷达,是精细刻画目标特征和准确识别的重要手段,通过对目标实现一维和二维成像不仅可以将探测到的来袭目标以图像的方式直观显示,并且可以基于雷达图形的尺寸、形状、结构、散射特性等特征进行识别。逆合成孔径雷达(ISAR)是实现对目标精细成像的主要设备,ISAR 成像已经成为雷达继探测、捕获、跟踪、测轨等功能后的新功能。

ISAR 不仅可以对目标检测、定位及跟踪,而且可以在复杂环境下,完成光学、红外等常规探测系统难以胜任的任务,可以全天时、全天候对飞机、舰船、导弹、卫星等目标进行远距离高分辨二维乃至三维成像,可以获得目标结构特征和运动态势等信息。ISAR 成像是弹道弹道防御系统中极有前途的一种目标识别手段,因为这种识别手段不需要样本库训练,根据目标的大致尺寸与形状可以实现对目标类别的确定,所以对战场目标的高清晰侦察和监视、精确制导武器的高精度寻的、提高装备的指挥自动化水平以及国土防空反导、反舰、反潜和战略预警能力等都具有十分重要的作用,而对目标三维成像则是对付各种有源干扰的有效手段。

1. 典型装备

美国空军目标成像雷达 ALCOR 在 1970 年研制成功,是世界上最早的宽带成像雷达。ALCOR 雷达工作于 C 波段,瞬时带宽 512MHz,距离分辨率为 0.5m。美国在构建导弹预警系统中,为了解决多目标高精度跟踪与识别问题,先后发展了多型号集搜索、跟踪、识别、评估于一体的多功能相控阵雷达。美国的陆基雷达(GBR)是弹道导弹预警系统中的核心成员,雷达工作在 X 波段,中心频率 10GHz,具有极化测量能力,其宽带距离分辨率 0.15m,对 $1m^2$ 目标作用距离为 2000km,对 $10m^2$ 目标的作用距离为 4000km。海基 X 波段雷达(SBX)是为美国弹道导弹预警系统试验研制,是美国导弹预警系统的一个重要组成部分,可提供弹道导弹监视、精密跟踪、精确识别和杀伤评估。SBX 具有先进的跟踪能力以及假目标的识别能力,作用距离 4000km,瞬时带宽 1GHz,升级后作用距离 5045km,瞬时带宽 2GHz。

2. 成像原理

雷达成像是 20 世纪 50 年代发展起来的,是雷达发展史上的一个重要里程碑。雷达成像的径向距离分辨率取决于雷达信号带宽,横向距离分辨率取决于雷达工作波长、天线孔径和目标距离,而雷达实际孔径所决定的横向距离分辨率十分有限,难以对目标精细结构观测。按照工作原理和成像方式的不同,成像雷达可以分为合成孔径雷达(SAR)和逆合成孔径雷达(ISAR)。成像雷达具有很大的等效孔径,可以实现很高横向分辨率。SAR 利用雷达相对于固定地面场景运动产生的合成孔径获得方位维的高分辨;而典型的 ISAR 则利用运动目标相对于静止雷达所产生的逆合成孔径获得方位维的高分辨。由于均利用雷达和观测目标之间的相对运动进行方位维高分辨成像,因此 SAR 和 ISAR 的基本原理相同,图 5.3 给出了 SAR 和 ISAR 成像图像。

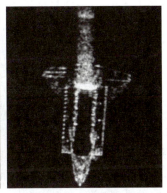

(a) 五角大楼SAR图像　　　　(b) 航天飞机ISAR图像

图 5.3　SAR 与 ISAR 成像图像

雷达天线各阵元或反射面各点发射和接收的信号相干叠加形成窄波束。常规雷达横向距离分辨率由波束宽度和目标距离决定。随着目标距离的增加,横向距离分辨率变差。雷达波束宽度取决于天线尺寸和雷达工作波长。雷达工作波段的选择与很多因素有关,主要取决于雷达的任务,例如,远程警戒雷达一般工作在 L 波段或 C 波段。依靠减小雷达工作波长提高角度分辨率是不现实的,原因是波长越短,空气吸收作用越严重,从而大大缩短雷达的作用距离。加大天线口径提高角度分辨率也很困难,上百米真实口径的天线是难以想象的,不仅制造成本高、工艺复杂,而且极易受到攻击。ISAR 或 SAR 对天线与被观测对象相对运动过程中接收到的信号进行相干处理,等效合成一个大口径天线,极大地提高了雷达的横向分辨率。通常,ISAR 和 SAR 均有很宽的工作频带,具有很高的距离分辨率,在距离方向和横向观测目标的精细结构,对目标进行二维成像。

ISAR 通过发射宽带信号获得距离高分辨,利用目标相对雷达视线姿态变化形成的合成孔径获得高方位维分辨率。ISAR 源于 SAR,利用雷达与目标间相对运动产生随时间变化的多普勒频率,对其进行横向相干压缩处理,从而实现方位上的高分辨率。与 SAR 不同的是 ISAR 的天线不动,它利用目标的转动分量来形成等效的大口径天线。对于获得高的距离分辨率,要求雷达信号具有大的带宽,并利用脉压技术(或称为匹配滤波)获得极窄脉冲的输出。

3. 系统优势

高分辨成像雷达可以对空间目标进行高精度成像,其观测对象主要是卫星、空间站、空间碎片以及弹道导弹等目标。这类目标具有距离远、运动速度快等特点,其中碎片和弹道导弹目标的 RCS 通常都比较小,高分辨宽带成像雷达具有跟踪高速目标的能力,同时具有比较远的作用距离,具备 ISAR 成像和目标识别能力,能够为后续的目标分类、识别和编目提供技术支撑。空间弹道目标在飞行过程中,尤其是在中段飞行中通常会伴随进动、翻滚等微运动,这些运动会引起目标姿态与雷达之间相对转动产生成像转角,相对于利用平动引入的成像转角进行 ISAR 成像,微动成像也可以大大减少成像时间、节约雷达资源,获得更为丰富的目标特征信息。

ISAR 具有全天候、全天时、作用距离远和分辨率高等优点,能够实现对空间目标、空中目标和海面舰船目标进行非合作成像和识别,通过宽带观测,实现对目标的精细成像,并获取目标的位置、几何结构、姿态以及运动状态等相关信息,可为实现对目标的载荷分析、情报获取、分类编目以及威胁判断等提供有效的技术支撑。利用 ISAR 获得敌方重要以及战略目标的情报信息是评价导弹预警系统能力的重要指标,在未来空间攻防作战中取得主动权的一个重要手段就是增强对敌重要目标的探测、监视、跟踪、识别的能力。随着敌目标逐步向小型化、智能化发展,实现对敌目标超高分辨成像、运动特性分析可以有效地获取高价值的情报信息。通过高分辨成像和运动补偿可以增强目标成像质量,通过分析目标有效载荷尺寸可推断其工作性能极限以及真假目标判别,通过分析目标姿态变化可以推算其后续动作以及预测航迹变化,通过分析极化特性可以确定目标各向异性,这些信息都可为我方准确决策和快速反应提供依据和参考。

5.1.4 多功能相控阵雷达

20 世纪 60 年代,相控阵雷达(PAR)的出现主要是为了解决对外空目标的监视问题。从 20 世纪 70 年代开始,各种战术相控阵雷达纷纷出现,并且从无源电扫相控阵雷达(PESA)发展到有源相控阵雷达(AESA)。20 世纪 90 年代,数字多功能相控阵雷达(MPAR)开始得到迅速发展。进入 21 世纪,美国首先将 MPAR 应用于气象监视网,以扩展气象监视的功能;此后用 MPAR 取代正在逐渐老化的国家空中交通监视雷达。目前,为了国土安全和导弹防御需求,将 MPAR

应用于跟踪与识别美国上空的非合作目标。一个 MPAR 网能够完成多项功能，理论上可以取代 7 个单功能常规雷达网，并且能够在全生命周期内低成本地运行和维护。

20 世纪 80 年代以来，随着有源相控阵和数字波束形成技术的发展，相控阵技术大量应用于战略和战术雷达，依靠天线阵面辐射单元的相位变化构成的相控阵波束，从而在方位和仰角都具备无惯性电扫描能力的多功能相控阵雷达因其多目标、远距离、高数据率、高测量精度、高可靠性和高自适应能力等突出特点，在导弹防御体系中具有突出重要的地位。多功能相控阵雷达的发展经历了无源、有源以及数字三个阶段。无源相控阵雷达配置了中央功率产生器，可以通过雷达内的无源网络对发射功率进行调整，如使用透镜系统或波导网络对阵元的信号发射功率进行分配等。相较于传统的机械雷达，其最大的特点是为每一阵元分配了独立的移相器。有源相控阵雷达则是为每一阵元配置了一组完整的收发组件，利用该组件完成中央功率产生器的相关功能，且其功能更完善，集成度与灵敏度更高。数字相控阵雷达则将进一步提升固态集成电路的占比，将数字波束形成技术应用到相控阵雷达中来提升雷达的扫描频率、扫描范围以及抗干扰性能。

1. 典型装备

作为美国战区导弹预警系统中低层点防御的重要组成部分的"爱国者"导弹预警系统"爱国者"-3，采用了单台 C 波段多功能相控阵雷达 AN/MPQ-53 完成空域搜索、多目标跟踪、发射导弹的跟踪和制导以及杀伤评估等任务。AN/MPQ-53 相控阵雷达主天线阵直径为 2.44m，共有 5161 个辐射阵元，可进行 32 种天线方向图转换，转换时间为 100ms。指令寻的制导天线阵直径为 0.5334m，共有 253 个辐射阵元；副瓣对消天线阵共有 5 个，每个阵面有 51 个辐射阵元；敌我识别天线阵工作在 L 波段，有 20 个辐射阵元。

美国 AN/TPY-2 相控阵雷达被称为目前世界功能最强的陆基 X 波段有源多功能相控阵雷达。作为"THAAD 之眼"在整个 THAAD 系统中处于相当关键的地位，此雷达具备两种模式，即前置部署模式和末段部署模式。前置部署模式下，雷达主要用于监测、跟踪弹道导弹助推段弹道，并能将监测数据直接传输给末端；末段部署模式下，雷达能接收前端传来的数据流，实现落点预报、目标识别等功能，并为拦截中近程弹道导弹提供火控支撑。

2. 工作原理

多功能相控阵雷达在反导模式下，雷达天线可工作在较快转速方位机械扫描方式或方位电扫描方式。对于弹道导弹目标,因为速度很快,飞行高度高,要以更高的数据率进行跟踪才能测算出弹道,这就要求对导弹目标靠独立波束进行高数据率的跟踪,为了可靠地获取目标,需要靠方位扫描对目标进行搜索探测。考虑到尽量节省时间资源,搜索时一般在仰角上建立几道拦截屏(图 5.4),确实截获目标后,自动转入跟踪加搜索(TAS)模式,此时大量时间分配给跟踪状态,对目标通过搜索、确认后进行跟踪。在 TAS 模式下,跟踪数据率可以设计的远高于搜索数据率。多功能相控阵雷达在此模式下完成对弹道导弹的探测、确认和跟踪,并对它们的轨道、撞击区域和发射点进行计算,通知地面武器系统反击来袭目标。TAS 方式是一种非常耗费雷达资源的工作方式,其性能对雷达搜索和跟踪的资源分配非常敏感,具有搜索性能和跟踪性能此消彼长变化的特点,特别是在存在多个弹道导弹目标的情况下,对雷达时间和能量资源的分配就成为制约雷达性能的难题,这就需要对导弹目标进行优先级处理,对距离最近、威胁最大的目标进行优先跟踪拦截。

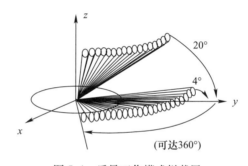

图 5.4　反导工作模式拦截屏

3. 系统优势

多功能相控阵雷达可用于执行对空警戒和引导任务,并同时可为防空火力单元提供目标指示或指令制导服务,主要可应用于为重点区域提供对空监视防空引导和弹道导弹防御,可机动部署,加强国土防空雷达网的应急防御能力和弹道导弹防御能力,满足对复杂环境下弹道导弹有效防御要求。系统的主要优势体现在以下 7 个方面:

(1) 能够同时独立进行探测、监视和跟踪作业。

(2) 能够自适应地改变搜索与跟踪功能上的雷达资源配置,尽可能地在宽范围内改变目标照射时间。

(3) 天线高空锥扫盲区最小化。

(4) 具备对来袭弹道导弹目标成像识别的能力。

(5) 具备从多诱饵中识别导弹目标的能力。

(6) 具备计算导弹飞行轨迹、发射点和撞击点的能力。

(7) 具备全天候操作能力,并且能够在最先进的电子对抗措施(ECM)环境中有效工作。

多功能相控阵雷达是一类由多辐射单元依照特定的排列方式构成的定向天线阵列,其可以通过电控的方式自由调节各阵元的幅度激励与相位关系,相较于传统的机械扫描雷达而言,其适应性和抗干扰性有了很大幅度的提升,不仅可以大幅缩短搜索、定位与跟踪时间,还能够实现多目标、多方向、多功能的雷达应用。特别是其在功能方面的拓展使得其可以同时完成多部普通雷达的功能,例如,多目标探测、跟踪、捕获、识别、制导和打击效能评估等。

5.2 光学预警技术

弹道导弹预警系统中的光学预警装备主要指导弹预警卫星,其主要用于监视和发现敌方战略弹道导弹并发出警报的侦察卫星。导弹预警威胁通常位于地球静止和高椭圆轨道,由若干卫星组成天基卫星预警网,实现对全球和重点区域导弹、火箭发射的早期预警。导弹预警威胁利用卫星上的红外/紫外探测器探测导弹助推段(即导弹从发射架上发射后到燃料燃尽的阶段)发动机尾焰的红外/紫外辐射,从而确定发射时间、地点及其航向。为预警系统提供预警信息,确定导弹的发射时间、地点和飞行方向等,然后将有关信息迅速传递给地面中心,为拦截武器提供引导信息,从而使地面防御系统组织有效地反击或采取相应的应对措施。

导弹预警卫星可不受地球曲率的限制,居高临下地进行对地观测,具有覆盖范围广、监视区域大、不易受干扰、受攻击的机会少、能够监测、跟踪对处于发动机工作状态的弹道导弹目标。美国正在研制的新一代导弹预警卫星将由高轨道卫星、低轨道卫星共同组成。其中高轨道导弹预警卫星主要用于预警战略导弹,低轨道卫星用于跟踪全球范围内来袭导弹发射后的全过程。因此,美国新一代导弹预警卫星具有同时预警战略导弹和战术导弹的潜力。

5.2.1 光学探测原理

美国现役的导弹预警卫星 DSP 是对来袭导弹的助推段的尾焰进行探测,在轨的有 5 颗星,其中 4 颗工作星,1 颗备用星。4 颗 DSP 预警卫星组成的星座能够探测到几乎全世界范围内的任何弹道导弹的发射,并确定发射点的大概方位,提供有关弹道的大概参数。目前在轨的DSP预警卫星为第三代星,星上红外探测器长3.60m,孔径大小为0.91m,探测阵元是6000个采用硫化铅(PbS)和(碲镉汞)(HgCdTe)的红外探测阵元,红外传感器对导弹尾焰波长2.7μm和4.3μm的红外辐射极其敏感。卫星以5~7r/min的速度自转,每隔8~13s就可对地球表面1/3的区域重复扫描一次,通过双星联合扫描就可测出助推段弹道导弹的位置及其移动方向。

DSP卫星对洲际导弹的预警能力为20~30min,对潜射导弹也可达10~15min;对"飞毛腿"类战术导弹,采取改进措施后,也可从1.5~2min预警时间提高到5min。DSP卫星以后将陆续被性能先进的天基红外系统卫星取代。

5.2.2 天基红外预警技术

天基红外探测系统一般部署在地球同步轨道或者更高的椭圆轨道上,卫星上搭载了凝视型和扫描型两种红外探测器。其中扫描型探测器通过快速区域扫描能在地球背景下发现助推器发动机的明亮尾焰,从而引导凝视型探测器进行特定区域观测及目标精确跟踪。天基红外探测系统通过两颗观测星对目标的监视确定目标的轨迹方向、飞行速度以及飞行高度,最高测量精度小于1km。为使地球背景的亮度最小化,天基红外探测系统采用了2.7μm和4.3μm两个大气吸收带内的谱段作为红外探测谱段。

由于地球曲率的影响,即使是超视距雷达,预警范围依然有限,很难实现全球预警,因而要发展天基红外预警技术。天基红外预警的优势是站得高,看得远,预警范围大;弹道导弹助推段红外特性明显,有利于早期预警;无源探测,隐蔽性好,能耗低,全天候工作。它的不足体现在由于大气对红外能量具有吸收特性,因此稠密云层对目标探测性能影响较大。要实现天基红外预警,需要明确四个关键技术问题,包括红外波段选择、卫星轨道选择、传感器工作方式和弹道参数估计。

1. 红外波段选择

天基预警卫星红外传感器的波段决定了红外传感器对于威胁目标特性数据的获取能力。天基红外预警卫星主要依靠探测弹道导弹尾焰的红外辐射来对导弹进行预警,而地球上火山喷发、森林大火,甚至炼钢厂等热源都会产生强烈的红外辐射,如果这些红外辐射连同弹道导弹的尾焰辐射一起进入天基红外传感器,那天基红外传感器将无法检测到真正的弹道导弹目标,也就是产生了虚警,这对于导弹预警而言是必须克服的技术问题。一种有效的办法就是通过选择合适波段来降低虚警,因为在某些"窗口"频段,大气层能够屏蔽地球背景辐射,这样天基红外传感器就能有效探测飞出大气层的弹道导弹尾焰。

弹道导弹推进剂燃烧后的主要产物是二氧化碳(CO_2)和水汽(H_2O),这两种气体的分子能级结构决定了 CO_2 在 $2.7\mu m$ 和 $4.3\mu m$,H_2O 在 $2.7\mu m$ 和 $6.3\mu m$ 附近有较强的红外辐射(图 5.5),而大气分子对 $2.7\mu m$ 和 $4.3\mu m$ 附近的红外辐射具有强烈的吸收作用。因此,导弹预警卫星的红外探测器采用对这两个波段比较敏感的探测传感器进行探测,使得地球背景的亮度最小化,从而降低虚警信号。

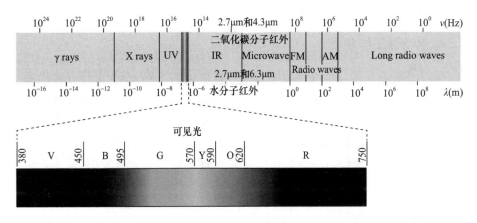

图 5.5　电磁波频谱

无论是云层反射的太阳光辐射还是地球表面上的红外辐射,在经过大气吸收以后,进入导弹预警卫星扫描探测器的地球背景辐射非常小,可以当作黑背景。在距离地面一定高度上,$2.7\mu m$ 和 $4.3\mu m$ 附近红外辐射的大气透过率很低,根据这个原理,天基导弹预警传感器一般采用 $2.7\mu m$ 和 $4.3\mu m$ 两个波段。当导弹飞出稠密大气后便可立即捕获到黑背景中明显的尾焰红外辐射信号,从而有效降低虚警概率,实现可靠预警。如果导弹预警卫星探测器发出报警,要么是有导弹发射,要么是地球表面剧烈燃烧的大火或者核爆炸等,通过探测器的连续扫描或凝视跟踪,就可以初步断定被探测目标是导弹、地面大火还是核爆炸。

美国 DSP 红外预警卫星系统使用的探测器就选了这两个频段,DSP 卫星能够在 10km 高度首点发现目标,而美国的 SBIRS 预警卫星能够在 8km 高度首点发现目标,能够对射程 3500km 的弹道导弹提供不少于 15min 的预警时间,对于射程 8000km 以上的导弹,提供不少于 26min 的预警时间。

2. 卫星轨道选择

天基预警卫星轨道的选择决定了预警系统的覆盖范围,不同的轨道能够实现不同的覆盖。一种是 HEO 轨道,HEO 轨道的近地点在南半球,距离地球约 600km,远地点在北半球,距离地球约 40000km,4 颗 HEO 轨道组网卫星可以实现对两极地区的预警;一种是 GEO 轨道,在赤道上空,距离地球 35800km,3 颗组网静止轨道能够实现对两极外的全球预警;另外一种是 LEO 轨道,轨道高度为 1300~1600km,由 20 颗左右组网卫星实现对全球预警覆盖。根据建设的难度和成本,一般首先考虑发展 GEO 预警卫星,针对国土周边热点地区优先部署,逐步发展 HEO 和 LEO 卫星,实现全球范围、多层次的覆盖。

3. 传感器工作方式

天基预警卫星第三个关键问题是红外传感器的工作方式,工作方式决定了天基红外预警的信息获取能力。对于导弹预警卫星而言,一般有圆锥旋转扫描和"凝视"两种工作方式。圆锥旋转扫描原理如图 5.6 所示,其优点是视场覆盖范围大,适用于大范围搜索;缺点是获得信息非连续,灵敏度有限,对干扰敏感。"凝视"探测原理如图 5.7 所示,其优点是传感器体积和重量较小、系统寿命和可靠性较高、精度高、抗干扰能力强;缺点是瞬时视场较窄。

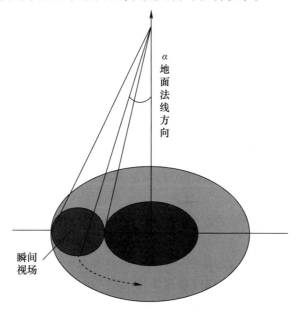

图 5.6 圆锥旋转扫描原理示意图

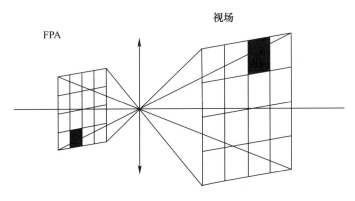

图 5.7 "凝视"探测原理示意图

4. 弹道参数估计

由于导弹预警卫星对导弹的探测属于被动探测,无法直接获得导弹的位置、速度信息,只能获得探测导弹相对传感器的方位角和俯仰角以及导弹尾焰的红外辐射强度,而天基预警卫星弹道参数估计的精确性,决定了对导弹发射点和落点预警的精度。一般而言,单颗预警卫星只能得到目标的方位俯仰角,没有距离信息,只能估计目标射向,无法估计发射点和落点。如果通过单星的观测获得导弹的轨道信息,必须利用目标弹道的先验信息,即基于模板的方法实现对导弹目标轨道信息的估计,其中先验信息的准确性决定了轨道的精度;如果不通过先验信息实现对导弹目标运动轨迹的,需要两个导弹预警卫星同时观测,通过几何解算,获得目标的运动估计,进行目标弹道参数计算;如果要获得更高精度的导弹参数,需要多星联合观测估计。

5.2.3 天基紫外探测技术

天基紫外预警系统利用弹道导弹助推器尾焰发出的紫外辐射,在战略洲际弹道导弹发射的助推段和末助推段时间内,从空间对导弹进行探测,提供早期预警信息。天基紫外预警系统可对敌方来袭弹道导弹进行可靠的预警与跟踪,为战略防御系统及时、准确提供敌战略打击信息并在火箭燃尽前精确跟踪其轨道,燃尽后预测其一定阶段轨道轨迹。红外辐射的波长范围一般在微米级,而紫外辐射的波长范围是 $10\sim400\mathrm{nm}$,由于在平流层中的臭氧可以吸收 $200\sim300\mathrm{nm}$ 范围的紫外线,形成了一个"日盲区",而紫外探测器就是利用这一区域进行工作,避开了最大的干扰源。在海拔 50km 以上,紫外波段的大气传输良好,大气层外或高空大气层中若出现导弹,其发动机尾焰的中紫外线辐射不受大气衰减的影响,从而使紫外信号传输得以大幅增强;同时,由于臭氧层对太阳紫外线的强烈吸收,地球白天半球的紫外线辐射(200～300nm)比可见光和红外波段的辐射低几个数量级,所以在地球大气层外观察到的以地球为背景的辐射光谱曲线中,中紫外波段的背景辐射非常微弱且比较均匀。导弹发动机尾焰光谱辐射亮度显著高于地球背景辐射,利于对弹道导弹等高温飞行目标探测和识别,因此天基紫外预警系统可对敌方来袭弹道导弹进行可靠的预警与跟踪,同时可防止把高空云层反射的太阳光、地球上的火灾等误认为是导弹尾焰而造成虚警。

在弹道导弹预警中,由于导弹的尾焰紫外辐射较高,而低空中紫外成分少,因此可形成良好的景物对比度,能够进行有效的弹道导弹预警。若目标出现在视场内,可通过解算,得出目标的空间位置和灰度等级等信息。紫外探测器分为真空紫外探测器和固体紫外探测器,探测器件由紫外滤光片和光电转换部分等组成,紫外滤光片是其中最主要的部分,可抑制系统最佳工作波段(250～280nm)以外的光谱进入光电转换组件,从而起到降低背景噪声的效果。紫外探测相对于雷达来说,具有隐蔽性好的特点;与红外探测相比,紫外探测虚警率低;除此之外,紫外探测系统具有体积小、质量轻、实时性强、不需制冷等优势。所以,紫外探测在弹道导弹助推段预警中可弥补红外探测的缺陷,与红外探测器共同使用,可以进一步降低虚警率,提高预警系统性能。

天基紫外预警系统可采用高分辨率成像型体制,探测中紫外光谱区的辐射。光学系统以大相对孔径对空间紫外图像进行高分辨率侦收,把视场内空间特定波长紫外线辐射光子经光学窄带滤波后,入射到紫外面阵光电转换单元,转换后形成数字图像信号,然后送入信号处理单元。信号处理器通过空间滤波等预处理完成对威胁目标的初级判断,再利用信号的时间特征和帧相关等算法对输入信号作出有无导弹目标威胁的判定。导弹发射后,可根据其飞行经过的地区所对应不同位置的探测阵元的反应,计算出导弹的轨迹和速度。由于导弹尾焰紫外线辐射较弱及大气衰减等因素,紫外辐射达到导弹预警接收机时已离散为光子状态,高空间分辨率和高灵敏度的紫外成像光学检测技术是天基紫外预警的关键。

5.2.4 双探测器技术

美国天基预警系统主要担负红外监视与跟踪导弹发射全过程的任务,可同时探测来袭的战略导弹和战术导弹,能够提供导弹预警、导弹防御、技术情报侦察(提供描述导弹特征所需的数据及其他目标数据)以及作战空间特征描述等功能。SBIRS – GEO 卫星主要用于探测和发现处于助推段的弹道导弹,SBIRS 卫星最大的改进是采用了双探测器方案,每颗卫星载有一台高速扫描型探测器和与之互补的高分辨率凝视型探测器。HEO 卫星有效载荷也装有高速扫描型探测器和高分辨率凝视型探测器,其主要任务在于对北极地区圈的探测预警,将天基红外系统的预警能力扩展到两级地区,使其侦察范围扩大了 2~4 倍。天基预警卫星工作时,扫描型探测器先对地球的北半球和南半球进行快速扫掠,然后将探测到的数据提供给凝视型探测器;紧接着,凝视型探测器将目标画面拉近放大,获取详细信息,进而确定是否发生弹道导弹发射活动。双探测器协调工作,共同完成任务,有效增强了天基红外系统探测弹道导弹的能力。

STSS 系统有 2 颗演示验证卫星在轨运行。2 颗 STSS 卫星均装有一台宽视场捕获传感器和一台窄视场凝视型多波段跟踪传感器。STSS 卫星的宽视场捕获传感器,采用波长为 0.7~3μm 的短波红外传感器。宽视场捕获传感器以地球为背景,可以捕获助推段弹道导弹的尾焰。STSS 卫星的窄视场凝视型多波段跟踪传感器涉及 3 种波长的传感器,其中波长为 3~8μm 的中波红外传感器以地球为背景进行工作,可以实现对助推段末期的弹道导弹进行跟踪;波长为 8~12μm 的中长波红外传感器以及波长为 12~16μm 的长波红外传感器以空间为背景进行工作,可以实现对弹道导弹飞行中段的持续跟踪。中长波红外传感器和长波红外感器在导弹助推段关机后仍能继续跟踪导弹飞行,而且还能够继续跟踪弹头的分离,并具备识别诱饵的能力。STSS 项目原计划构建由约 24 颗卫星组成的低轨卫星星座,卫星之间可以利用星间链路传递弹道导弹飞行中段的跟踪信息,卫星间信息的接力传递可实现对弹道导弹在外层空间飞行全过程的持续跟踪。

5.2.5 典型装备与能力

1. 美国的天基预警卫星

美国现役天基预警卫星系统主要包括 4 颗"国防支援计划"(DSP)卫星、3 颗 SBIRS 高椭圆轨道卫星、4 颗 SBIRS 地球同步轨道卫星和 2 颗空间跟踪与监视系统(STSS)低轨卫星(截至 2021 年 1 月),详见表 5.1。DSP 和 SRIRS – High 两个系统主要对中、远程导弹进行早期预警,STSS 则可以对中、近程导弹的全程进行跟踪。SBIRS 是由美国空军研制的下一代天基红外监视系统,是美国导弹预警系统的一个组成部分,可用于全球和战区导弹预警,为国家和战区导弹的防御、技术情报的提供和战场态势的分析。SBIRS 包括天基红外系统高轨道计划和天基红外系统低轨道计划两部分,低轨道卫星将与高轨道卫星共同提供全球覆盖能力。高轨道系统由 4 颗 GEO 卫星和 2 颗 HEO 卫星组成。首颗卫星计划 2006 年 10 月发射,用于为美国最高指挥当局和作战部门提供全球和战区的有关战略、战术导弹发射、助推飞行段和落点区域的红外数据。低轨道系统计划由约24颗部署在1600km左右高度的小型、低轨道、大倾角卫星组成,飞行在多个轨道面上。两颗验证卫星计划在2006—2007年发射,其主要任务是提供弹道导弹中段的精确跟踪和识别,跟踪世界范围内从发射到再入全过程的弹道导弹,并可将引导数据提供给拦截导弹,能够区分大气层再入飞行器与诱饵,为地基和天基防御及对抗系统提供情报信息。卫星内部之间的通信链路选用60GHz,卫星与地面之间为44/20GHz;卫星与卫星控制网络之间为S波段。SBIRS系统的地面设施包括:美国本土的任务控制站、一个备份任务控制站和一个抗毁任务控制站;海外的中继地面站和一个抗毁中继地面站;多任务移动处理系统和相关的通信链路。

每颗SBIRS卫星都带有两种红外探测器。高轨卫星上有扫描型红外探测器和凝视型红外探测器。扫描型探测器对导弹在发射时所喷出的尾焰进行初始探测,然后将探测信息提供给凝视型探测器,后者进行精确跟踪。低轨卫星的两种红外探测器称为捕获探测器和跟踪探测器。一旦低轨卫星的捕获探测器锁定了一个目标,信息将传送给跟踪探测器,后者能锁定一个目标并对整个弹道中段和再入阶段的目标进行跟踪。这些探测器将按从地平线以下到地平线以上的顺序工作,捕获和跟踪目标导弹的尾焰及其发热弹体、助推级之后的尾焰和弹体以及最后的再入冷弹头。此时,卫星上的处理系统将预测出最终的导弹弹道以及弹头的落点。低轨卫星星座能够几颗卫星合作实现对导弹发射的立体观测,而且卫星之间可相互通信。一旦导弹飞出一颗卫星的视线,该卫星能通过卫星之间的通信链路将收集的导弹信息传给其他卫星。

最早规划的天基红外监视系统是一个由高轨道星座、低轨道星座和地面数据接收处理设施构成的复杂的综合传感器系统。天基红外系统的高轨道星座包括2颗高椭圆轨道卫星和4颗静止轨道卫星,主要用于接替"国防支援计划"卫星进行关键的战略和战术弹道导弹发射和助推段飞行探测任务。天基红外系统的低轨道星座(SBIRS – Low)包括24颗低轨道卫星,这个项目源自更早的"亮眼"计划,主要用于执行对弹道导弹飞行中段的精确跟踪任务,并提供将弹头从诱饵和弹体碎片中区分出来的识别能力,并可直接向拦截弹提供目标引导数据。天基红外系统的高轨道和低轨道部分合作提供了覆盖全球的探测跟踪能力。该系统主要功能如下:

1) 精确跟踪

地面设施包括美国本土的任务控制站、海外的中继站和多任务移动处理系统。此外还包括相关的数据链系统以及训练等基础支持设施。2001年天基红外系统的低轨道星座部分从美国空军转交给美国导弹防御局,并改名为空间跟踪与监视系统(STSS),2009年STSS的两颗技术演示验证卫星发射上天并验证了其能力,但由于预算问题美国导弹防御局决定推进下一代的精确跟踪空间系统(PTSS)的建设,原计划 PTSS 系统将使用静止轨道卫星,从而与原来的天基红外系统低轨道星座彻底区分。

2) 多层拦截

2001 年,SBIRS-Low 系统由美国空军移交给导弹防御局,系统改称空间跟踪与监视系统,现在所称的 SBIRS 系统一般特指原有的 SBIRS-High。SBIRS 卫星红外传感器采用双探测器方案,每颗高轨道卫星安装一台宽视场的高速扫描探测器和窄视场凝视跟踪探测器,通过两者的结合,使 SBIRS 卫星的扫描速度和灵敏度远远高于 DSP 卫星,同时覆盖面积也大得多。高轨道卫星之间不进行通信,不过可以和低轨道进行相互通信以做到接力跟踪。STSS 卫星分布在三个不同平面的太阳同步轨道上,这些低轨道卫星装备了宽视场扫描探测器和窄视场凝视多光谱探测器。宽视场扫描探测器可以捕获地平线以下弹道导弹的尾焰,以尽快完成高轨道卫星转交的跟踪工作,窄视场多光谱探测器具有中长波和可见光探测能力,能锁定目标并对整个弹道中段和再入段进行跟踪,利用极为灵敏的多光谱探测器,STSS 可以实现对助推器燃尽后母舱弹头等冷目标的探测,在杂波和噪声中跟踪弹头分离并具有分辨弹头、弹头母舱、轻重光学和雷达诱饵的能力。

STSS 系统对弹道导弹弹头的精确定位,是通过 4 颗 STSS 卫星同时探测到并跟踪为前提,具有很高的定位精度。对于远程和洲际导弹,通过 SBIRS 和 STSS 的配合探测,可以在导弹的助推段、上升段、中段和再入段实现对弹道导弹的全程探测与跟踪,通过精确定位为拦截导弹提供坐标,在来袭导弹进入陆基、海基雷达探测范围前发射,实现多层拦截,提高拦截成功率。

3) 实时感知

天基红外系统是美国空军的第二代天基红外预警系统,在性能上比"国防支援计划"系统有了质的飞跃,是美国空军优先级最高的空间项目之一。天基红外系统最初是作为导弹防御的预警卫星而设计的,但其探测器十分灵敏,可用于战术情报收集和战场态势感知任务,将满足导弹预警、导弹防御、技术情报和战场态势感知等多方面要求,甚至还将用于定位森林火险。

根据美国物理学会对助推段拦截的评估,"国防支援计划"卫星只能探测到穿透云层后弹道导弹,以 7000m 高度为例探测到弹道导弹时已经是发射后 44s,考虑到约 20s 的跟踪延迟,拦截弹最早只能在 64s 后发射,很难对固体洲际导弹进行助推段拦截,而对助推段更短的短程弹道导弹,助推段拦截更加不可能。由于具备穿透云层的能力,新一代的天基红外系统卫星则可在弹道导弹发射后 10～20s 内即将预警信息传递给指挥控制系统。天基红外系统的高椭圆轨道卫星的通信能力也很强大,具有 100Mb/s 的下行传输速率,可满足战略和战区弹道导弹预警任务的需求。

4)探测跟踪能力

天基红外系统的静止轨道卫星的红外载荷包括高速扫描型红外探测器和高分辨率凝视型红外探测器,它们均为短红外、中红外和可见波段三色红外探测器,使用被动辐射制冷方式,具有很高的敏捷指向控制能力。高速扫描型探测器使用扫描平面阵分别扫描地球的北半球和南半球,对导弹发射的尾焰进行早期探测,随后将初步探测导弹的目标转交给高精度的凝视型探测器,凝视型探测器使用更为精细的凝视平面阵拉近导弹飞行画面,对目标进行精确跟踪。高椭圆轨道卫星红外载荷只有约 227kg,天基红外系统高椭圆轨道卫星的高速扫描红外探测器的扫描速度和灵敏度比"国防支援计划"卫星提高 10 倍以上,加上新增加的可穿透低层大气的波段,使其可在导弹发射后立刻捕捉到导弹尾焰,第一时间探测到弹道导弹的发射,这也增强了天基红外系统对中短程弹道导弹的探测能力。

早期"国防支援计划"卫星使用短红外和可见光探测,无法克服云层反光的虚警问题,后来虽然演进到双色红外波段,但 6000 单元的一维线阵列的视场和分辨率都不理想,虽然足以满足探测巨大尾焰的远程和洲际弹道导弹的需求,但对中短程战术弹道导弹则无能为力。天基红外系统卫星的红外平面阵列视场视野宽广,有利于发现中短程战区弹道导弹目标,大面积凝视阵进一步提高了对战术目标的探测跟踪能力。扫描平面阵红外探测器和凝视平面阵红外探测器的结合使用,使天基红外系统静止轨道卫星的探测跟踪能力比"国防支援计划"卫星有了巨大的提高。从目前的报道看,天基红外系统的高椭圆轨道和静止轨道卫星性能都有超出预期的表现,它们的交付将显著提高美国及其盟友对弹道导弹袭击的预警能力,为尚在建设中的弹道导弹预警系统提供更为高效的情报支持。

2. 俄罗斯的天基预警卫星

苏联从 20 世纪 70 年代开始研制卫星预警系统,具有一定的弹道导弹预警能力,而解体后俄罗斯的卫星预警技术一直落后于美国,其导弹预警卫星系统由两类卫星系列组成:高椭圆轨道预警卫星和地球同步轨道预警卫星。

俄罗斯的高椭圆轨道预警卫星为 1976 年开始发射的"眼睛"系列预警卫星,运行周期为 12h,可在导弹发射 20s 内发出预警信号,对洲际弹道导弹能够提供 30min 的预警时间,成为苏联第一代导弹攻击预警系统的重要组成部分。由于俄罗斯军费开支的困难,新导弹预警卫星的发射不能及时弥补旧卫星的陆续退役,导致目前俄罗斯可用的高椭圆轨道导弹预警卫星数量大为减少。"眼睛"卫星系列原计划采用9颗卫星组网工作,轨道面间隔40°,但是现在在轨工作高椭圆轨道预警卫星只有2颗"眼睛",均为2002年新发射入轨的卫星(分别是2002年4月1日发射的"宇宙"-2388和2002年10月24日发射的"宇宙"-2393)。如此数量的"眼睛"卫星已经不能全天候覆盖北半球大部分国家和地区。而且,"眼睛"卫星只能监视美国陆基导弹发射,不能监视海基导弹的发射,这使得俄罗斯的预警卫星系统对于四处游弋的潜艇发射的弹道导弹没有预警能力。在战时,俄罗斯天基预警系统的监测盲点将会使俄军对可能遭到的美国先发制人的攻击而毫无还手之力。俄罗斯的地球同步轨道预警卫星为第二代"预报"系列预警卫星,从1988年开始发射,运行周期为24h,现已发射6颗,主要用于监视美国空军发射的洲际弹道导弹以及陆基弹道导弹、海基大西洋舰队潜射导弹的发射情况。"眼睛"与"预报"两个系统联合使用,能够勉强维持对美国导弹基地的监视,对洲际弹道导弹发射可提供30min的预警时间,详见表5.1。

表5.1 美国和俄罗斯天基预警卫星主要装备与指标

预警卫星系统	美国					苏联/俄罗斯	
	MIDAS	DSP	SBIRS			"眼睛"(OKO)	"预报"(PROGNOZ)
			GEO	LEO	HEO		
轨道布局	3200km的极地轨道	35780km的地球静止轨道	35780km的地球静止轨道	1600km的极地轨道	高椭圆轨道(近地点位于南半球600km,远地点位于北半球40000km)		35780km的地球静止轨道
卫星数量	共发射12颗,寿命都极短	同时5颗在轨工作(GEO将逐渐取代DSP)	约24颗卫星组网工作		2颗	设计布局9颗,目前在轨仅2颗	设计布局4颗,目前在轨仅1颗
时间/年	1960—1966	1970—2007	1995—			1972—	1988—
覆盖范围	设想全球覆盖	中低纬度地区,极低地区无法观测	全球覆盖		极地地区	仅对美国间断覆盖	美国东部和欧洲大陆
探测模式			扫描探测	扫描和凝视探测相结合			
观测几何	面向地球观测,以地球大气为背景					掠射角观测,以太空为背景	面向地球观测

续表

预警卫星系统	美国					苏联/俄罗斯	
	MIDAS	DSP	SBIRS			"眼睛"(OKO)	"预报"(PROGNOZ)
			GEO	LEO	HEO		
光学系统		施密特望远镜	离轴三反射光学系统（TMA）	低温全反射光学系统	同GEO		
探测器	W-17/W-37型红外探测器	线列探测器,呈扇形		面阵红外焦平面器件,品字形排列			
探测波段	短波红外	短波和中波红外		可见光、短波、中波、中长波和长波红外			
地面站	阿拉斯加站、格陵兰岛站、英国站	本土站、欧洲站、海外站、战区攻击和发射早期报告（ALERT）、联合战术地面站（JTAGS）		位于巴克利（Buckley）的任务控制站（MCS）、M3Ps、海外中继站		"谢尔霍普"（Serpukhov-IS）指挥控制中心	

另外,2004年3月,法国国防部授予EADSAstrium公司设计生产2颗天基光学预警演示卫星合同,并定于2008年发射升空,卫星名为"红外预警预备系统"（Spirale）。印度正在开发组合复杂的预警卫星系统。印度的"国家预警与反应"卫星系统计划由2颗地球同步通信卫星、3颗极地轨道遥感卫星、3~5颗低地球轨道卫星和1颗专用气象卫星构成。该系统在规模、范围以及复杂程度上都远远大于现有的通信卫星和遥感卫星。日本由于担心朝鲜可疑导弹的威胁,准备与美国合作共同研制导弹预警系统,预警卫星系统就是该计划的一部分。

5.3 目标识别技术

弹道导弹防御要求提供尽可能长的预警时间、准确的导弹定位和轨迹判断、精确的打击摧毁、及时的打击效果评估。导弹防御系统中目标识别是关键的一个环节,从导弹发射开始到拦截后的效果评估,都必须进行目标识别工作。目标识别需求决定了防御系统的传感器配置、类型及战技指标要求。美国国家导弹防御系统发展进程表明,随着弹道导弹突防技术的发展,从来袭导弹目标群中识别出真弹头,即真假目标识别是弹道导弹防御系统中的核心问题,也是最具挑战性的技术难题。

5.3.1 导弹防御系统作战中的目标识别

在弹道导弹防御中,目标识别是最关键、最核心、最没有把握、最没有解决好的环节,如何有效识别真假弹头是战场制胜的关键。研究发现,目标温度、结构和运动特性可以用于识别真假目标。弹道导弹目标特性发生的巨大变化,可以用"多、隐、快、变、似"来概括。"多"是指弹道中段由于释放诱饵,目标不再单一,而是形成包括真弹头、发射碎片和各种诱饵与假目标的威胁目标群,有时候甚至还包括多个真弹头;"隐"是指随着各种隐身材料在弹道导弹目标上的应用,其 RCS 越来越小,隐身性能越来越好,据报道目前具有隐身能力的弹道导弹,其再入弹头雷达有效反射面积可小至 $0.03m^2$ 以下;"快"是指弹道导弹目标的飞行速度越来越快,其速度一般为马赫数 $2\sim20$,远远超出常规雷达自动跟踪的距离波门;"变"是指弹头在再入段发生机动,导弹弹道发生了变化;"似"是指重型诱饵,在质量、外形以及表面材料方面与真弹头相差无几,导致其电磁散射特性、辐射特性以及运动特性等与真弹头几乎一样,目标特性的这些变化给弹道导弹雷达目标识别带来了很多困难。

弹道导弹的作战模式也变得更加灵活:发射平台多样,有海下潜射、舰载发射、陆基发射、空基发射以及太空发射等;攻击方式多变,如能够对同一类目标从不同方向、不同射程、不同弹道进行连续、多批次的打击;打击目标多类多种,可以是战术目标、战略目标,可以是静止目标、移动目标。弹道导弹作战模式的灵活性进一步增加了目标识别的难度。

典型的导弹防御系统通常包括地基预警雷达、制导雷达、红外寻的拦截器和作战指挥系统等。弹道导弹的探测、跟踪、识别等过程都是通过红外/雷达等传感器实现。突防与反突防是导弹攻防作战的重要特点,进攻方为了使弹道导弹能突破敌方防御系统的拦截,往往采取了各种突防措施,释放各种诱饵;防御方要实现有效拦截,就必须具备对真假弹头识别能力,判断哪些是真弹头,哪些是假目标,否则,只配备了有限数量拦截器的导弹防御系统将会面临耗尽所有拦截器的危险。因此导弹防御系统除了依赖传感器技术外,还高度依赖于目标识别技术。识别问题贯穿导弹防御系统预警探测、指挥控制与通信、反导拦截等防御作战的全过程,是导弹防御系统能够发挥其作战效能的前提。

弹道导弹目标识别是导弹预警装备获得的原始测量数据进行融合处理和变换,从中选择和提取能够反映威胁目标本质威胁的特征信息,识别出弹道导弹威胁目标的身份属性和目标类型的过程。威胁目标的身份属性一般是指目标所属国家(拥有者)与己方的关系,分为敌人、盟友和中立者三种情况。由于传感器性能的局限性以及敌方的导弹武器本身所具备的突防能力(如假目标、诱饵、电子干扰等),己方获取的弹道导弹信息具有高度的不确定性。对来袭的目标进行快速准确威胁评估是及时给出正确导弹预警信息的关键。其中,威胁目标识别又是威胁评估的基础。因此,如何在有限时间内依据预警系统获得的高度不确定性的信息对弹道导弹威胁目标作出迅速、准确的识别,具有非常重要的实战意义。弹道导弹威胁目标识别通常划分为两个步骤:威胁目标特征要素提取和威胁目标身份判断。

导弹预警系统需要通过获取多方面的弹道导弹目标信息,但是这些原始信息存在高度的不确定性,需要对这些信息进行融合处理和变换。威胁特征要素提取就是在这些经过融合处理和变换后得到的信息数据中,选择决策者关心的目标特征信息,提取出最能反映来袭目标本质的特征,如图5.8所示。

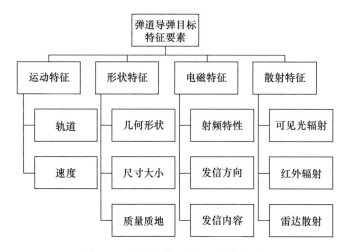

图5.8 弹道导弹目标识别特征提取

弹道导弹的识别技术是反导防御系统所需解决的核心和关键问题之一。导弹预警系统中的宽带高距离分辨率雷达通过测得的来袭目标的RCS、飞行弹道、速度、径向一维距离像和极化等信息,可进一步提取目标的径向尺寸、自旋频率、表面材料电磁参数等识别特征。拦截弹杀伤装置根据自身携带的红外传感器测得的目标温度时变序列,估算目标热容量的变化率以区分弹头和轻诱饵;利用红外传感器较高的横向分辨率对目标成像,在图像中将弹头从其他物体中分辨识别出来。根据弹道导弹在不同飞行阶段呈现出的飞行特性,可相应地采取不同的识别手段。

1. 运动特征

运动特征指的是来袭目标的动态特征,主要有目标运行轨道类型、轨道高度及目标位置、速度、加速度、目标姿态等各种参数。目标的运动特征可以用目标的轨道和姿态特性来描述。这些参数的获取主要通过预警装备实现对目标搜索、捕获、跟踪测量。通过对这些运动特征信息的获取,有助于判别来袭目标的身份。例如,目标的速度能够反映目标的类型,弹道导弹的关机点速度反映的是目标的射程、载荷、助推燃料等。

在弹道中段,威胁目标群在大气层外做惯性飞行,为了保持弹头在大气层外的稳定性和提高命中精度,真弹头一般会以一定的角速率自旋以实现姿态控制,由于母舱投放过程中不可避免地对弹头产生横向扰动,弹头会产生进动。而碎片、诱饵等假目标一般没有姿态控制,其旋转运动表现为随机的章动翻滚,没有一致稳定的周期性特征。威胁目标群再入大气层时,各物体由于大气阻力作用而呈现出减速特性。质阻比是决定再入目标减速特性的重要参数,是再入目标主要识别特征。轻诱饵由于其质阻比很低,与弹头质阻比相差 3~5 个数量级,因此,在伴随弹头高速运动的过程中,200km 海拔高度以下的稀薄大气对其产生的减速特性,有可能被地基雷达等探测器提取出来,可用于弹道导弹自由飞行段的下降部分弹头与轻诱饵的识别。根据以上对弹道中段和再入大气层时弹头与诱饵运动特性差异的分析,基于运动特征的识别可分为质心运动特征和姿态运动特征的识别。其中质心运动又包括诱饵释放过程中引起的速度增量识别、稀薄大气层对诱饵的减速特征识别、质阻比识别等几种不同的途径。基于姿态运动特征的识别是指利用目标或目标组成部分除质心平动以外的振动、转动和加速运动等微小运动进行识别。

2. 形体特征

形体特征指的是来袭目标的外观形态特征,主要是目标的尺寸大小以及目标的几何形状、质量、材料。一般情况下,对这类特征的表征方法是基于对目标的成像,包括光学成像和雷达成像两种。目标的形体特征对威胁目标识别和确认具有非常重要的意义。

高分辨距离像的特征提取和特征选择是雷达 HRRP 目标识别的关键环节,它提供目标的可分性基础。目前,HRRP 样本的特征提取方法可以分为非参数化方法和参数化方法两大类。

(1) 非参数化方法。包括直接用 HRRP 的统计特性(如平均距离像)作为目标特征,以及使用 HRRP 的变换域特征(如中心矩特征、谱域特征等平移不变特征)。非参数化特征实际上是数据驱动类特征,缺乏明确的物理意义,对原始HRRP维数没有降低或降低较少,其主要优点是计算简单直接、平移不变特征还可以直接进行识别处理,易于应用到多种识别器。

(2)参数化方法。HRRP的参数化特征提取方法就是以目标的电磁散射模型为物理和数学依据,从复数域雷达回波中提取雷达HRRP的精细散射点位置和强度参数(如基于简单散射点模型的方法)。散射点特征具有明确的物理意义,可以对原始HRRP大幅度降维,在识别运算量、系统存储空间及识别性能方面都有明显的优点。此外,散射点特征仍具有距离像的平移敏感性,且位置和强度这两种特征在量纲上也不一致,因此,在识别时还需要考虑平移匹配问题及特征加权问题。

雷达目标逆合成孔径(ISAR)成像是雷达成像的一种,由最早的SAR发展到现在的ISAR其实质是利用目标与雷达的相对运动,重构目标图像在二维平面上的分布。二维精细成像理论上是最可靠的目标识别方法。利用ISAR对物体进行高分辨率成像,能观察目标结构上的微小细节,分辨出模拟假目标。弹道导弹运动速度非常快,对其进行超高分辨率ISAR成像时就必须满足大转角和较小的相干积累时间。在实际中高度运动目标还存在包络距离走动,甚至走动若干距离单元的情况。在对高运动速度目标进行ISAR成像时可以利用真延时方法进行距离精确对准,对目标进行多个相邻脉冲相参积累,经过快速傅里叶变换和瞬时成像,获得目标横向距离和速度信息,最终得到目标的二维图像。

3. 电磁信号特征

电磁信号特征是指有源目标一般会发送电磁信号,用于获取或传递信息,而这些电磁信号无论是内容还是形式上都存在不同。有源目标的电磁信号特征主要表现为信号的射频特性、调制特性、编码特性、发信内容、发信方向等。目标的电磁信号特征是进行目标载荷类型和目标归属国别判断的主要依据。

4. 辐射散射特征

辐射散射特征主要包括来袭目标的可见光的辐射与散射特征、红外光的辐射与散射特征以及雷达散射特征三大类,空间目标的物理属性不同,其散射特征也有较大差异。分析其辐射散射特征,可获取目标的辐射散射特征参数。获取目标的可见光散射辐射特征,可以得到目标的亮度信息以及目标的成像信息;获取目标的红外辐射散射特征,可以确认目标的温度及温度的变化情况(尾焰);获取目标的雷达散射特征,可以得到目标的材料和成像信息。雷达目标识别的基本过程是从目标的幅度、频率、相位、极化等回波参数中,分析回波的幅度特性、频谱特性、时间特性、极化特性等,以获取目标的运动参数、形状、尺寸等信息,从而达到辨别真伪、识别目标的目的。表 5.2 列出了目标可提取的特征参数以及识别目标类型。

表 5.2　目标可提取特征参数及其识别目标类型

测量数据类型	特征参量	可区分类型	备注
窄带回波	时间-多普勒曲线		特征事件监视,异常事件检测与分析
RCS 时间序列	RCS 稳态参数、目标自旋频率	真弹头与碎片、箔条等	真弹头采取姿态控制措施,其 RCS 起伏较为平稳,采用姿态控制措施的诱饵 RCS 起伏也较为稳定
窄带、宽带回波	目标微动特性	真弹头与释放仓、碎片、轻诱饵、重诱饵	姿态控制,真弹头微多普勒周期性明显,其他目标微多普勒特征不明显或者杂乱,不存在周期性
目标一维距离像	目标长度、一维像统计特性、双谱、标散射中心提取等	弹头与释放仓、碎片等	一维散射中心分布,反映目标的精细的结构特性,可以用来区别真假弹头与诱饵,以及弹头类型,常用方法模板匹配等
目标二维 ISAR 图像	目标二维散射中心分布、类型和强度等	弹头与释放仓、碎片等	二维像反映目标反射系数在二维平面上的分布

窄带雷达是武器系统中常用的截获和跟踪雷达,雷达发射的单频电磁波的频率域本身所能包含的目标信息很少,需通过时间积累得到目标的 RCS 序列,从中提取可供目标识别的特征量。RCS 序列的特征提取方法大致有两类:一类是统计特征提取;另一类是周期特征提取。RCS 序列的统计特征包括 RCS 分布的均值、极小值、极大值及标准差以及 RCS 分布的累积概率密度、分布直方图等。RCS 序列是否具有周期性也可用于区别真假目标,提取 RCS 序列周期性的方法包括频谱分析以及循环自相关等方法。

在弹道导弹的助推段及中段早期,主要是利用弹道导弹的运动特性,如速度、高度及弹道倾角等,区分导弹与飞机类目标;或是利用轨道参数界定导弹与卫星类目标。在导弹的助推段,导弹的尾焰含有可见光、短波、中波红外和紫外等波段的能量,尤其在 $2.7\mu m$ 和 $4.3\mu m$ 等波段有较强的辐射,可采用相应的光学探测器对助推段飞行的弹道导弹进行观测,实现快速预警;另外,在助推段由于弹头和弹体连成一体,其 RCS 较大,地基雷达也可能观测到,并根据回波特性和运动特性可将导弹识别出来。此外,还可利用低轨天基光学预警卫星,通过观测弹头和诱饵的抛射过程,由抛射前后的相对速度变化等来区分真假弹头。

当威胁目标群进入再入段后,受大气阻力作用,诱饵和弹头的下降速度会有所差异,因此可提取再入目标的质阻比和自旋频率等特征。再入段是弹头返回大气层飞行的阶段,由于大气阻力使得目标产生减速特性,轻诱饵在该阶段很快被大气过滤掉,剩下弹头和重诱饵。弹头和重诱饵在再入过程中表现出来的主要物理现象是高速再入引起大气电离,形成等离子鞘套和尾流,等离子鞘套会阻断无线电通信,又称为"黑障区"。目标再入飞行过程中,其雷达散射截面积的起伏较大,一般经历减小—增大—减小—恢复的过程。研究表明,等离子鞘套和尾流的RCS和红外辐射比弹头本身大得多,性能方面都会有较大差异。不同的再入弹头在减速特性、RCS突增及辐射特点对于导弹防御系统而言,再入段的反应时间较短,所以识别的重点主要在弹道导弹飞向的中段。

在弹道导弹飞行中段,威胁目标群中弹头和诱饵的飞行速度和弹道轨迹大体相同,不利于速度和轨道参数特征的识别。弹头在中段飞行过程中为满足一定的再入条件,将保持稳定的运动和章动特性,因此对模型诱饵而言可通过估计进动参数,如章动角、进动周期等识别弹头和诱饵。当采用包裹诱饵时,即弹头包裹在金属气球内,弹头与气球的相互作用会使气球特征发生一定的改变,如弹头在气球内的旋转、翻滚等会撞击气球内壁,导致气球的某个部位会在瞬时出现一个突起,对气球的形状和飞行速度等产生影响。同时,如果弹头与气球之间采用固定连接,则气球将会随弹头一同做旋转或翻滚运动。若空诱饵球与含弹头诱饵球在这些运动特性上存在一些差别,则有可能会被地基高分辨雷达利用这些微运动特征识别出含弹头的诱饵球。此外,可由弹头和诱饵在外形结构、表面材料等方面的差异信息,利用雷达成像和红外成像提取目标散射中心的结构信息和表面材料信息来有效地识别真假目标。表5.3为在弹道导弹的各阶段提取的识别特征和识别目的。

表5.3 弹道导弹飞行各个阶段识别特征

	物理特征量	识别特征	识别目的
助推段	速度、高度、弹道倾角、运动轨迹、导弹尾焰、红外辐射	辐射特性、轨迹特性、运动特性	区分导弹与飞机/卫星目标
中段	高分辨雷达成像、锥体自旋、进动/章动特性	散射中心结构特征、自旋频率、章动角、进动周期	识别弹头与轻诱饵
再入段	减速特性、温度特性	质阻比、红外特征	识别弹头与重诱饵

针对日益发展的弹道导弹防御系统,提高弹道导弹突防能力也成为各军事强国优先考虑的问题。弹道导弹可采取多种突破敌抗击和干扰的手段,包括电子干扰、隐身技术、释放诱饵、采用中段制导和末段制导以及多弹头攻击等。导弹防御系统目标识别的前提是对导弹目标特性的深入研究,包括典型弹头及其伴随飞行物的物理与电磁散射特性、红外辐射特性。只有充分掌握待识别目标

的目标特征机理,才有可能发现各目标之间的特性差异,从而有针对性地采取相应的特征提取方法,并建立典型目标特性数据库,实现有效的目标识别。

5.3.2 基于弹道特征的目标识别方法

雷达作为反导系统的主要传感器之一,在特征提取和目标识别上作用发挥明显。由于运动状态的差异,当目标反射雷达入射波时,其运动特征信息隐含于雷达回波中。雷达回波信号与目标信息存在对应关系:目标回波信号的幅度与相位是时间、空间和频率的函数,其中相位对时间的变化率可以表征目标的径向速度,对空间的变化率可以表征目标的角度和方位;幅度对时间的变化率可以表征目标的自旋特征。目标的运动特征能够反映目标速度、角度等状态变化,因此基于运动特征的提取与识别技术一直是弹道目标识别研究的重点。弹道导弹释放的假目标包括有源诱饵和无源诱饵,无源诱饵包括发动机碎片、各种轻重诱饵等;有源诱饵通过转发雷达发射信号,模仿导弹目标回波信号特征,以假乱真。在弹道导弹飞行过程中,弹头目标一般通过自旋保持飞行的稳定,在释放弹头或诱饵时,由于本身质量的差异,目标速度变化率不一样,且在释放时,弹头受外力作用,产生进动现象。

1. 早期弹道特征提取及识别

弹道导弹通过助推段、中段和再入段的飞行到达地面目标区域。助推段又称为主动段,这时导弹在发动机的推力作用下加速升空,其尾部有一个较长的火焰区,可通过相应的光学探测器对主动段飞行的弹道导弹进行观测,利用目标的光学特征进行识别。预警雷达可以观测到导弹的发射,并提供早期预警。地基远程预警雷达可以观测到弹体和助推火箭飞行过程中回波强度的变化,并利用其统计特征进行识别。

中段称为自由飞行段,此时弹头与弹体分离,弹头常常携带诱饵,诱饵可分为重诱饵和轻诱饵两种。由于诱饵在外形、红外辐射特性、电磁散射特性、运动特性等方面不可能与真实弹头完全相同,因此在该段可以应用多种传感器对飞行的弹头、诱饵和碎片进行探测,从而区分真假目标,并估计出真目标的运动参数、电磁辐射、微动等特征。弹道导弹突防中通常释放大量的诱饵迷惑对方探测设备,诱饵在释放时相对于弹头具有一定的初速度,通常在 1m/s 以上,考虑到弹头的质量比诱饵大得多(即使是重诱饵,这种差别也在一个数量级以上),根据动量守恒定律,弹头在释放诱饵前后速度变化很小,可以忽略不计,而诱饵在释放前后的速度增量,与释放时的初速度非常接近,因此可以在发现诱饵释放前后,利用具有高精度测量能力雷达获取弹头与诱饵的速度变化信息区分弹头目标与诱饵目标,通常将这种识别方法称为速度识别法。随着大型相控阵雷达技术发展,相控阵雷达的测速精度有了较大提高,测速精度可达 0.3m/s 以上,先进的 X 波段雷达,测速精度在厘米级。因此,从现有技术水平和装备上讲,速度识别方法较容易实现,且具有较高的识别效率。

再入段是指弹头返回大气层至弹头到达目标区的阶段,在该阶段,轻诱饵由于大气过滤作用而分离,弹头和重诱饵在大气层中高速飞行,它们与周围气体间产生非常复杂的物理、化学和电离反应。产生的烧蚀产物以及高温条件下被电离的空气会形成很长的等离子尾迹,尾迹长度可达再入弹头弹体底部直径的数百倍。此时,雷达观测到再入体及其尾迹总的回波,从中可以分析再入体及其尾迹的散射特性。同时,目标或重诱饵的运动特性发生变化,可以提取目标质阻比、目标的振动、再入体的加速度和再入轨迹等特征参数。这些特征是区分重诱饵和弹头的重要依据。

2. 中段目标微动特征提取及识别

目标微动特征反映了目标的电磁散射特性、几何结构特性和运动特性。进动是自旋目标的自旋轴线环绕自身的中心轴缓慢转运。中心轴线与自旋时产生的自旋轴线的夹角称为进动角。目标的这种运动特征可以为真假目标识别提供重要的依据。

1) 微动识别的物理基础

相对于目标质心运动而言,目标上各点围绕某点的转运或部件相对于物体上质心的机械振动、旋转等运动通常被称为微运动。目标的微运动特性与其结构、质量分布、初始状态和受力状态密切相关,可以作为目标识别的重要特征量。

自旋稳定是空间飞行目标最常用的姿态稳定方式,它不但控制简单,抗干扰能力较强,而且可以保持空间飞行器的指向不变,因而在弹头的姿态控制中应用甚广。在弹头自旋的同时,其极轴往往伴随着非期望的章动。弹头在中段的运动与轴对称陀螺体的自由运动相同。对于观测雷达而言,由于弹头存在的章动特性,将引起雷达视线角随之呈现的周期性变化。在弹道导弹突防中,中段弹头和轻质诱饵的微运动特性通常是不同的。对于质量较重的弹头,为了使其在中段保持姿态稳定,弹头的自旋频率通常为 2Hz 左右;对于质量较轻的诱饵,为了使其在中段保持稳定的姿态,其自旋频率通常要达到 8~15Hz。真假目标微运动的差异是目标识别的物理基础。

2) 基于运动目标分辨的识别技术

导弹目标运动特征的提取是要分离出平移、自旋、圆锥运动(包括进动和章动)三种运动,通过相参数据的处理,获得弹道参量和目标相对于重心的运动特征的技术称为目标运动分辨技术。

弹道导弹目标运动特征提取需要分离其重心的平移运动和相对重心的旋转运动。相对重心的运动分辨主要靠相位信息获得,相位信息中包含有平移运动和相对重心运动引起的相位变化。首先在相位中要消除掉平移运动,消除后的剩余相位即相对重心的运动,包含着自旋和圆锥运动。导弹的自旋频率通常小于10Hz,尾翼部分反射点的旋转频率将出现在4倍自旋频率谐波上,也就是在低于40Hz的范围内,即尾翼自旋的特征。圆锥运动实际上是弹体的剩余运动,即弹体的摆动,是一种低频调制。这种低频调制通常在零多普勒频率附近,大约在 ±20Hz 以内。可见尾翼自旋和圆锥运动在频域上是分开的,可用低通滤波将这两种运动分离开。原始相位中除掉平移运动,再去掉低通滤波的输出,则可进行尾翼自旋频率分析。由于低通滤波输出去掉了尾翼旋转反射回波的干扰,之后再进行分辨可获得圆锥运动,包括进动、章动及视角的变化。

3)基于章动参数估计的识别技术

弹头的章动会引起弹头 RCS 周期性变化,因此基于 RCS 周期变化的章动频率估计就成为一种朴素的微运动特征获取方法。在章动周期内,弹头姿态的单调变化并不会导致弹头 RCS 的单调变化,即在章动周期内,弹头的 RCS 会出现多个分布不规则的极小值和极大值点。当对弹头的时变 RCS 特性进行频谱分析时,弹头 RCS 的这种不规则变化会导致虚假的周期分量,而且这种虚假周期频率分量的幅度常常会远大于真实的章动频率分量。因此,基于 RCS 时变特性的微运动参数分析法的稳健性比较差。

3. 基于速度差异的弹道识别方法

在弹道导弹实施诱饵突防时,诱饵总是以一定的投放速度从弹头释放出来,考虑到诱饵的质量总是小于弹头的质量,根据动能守恒定律,弹头在诱饵投放前后的速度变化很小,可忽略不计,而诱饵在投放后速度则增加一个速度增量,非常接近投放初始速度。雷达以高分辨率发现弹头目标释放出诱饵后,通过精确获取弹头与诱饵在投放前后的速度差异信息,可将其识别。导弹防御雷达在径向上的测速精度可达厘米级,而诱饵在释放过程中相对于弹道导弹具有一定的初速度,一般在1m/s以上。通过这种测量速度差别,可以对导弹的诱饵释放过程进行识别与监视。

4. 基于轨道根数的有源假目标识别

弹道导弹中段飞行过程中真弹头目标弹道符合二体运动方程,而假目标则不一定满足该方法,通过数据处理,采用目标轨道根数识别真假目标是一种简单有效的方法。对于自由段飞行的弹道目标,根据二体运动方程,给定一系列角度测量序列可唯一确定一条弹道轨迹。由此可知,对于角度量序列和真目标相同而径向距离和真目标不同的有源距离假目标,其动力学特性不符合二体运动规律。因此当在雷达目标跟踪中,若对有源假目标采用二体运动动力学模型,则必须导致较大的模型失配。此外,中段飞行过程还可采用动力学匹配系数、机械能、动量矩等特征进行识别,可识别有源假目标和关联错误的航迹。

5. 再入段目标质阻比估计与识别

导弹防御系统能够有效地探测、拦截并摧毁高速飞行的弹头,使得弹头失去进攻能力,对弹道导弹的战场生存能力造成了严重的威胁。基于突防的目的,弹道导弹在自由段通常释放诱饵及各种干扰装置,形成包括弹头、导弹碎片、各种诱饵和假目标的威胁目标群。目标群中的弹头、诱饵在自由段的飞行速度和弹道轨迹大体相同,不利于速度和轨道参数特征的识别;当目标群运行到再入段,随着空气密度的逐渐增加,大气阻力使得目标产生减速特性,轻诱饵在该阶段很快被大气过滤掉,剩下弹头和重诱饵高速再入。弹道目标跟踪是导弹防御系统跟踪制导单元的核心任务,对弹道目标的精确跟踪是进行后续诱饵识别的基础。在再入段,各种弹道目标具有速度快、加速度大等显著特点,使得雷达跟踪初始化非常困难,如何从形式多样的再入目标群中识别出真弹头是导弹防御系统的重要任务。数目众多的诱饵伴随弹道导弹进入再入段飞行过程,对导弹防御系统进行目标识别提出了严峻考验。如果直接对弹头和诱饵一起进行拦截,必定造成拦截资源浪费,影响拦截效率。弹道系数(质阻比)是决定再入弹道目标运动特性的重要参数,已有的基于质阻比估计值的目标识别方法,质阻比参量从初值到实际值有一个收敛过程,其间存在着较大动态误差,而且质阻比的估计精度还会受到大气模型的影响,当大气模型精度较低时,甚至会造成质阻比估计的发散,因此研究基于目标相对运动差异的识别方法,利用目标质阻比的相对大小进行识别,具有一定的理论价值和实际意义。

1)再入弹道目标跟踪技术

质阻比是决定各种弹道目标运动特性的重要参量,当再入弹道目标的质阻比已知时,可以直接根据弹道目标运动方程,利用各种非线性滤波器,对再入弹道目标进行跟踪滤波。当质阻比未知时,经典的处理方法是在目标的跟踪过程中,实时地估计出目标的质阻比值,此时,实现了再入弹道目标的跟踪和识别的一体化。

有效的目标跟踪是精确预报导弹落点和准确进行导弹拦截的基础。再入段是弹道目标整个弹道的最后阶段,弹道目标在再入段的运动会同时受到地球重力和大气阻力的影响,运动状态极其复杂,为了得到精确的跟踪,必须综合考虑多个因素的影响,如受力模型、地球模型、运动模型、坐标系统和滤波算法等。

2) 基于质阻比的识别技术

在再入段,由于质量和外形等方面的差异,弹头及各种物理诱饵在巨大的空气阻力作用下呈现不同的减速特性,这为目标识别提供了重要依据。质阻比是弹头质量和外形参数的组合参数,是弹头总体飞行性能参数的集中体现。已有的基于质阻比的目标识别方法可以分为三类。

第一类是利用滤波器实时地估计再入目标的目标位置、速度和加速度,根据公式计算质阻比,该方法一般采取常加速度模型近似再入运动模型,精度较差。

第二类是基于再入运动方程,将质阻比作为状态矢量的一个元素,利用非线性滤波的方法实时估计质阻比,该方法紧密结合弹道目标运动方程,精度较高。利用上述方法估计出质阻比后,按照质阻比大者为弹头、质阻比小者为诱饵的准则依次识别出诱饵和弹头,方法的实质是利用目标质阻比的相对大小进行识别。质阻比的估计会受到大气模型的影响,如果大气模型的偏差较大,甚至会造成质阻比估计值的发散;另外,质阻比估计一般有一个收敛的过程,其间存在较大的动态误差,收敛到可用的精度时往往会延误宝贵的识别时机。

第三类是根据目标和诱饵质阻比不同引起的运动特性差异进行识别。前两类方法实时地估计出质阻比值后根据相应的识别准则进行对比识别,第三类方法利用根据再入弹道目标的相对运动差异建立的识别公式进行识别。

5.3.3 基于结构特征的识别方法

雷达目标对入射信号进行特征调制,由于外形尺寸、散射中心分布等结构上的差异,雷达目标特性存在较大的差别。根据雷达提取目标结构特征所采用的信号形式、提取特征等方面的不同,又可进一步分为基于RCS序列的识别方法、基于HRRP的识别方法、基于ISAR图像的识别方法和基于极化信息的识别方法。

1. 基于RCS序列的结构特征提取与识别

RCS是反映目标对雷达信号散射能力的度量指标。通常情况下,弹道目标沿弹道运动将引起姿态相对于雷达视线发生变化,雷达可获得RCS随视角(姿态角)起伏变化的数据,其中的变化规律反映了目标形体结构的物理特性。在20世纪七八十年代研究者就意识到RCS序列包含的目标结构特征,并进行了较深入的研究,采用该方法可以区分母舱和弹头。

随着导弹技术的发展,真假弹头的外形尺寸和材料方面的差异越来越小,但是在飞行过程中,真假弹头由于自旋稳定性的不同,造成假弹头的姿态与雷达视线之间的夹角呈现不同程度的变化,真弹头由于具有自旋稳定机构,角度变化比较稳定,而助推器、碎片、某些诱饵不具有稳定机构,容易产生翻滚,角度变化剧烈。

2. 基于 HRRP 的结构特征提取与识别

与远程预警雷达相比,X 波段雷达具有更大的信号带宽,其瞬时带宽可以达到 1GHz 以上,可以获得目标精细的一维距离像和二维像。目标的一维距离像是雷达目标识别的重要特征,与目标实际外形之间有着紧密的对应关系,可以作为识别真假弹头的依据,在导弹目标识别中具有十分重要的意义。

利用一维距离像进行识别的方法有以下 5 种:

(1) 基于一维距离像的目标长度提取。利用一维距离像的形状特征,可快速直观地获得目标的物理属性,是目前较常用的识别方法。

(2) 基于模板的一维距离像识别方法。基于模板的方法从目标回波中提取特征或直接以雷达图像作为模板,通过实测目标特征与模板库的比较进行分类。该方法达到高的识别率需要全姿态的训练样本,模板库数据量大,实时检索匹配困难,易受环境影响。

(3) 基于概率统计模型的一维距离像识别方法。基于概率统计模型的方法通过大量的离线计算提取目标的数学或物理模型,通过比较实测目标特征与模型预测特征进行分类。

(4) 一维距离像双谱特征识别。利用双谱可以保留信号中除线性相位以外的所有信息的特性,因此,可从一维距离像中提取具有平移不变性的多种双谱特征进行识别。

(5) 超分辨一维距离像。光学区目标可以用散射点模型表示,在线性调频或阶跃变频雷达体制下,目标的频域响应可以表示成各个散射点的频域响应之和。

3. 基于 ISAR 的结构特征提取与识别

X 波段雷达所具有的大带宽可以获取高分辨的一维距离像,然而一维距离像只反映目标的径向一维信息,导弹弹头目标一般较小而且结构简单,一维距离像能携带的信息少并且对目标的姿态变化敏感,给目标识别带来难度。但是,逆合成孔径雷达可以通过横向分辨将这些距离上重合的点分开,从而获得目标的二维分布,极大提高目标的信息量。

ISAR 一般是固定在地面的雷达对运动中的目标进行探测并成像,因雷达和目标的相对运动关系与合成孔径雷达相反而得名。ISAR 采用合成孔径雷达工作原理,对空间、空中、海上和地面运动目标进行探测、定位和成像。更一般的情况下,ISAR 也可以安装在飞机或舰船上,此时雷达和目标都是运动的。ISAR 成像的距离高分辨率(距离维)靠大带宽信号得到,横向(方向维)则基于目标相对于雷达视线的转运而引起的多普勒频率变化得到。

借助 X 波段雷达所具有的大带宽,利用 ISAR 技术可以实现非常高的二维分辨(一般在 10cm～1m),能观察目标结构上的微小细节,有利用目标识别,同时具有全天候的能力,具有广泛的应用前景。

4. 基于极化信息的结构特征提取与识别

雷达极化信息是目标特性的一种重要的表征途径。早期研究中由于极化散射机理无法提示和硬件技术限制,极化并未得到深入的探讨,直到 Huynen 发表了关于雷达目标极化学理论的论文,雷达极化学得到了进一步完善,雷达极化测量理论和技术才得以进一步形成与发展。极化分集技术应用研究尤其是自适应极化滤波方面及散射电磁波极化与目标关系方面都取得了许多极富价值的研究成果。目前,雷达极化信息处理已在诸如改善信杂比、增强目标检测和识别能力等方面均获得良好结果,而基于目标极化散射特性的识别方法作为极具潜力的目标识别途径之一,也正日益引起国内外学术界关注与重视。

目前,关于极化测量的方法主要包括分时极化测量和瞬时极化测量等两种技术手段。分时极化体制雷达交替发射极化正交的脉冲,采用同时、全极化接收;瞬时全极化测量雷达同时发射两个极化域正交、波形互不相关的脉冲信号,采用同时、全极化接收,这样在一个脉冲回波内进行处理即可获取目标的全极化散射矩阵。由于多假目标干扰系统一次产生假目标的数量众多,为了避免雷达资源极大消耗甚至无法正常工作,地基雷达系统希望在截获、跟踪目标时就能够实现对真假目标的识别,从而达到剔除假目标的目的。而在截获、跟踪目标时,地基雷达系统发射脉冲的宽度和脉冲重复周期一般都较大,为了提高搜索、跟踪数据率,希望在一个脉冲重复周期内测量全部所需数据。

5.3.4 目标综合特征识别方法

导弹预警系统是一个集成了多平台、多传感器的复杂系统。在整个预警作战过程中,任何时候都不会只用一种特征进行识别,单一识别手段也无法给出令人信服的结果,表 5.4 列出了弹道导弹飞行全过程中不同的特征。因此,必须综合应用各种识别手段。

1. 目标综合识别

针对弹道导弹飞行中的目标特性,弹道导弹预警系统中各作战环节的功能可概括为对来袭导弹的及时发现、正确识别、精密跟踪和有效拦截。以陆基中段防御(GMD)系统为例,系统基于"全程观测、分段拦截"作战思想,通过不断获取和处理弹道导弹目标的各种特征信息,区分出真假目标,最后由地基拦截弹摧毁处于中段飞行的来袭导弹。导弹防御系统包括预警卫星、地基预警雷达、地基制导雷达、地基拦截弹以及作战管理中心等,工作流程为:预警卫星探测到弹道导弹的发射;预警雷达探测和跟踪来袭导弹的道信息;地基制导雷达精确跟踪和识别目标;地基拦截弹升空并接近来袭导弹,拦截弹上的红外探测器根据雷达的测量信息确定并不断调整照射的视场,形成更加精细的态势图,经整个导弹防御系统综合判定真弹头后进行拦截;最后,需要地基雷达或者天基的红外、光学传感器对拦截打击效果进行确认和评估。

跟踪、识别以及拦截的过程都遵循由粗到细的原则,即首先由预警雷达发现目标并进行粗跟踪,利用窄带信号对目标进行粗略的分类识别;然后交班到地基制导雷达进行精细跟踪,利用宽带高分辨的回波特性,对目标进行精细的跟踪、识别。但当前的跟踪和识别精度依然无法满足准确拦截的要求,因此当拦截弹在接近目标约几百千米的时候,需利用弹载红外传感器获得更准确的位置和识别结果来进行有效拦截。

因此,弹道导弹的识别,需要在弹道导弹不同阶段呈现出来的物理特性和对抗条件基础上,利用多平台、多传感器、多特征进行综合识别。美国国防部在2000年透露,GMD系统中用于中段拦截的识别措施达24种之多,并利用软件来优化和融合这些识别算法。因此,目标识别需求决定了防御系统中的传感器配置、类型及技术指标,属于弹道导弹预警系统顶层设计范畴,弹道导弹飞行全过程中不同的特征如表5.4所列。

表5.4 弹道导弹飞行全过程中不同的特征

	主动段	中段			再入段
		中段初期	中段中期	中段末期	
RCS	√	√	√	√	√
窄带	√	√	√	√	√
窄带极化	√	√	√	√	√
轨道特征		√	√	√	
运动特征	√	√	√	√	√
微动特征	√	√	√	√	√

续表

	主动段	中段			再入段
		中段初期	中段中期	中段末期	
HRRP		√	√	√	√
ISAR		√	√	√	√
宽带极化		√	√	√	√
质阻比					√

在美国弹道导弹防御系统中,典型的地基雷达有:P 波段和 L 波段远程预警雷达、X 波段地基精密跟踪与识别雷达、低层反导系统中的 C 波段 AN/MPQ-53 雷达、高层反导系统中的 X 波段 AN/TPY-2 雷达,涉及的雷达工作频率覆盖了 P、L、C、S、X 波段,其中有些 X 波段地基雷达是径向距离分辨率达到 15~20cm 的宽带相控阵雷达。

2. 目标综合特征识别方法

根据反导系统的传感器配置和工作流程可知,信息融合是反导系统目标识别流程中的重要组成部分。目前,国外主要是美国在反导系统目标融合识别方面取得了较多成果。林肯实验室基于相位补偿思想对不同频带的雷达回波进行了相干处理,合成了更宽频带的目标频率响应,提高对导弹目标的分辨能力。

反导系统中融合目标识别的一个重要方面是智能化的目标威胁评估与排序。威胁评判作为一个多指标决策问题,其中既有定性指标又有定量指标。有文献结合现代防空作战特点和指挥自动化系统工程流程,对影响目标威胁评估的各种因素进行了分析,利用模糊综合评判方法,给出了威胁评估的因素集和评价集,建立了相应的数学模型,叙述了威胁评估与排序的方法、步骤和一般准则;以反导系统指挥决策为背景,对威胁判断及排序、拦截可行性、目标分配、发射决策和杀伤效果评定等进行了物理分析及数学建模。反导系统要完成对来袭目标群的发现、搜索、捕获、跟踪和识别与杀伤评估等功能,是一个对威胁目标群不断观察和不断识别的过程,需要根据威胁目标群体现出的随飞行阶段和突防措施变化的多目标和多特征的情况,结合多种技术手段才能实现,即远距离的预警与中段和再入段的精确跟踪、天基与地基观测、多频段(红外、光学与多种波段雷达)相结合的综合识别的技术途径。

根据上述分析,可以确定弹道导弹飞行中段及再入段导弹预警系统的目标综合识别策略,图 5.9 给出了导弹预警系统的综合识别时序示意图。从识别时序上看,包括主动段、中段及再入段三个阶段;从技术功能模块上看,包括辐射特性、轨迹特性、成像特性、姿态特性以及再入特性等。综合识别的基本思想就是基于威胁目标群在不同飞行阶段呈现出来的特性差异,根据多组特性逐步确认与弹头特性最相近的目标。综合识别策略是导弹预警系统顶层设计之一,它将各识别模块的任务和功能都纳入整个系统层面进行考虑。作为综合识别的基础,各识别模块的效能对于防御系统的整体识别任务需求起着重要的支撑作用,导弹预警系统的综合识别策略随着识别任务和系统配置的升级,整个识别流程将进行升级完善。因此,有必要对导弹预警系统中的识别过程进行数学建模,建立通用的信息评价、合成处理模型,利于对综合识别流程进行调整。综合识别问题可以描述为:各传感器根据实时接收到的目标群观测信息,作出目标群中各目标属于弹头的信度判断,完成对目标群中各目标的威胁排序,随着作战时序的进程实时更新威胁排序,最后选取威胁大的目标作为要拦截的对象。

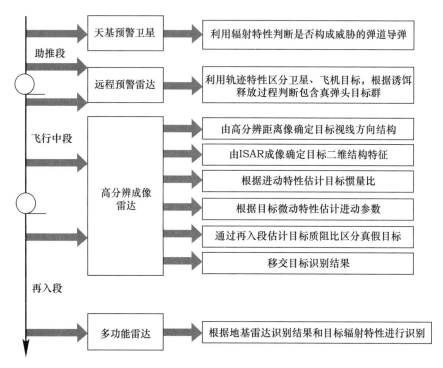

图 5.9 导弹预警系统综合识别时序示意图

5.4 信息融合技术

信息融合是利用计算机技术将来自多个传感器或多源的观测信息进行分析、综合处理,而得出决策和估计任务所需信息的处理过程。信息融合不仅包括数据,而且包括了信号和知识。信息融合的基本原理是:充分利用传感器资源,通过对各种传感器及人工观测信息的合理支配与使用,将各种传感器在空间和时间上的互补与冗余信息依据某种优化准则或算法组合来,产生对观测对象的一致性解释和描述。其目标是基于各传感器检测信息分解人工观测信息,通过对信息的优化组合来分析出更多的有效信息。导弹预警系统的主要作用是"及时发现、精确跟踪、正确识别"来袭目标,预警信息的获取与贯穿于整个导弹防御作战的全过程。导弹预警系统中的信息融合是系统实现预警探测与指挥控制之间重要的铰链,是实现指挥控制的基础和前提,如何能够实现及时发现、精确跟踪和正确识别是导弹预警系统信息融合的核心目标。

在导弹防御作战中,敌来袭弹道导弹目标会采用伪装、隐蔽、欺骗和干扰等手段来进行突防以降低被导弹防御系统识别和有效拦截的概率,仅仅依靠一种或少数几种探测手段难以对目标进行准确识别,为提高目标识别的准确性和可靠性,必须采用多个或多类传感器收集到的目标的多个特征信息综合出目标的属性信息。利用多类传感器协同探测进行目标的综合识别具有以下主要优点:可以拓宽监视探测的时空覆盖范围;可以发挥各传感器的优势,取长补短以提高目标识别率;多传感器抗干扰的性能大大优于单个传感器;改进了系统的可靠性、容错性。由于多传感器数据融合技术具有宽阔的时空覆盖区域、高的测量维数、较强的故障容错与系统重构能力,以及良好的性能稳健性和目标空间分辨率等优势,因此在军事等领域得到了广泛的应用。

多传感器数据融合根据信息表征的层次,其基本方法可分为三类:数据层融合、特征层融合和决策层融合。数据层融合通常用于多源图像复合、图像分析与理解等方面,多源图像复合是将由不同传感器获得的同一景物的图像经配准、重采样和合成等处理后,获得一幅合成图像,以提高图像质量。数据层融合还应用于研究同类型雷达波形的直接合成,以改善雷达信息处理的性能。特征层融合可划分为目标状态信息融合和目标特性融合。目标状态信息融合主要应用多传感器目标跟踪领域。融合系统首先对传感器数据进行预处理以完成数据配准,即通过坐标变换和单位换算,把各传感器输入数据变换成统一的数据表达形式。在数据配准后,融合处理主要实现参数关联和状态矢量估计。决策层融合的基本概念是:不同类型的传感器观察同一个目标,每个传感器在本地完成处理,其中包括预处理、特征抽取、识别或判决,以建立对所观察目标的初步结论,然后通过关联处理、决策层融合判决,最终获得联合推断结果。

5.4.1 数据层融合

数据层融合是最低层次的融合,通过对每个传感器的原始测量数据关联配准后进行融合,以得到更高质量的数据;然后对融合后的数据进行特征提取与模式分类得到目标的识别结果(图5.10)。为了能够融合原始测量数据,要求各个传感器的原始获取数据必须是同质的(即必须是对相同目标相似的物理观测量),而且能够被正确地关联和配准,对融合后的数据处理等同于单源的数据处理。数据层融合技术,包括对各种信息源给出的有用信息的采集、传输、综合、过滤、相关及合成,以便辅助人们进行态势/环境判定、规划、探测、验证、诊断。这对战场上及时准确地获取各种有用的信息,对战场情况和威胁及其重要程度进行适时的完整评价,实施战术、战略辅助决策与对作战部队的指挥控制,是极其重要的。

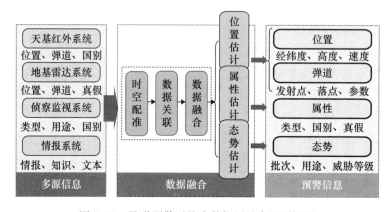

图5.10 导弹预警系统中数据层融合识别框图

数据层融合通常应用于图像目标识别领域中的图像数据的融合处理。数据层的融合还可以将多部雷达多次观测的回波数据进行合成以改善雷达信号处理和目标识别的性能。数据层的识别是目标识别的最底层,融合损失少,信息的互补性强、准确性高。数据层融合的最大问题在于系统处理的数据量大、实时性不好;传感器获取信息的不确定性要求融合具有更高的纠错能力;数据层融合只能进行同类数据的融合,对数据的时空配准和数据关联要求比较高。

5.4.2 特征层融合

特征层融合属于中间层的融合。特征层融合中,各个传感器根据各自获取的原始测量数据提取目标的特征,融合中心对各个传感器提供的目标特征矢量进行融合,并将融合后的融合特征矢量进行分类得到目标识别结果(图5.11)。在特征层融合的过程中,融合中心需要对来自各个传感器目标特征矢量进行关联处理,以保证参与特征融合的特征矢量来自于同一个时间的同一个目标,这需要通过对目标进行状态估计实现。

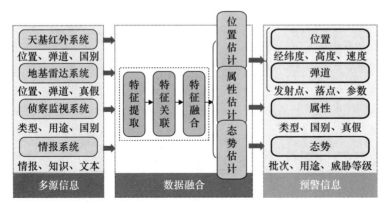

图 5.11　导弹预警系统中特征层融合识别框图

特征层融合目标识别时数据层融合与决策层融合目标识别的折中形式，特征层融合对数据配准的要求不如数据层融合严格，对于各个传感器提供的信息损失、通信带宽、计算机资源等要求处于数据层融合和决策层融合之间，既保留了足够数量的重要信息，又实现了对来自各个传感器海量数据的压缩。在特征层融合中，参与融合的可以是异质传感器，灵活性很大。但是特征层融合中，融合特征矢量的维数一般比较高，并且特征矢量两纲不统一的问题比较严重，这会给后续的模式分类带来一定的困难。

5.4.3　决策层融合

决策层融合目标识别的基本原理是将各个传感器获取的目标数据在本地进行预处理、特征提取和模式分类，建立起对所观测目标的初步结论，然后融合中心对各个传感器的识别结果进行融合以得到最后的识别结果（图 5.12）。融合中心对各个传感器提供的识别结果进行融合前同样需要进行关联处理，以确保参与融合的识别结果来自于同一时间的同一个目标。预警中心综合利用多部雷达的测量信息进行空间目标融合识别时，经常采用决策层的融合方案。不同层次的融合特点不同，需要根据传感器获得的数据特性与对目标识别的要求进行合理选择。

决策层融合所采用的主要方法有贝叶斯推断、D－S 证据理论、模糊集理论、专家系统。其中 D－S 证据理论作为贝叶斯理论的推广，可以实现多个证据在不同层次上的有效融合，能够对各种识别信息的模糊性进行比较好的处理，从而能够有效降低判决的不确定性。同时，证据理论摆脱了对严格概率的计算，采用信任函数而不是概率作为度量，极大地方便了融合的进行。另外，证据理论还可

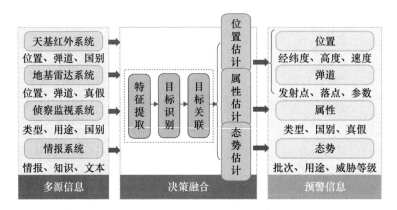

图 5.12　导弹预警系统中决策层融合识别框图

以对未知与不确定性进行区分,对可用信息进行更好的利用。因此,在弹道导弹的决策层融合识别主要是通过 D–S 证据融合实现的。

第6章 美国导弹防御体系与作战运用

美国高度重视导弹预警能力的发展,自 20 世纪 50 年代起,历经 60 余年的发展,美国导弹预警体系建设随着国家利益的拓展,由区域防御不断发展到国家防御。美国将导弹预警体系作为核打击力量的重要制衡和博弈手段大力发展,已成为国家战略预警和战略防御力量的基石。目前,美国已经建立了世界上体系最完备、具备全球预警和多层多段反导信息支援能力的弹道导弹预警体系,理论上可以拦截几乎所有种类的弹道导弹。2019 年 1 月 17 日,美国特朗普政府发布新版《导弹防御评估》报告,该报告作为 2010 年《弹道导弹防御评估》报告的后续,是特朗普政府对未来导弹防御规划的首份文件,将指引美国导弹防御未来的发展重点和发展方向。新版报告首次将俄罗斯、中国列为潜在对手,将防御目标从弹道导弹拓展到高超声速武器等各类先进导弹,明确将采用威慑、主动和被动导弹防御以及进攻性作战相结合的手段来预防和防御导弹袭击。

美国认为随着敌对国家导弹规模和性能的不断提升,美国的导弹防御系统必须更紧密地融入联合作战部队。在未来冲突中,美军认为,其导弹防御系统必须在敌方导弹发射前开始对抗。这种综合导弹防御能力也是美国参谋长联席会议《一体化防空反导(IAMD)条令》的体现,通过综合使用进攻性空军和各类型导弹武器、主动和被动防御以及攻击行动,可有效阻止敌方导弹攻击。除了防御手段外,导弹防御系统应对的威胁目标也从弹道导弹拓展到包括先进巡航导弹、高超声速助推-滑翔武器在内的所有导弹目标。美国正拓展导弹防御体系架构,发展集进攻与防御于一体的导弹防御体系;持续推进机载拦截技术研究,发展助推段拦截能力;继续推进高超声速防御项目,探索高超声速武器拦截能力;强化对天基探测系统的需求,提升对复杂威胁目标的全程探测与跟踪能力;着眼未来先进导弹武器,继续扩大本土防御规模,提升本土防御系统技术性能,进一步加强与盟国的合作,提升在印太和欧洲地区的导弹防御能力。

6.1 美国弹道导弹预警体系

美国弹道导弹预警体系主要由天基预警卫星、海基雷达、超视距雷达、地基远程预警雷达、地基多功能雷达等不同平台、不同类型传感器组成,确保全天候、全域覆盖,保持良好的战备率。2000年以来,美国弹道导弹防御的作战范围从战区、本土扩展到了全球,原有理论和系统难以适应需求变化,因此美军以网络中心战理论为指导,基于全球信息栅格(GIG),按照统一的系统架构和技术体制,以作战指挥官综合指挥与控制系统(CCIC2S),指挥控制、作战管理和通信(C2BMC)系统等网络化、分布式信息系统的建设为抓手,基于全军共用通信网络、共用操作环境(COE)等基础设施,实践"统一共用、强化通用"的建设思路,逐步实现防空预警、导弹预警、空间监视能力的一体化建设。

6.1.1 预警探测系统

雷达是导弹预警系统的重要组成部分,可实现全天时、全天候对弹道目标的探测、跟踪和识别,在导弹预警系统中发挥着重要作用。地基导弹预警雷达可根据预警卫星提供的目标指引信息,持续跟踪测量并确认来袭威胁,包括导弹发落点、实时速度位置与速度矢量信息,并引导地面防御系统进行导弹拦截。美军现已初步具备全球弹道导弹预警能力,其地基预警雷达遍布本土与海外军事基地,经过了数十年的发展,美国的预警探测体系建立起了陆、海、空、天多维一体的综合预警探测网络,能够对全球各个地区进行监控,及时发现敌方导弹发射信息。

1. 陆基雷达

陆基预警探测系统主要分为远程预警雷达、多功能雷达精密跟踪雷达,其中远程预警雷达为分布在北冰洋附近的6台远程预警雷达,原本是设计用于防止冷战时期苏联从北冰洋上空对美国发起导弹突袭。而多功能雷达精密跟踪雷达为分布在世界各地的末段高层区域防御(THAAD)系统的AN/TPY-2型X波段有源相控阵雷达和最新部署的陆基"宙斯盾"系统相控阵雷达,前者探测距离远,测量精度相对较低,后者测量距离近,但是精度高,在世界范围内构成了一个较为完善的陆基预警系统。

1)远程预警雷达

美国主要在用远程预警雷达部署如图6.1所示,覆盖范围如图6.2所示。3部改进型早期预警雷达(UEWR)分别部署于阿拉斯加州的克利尔、英国的菲林代尔斯皇家航空站和格陵兰岛的图勒;2部"铺路爪"(PAVEPAWS)雷达分别部署在马萨诸塞州科德角的奥蒂斯空军基地和加利福尼亚州比尔空军基地,分别用于探测从大西洋和太平洋的潜艇发射的弹道导弹;1部"丹麦眼镜蛇"雷达部署在阿拉斯加州谢米亚岛,用于搜索、探测海上发射的弹道导弹及洲际弹道导弹。

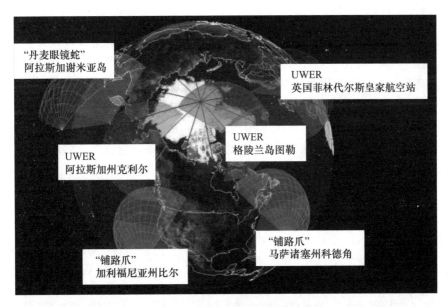

图 6.1　美国主要在用远程预警雷达部署图

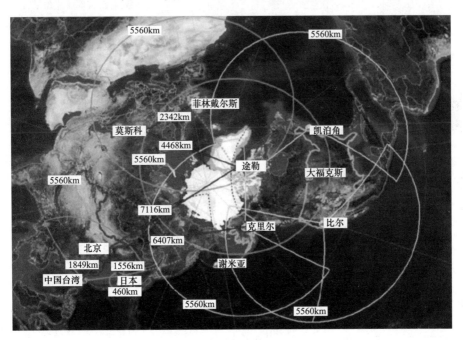

图 6.2　美国主要在用远程预警雷达覆盖范围

2）多功能雷达

美军仍部署有多部多功能跟踪测量雷达系统，包括 2 部大型 X 波段雷达和

12 部 AN/TPY-2 雷达,2 部大型 X 波段雷达包括 GBR-P 雷达和海基 X 波段雷达(SBX)。AN/TPY-2 雷达是一部机动式、可快速部署的高分辨率 X 波段雷达,也是美军一体化弹道导弹防御体系中的重要传感器,可远程截获、精密跟踪和精确识别各类弹道导弹。GBR-P 雷达部署于太平洋中部夸贾林环礁靶场,主要用于中段反导拦截试验。SBX-1 雷达安装在钻井平台上,母港位于阿留申群岛阿达克港,可根据需要灵活部署,主要用于防御俄罗斯方向来袭的弹道导弹和进行中段反导拦截试验。表 6.1 列出了美军陆基预警探测装备的全球部署情况。

表 6.1 美军陆基预警探测装备全球部署表

部署区域	地点	型号	工作频率/GHz	作用距离/km	任务
亚太地区	韩国星州郡	AN/TPY-2	X 波段 9.5	2000	前置部署模式:检测、跟踪弹道导弹主动段弹道,并能将监测数据直接传输给末端。末端部署:接收前段传来的数据流,实现落点预报、目标识别等功能,为拦截中近程弹道导弹提供火控支持
	日本青森县车力分屯基地	AN/TPY-2	X 波段 9.5	2000	同上 AN/TPY-2
	日本京丹后市经岬通信所	AN/TPY-2	X 波段 9.5	2000	同上 AN/TPY-2
	日本新屋演习场	HDR(2025)	X 波段		
	美国夸贾林	GBR-P	X 波段 9.5	2000	同上 AN/TPY-2
	美国威克岛	AN/TPY-2	X 波段 9.5	2000	同上 AN/TPY-2
	美国关岛	AN/TPY-2	X 波段 9.5	2000	同上 AN/TPY-2
	美国夏威夷	AN/TPY-2	X 波段 9.5	2000	同上 AN/TPY-2
	美国阿拉斯加	AN/TPY-2	X 波段 9.5	2000	同上 AN/TPY-2
	日本经岬分屯基地	AN/TPY-2	X 波段 9.5	2000	同上 AN/TPY-2
	加利福尼亚州比尔空军基地	AN/FPS-132"铺路爪"	P 波段 0.42~0.45	5500	对弹道导弹探测、跟踪并计算弹道数据,兼近地空间目标监视
	阿拉斯加克利尔空军基地	AN/FPS-132"铺路爪"	P 波段 0.42~0.45	4800	对弹道导弹探测、跟踪并计算弹道数据,兼近地空间目标监视

续表

部署区域	地点	型号	工作频率/GHz	作用距离/km	任务
亚太地区	阿拉斯加克利尔空军基地	LRDR 远程识别雷达（未交付）	S 波段	4000	GMD 中段反导核心装备，提高太平洋地区的来袭导弹目标识别能力
	阿拉斯加谢米亚岛艾瑞克森空军基地	AN/FPS-108 "丹麦眼镜蛇"	L 波段 1.175~1.375	4600	观测搜集远程弹道导弹及其再入飞行数据以及空间目标监视
	夏威夷考艾岛太平洋导弹试射场	AN/SPY-1 无源相控阵	S 波段 3.1~3.5	310	探测、跟踪、瞄准巡航和弹道导弹，在探测并识别导弹威胁后，引导标准导弹拦截来袭目标
	夏威夷瓦胡岛	HDR（在建，2023年交付）	X 波段	未知	
中东地区	阿联酋(2)	AN/TPY-2	X 波段 9.5	2000	同上 AN/TPY-2
	土耳其	AN/TPY-2	X 波段 9.5	2000	同上 AN/TPY-2
欧洲地区	英国约克郡菲林代尔斯空军基地	AN/FPS-132 早期预警雷达	P 波段 0.42~0.45	4800	对弹道导弹探测、跟踪并计算弹道数据，兼近地空间目标监视
	格陵兰图勒空军基地	AN/FPS-132 早期预警雷达	P 波段 0.42~0.45	4800	对弹道导弹探测、跟踪并计算弹道数据，兼近地空间目标监视
	罗马尼亚德维塞卢空军基地	AN/SPY-1 无源相控阵	S 波段 3.1~3.5	310	探测、跟踪、瞄准巡航和弹道导弹，在探测并识别导弹威胁后，引导标准导弹拦截来袭目标
	波兰雷西科沃	AN/SPY-1 无源相控阵	S 波段 3.1~3.5	310	探测、跟踪、瞄准巡航和弹道导弹，在探测并识别导弹威胁后，引导标准导弹拦截来袭目标
其他	马萨诸塞州科德角军事基地	AN/FPS-132	P 波段 0.42~0.45	5500	对弹道导弹探测、跟踪并计算弹道数据

2. 海基雷达

1）AN/SPY-1 多功能雷达

AN/SPY-1 雷达是美军防空体系的重要组成部分，当前共有 85 艘"宙斯盾"舰，该型雷达能够自动搜索跟踪多目标，最多一次可跟踪100个目标，可在165km范围内探测高尔夫球大小的目标。该雷达有4个改进型号：AN/SPY－1A、AN/SPY－1B、AN/SPY－1D和AN/SPY－1D(V)，AN/SPY－1A和AN/SPY－1B为双面相控阵天线，装备在巡洋舰上，AN/SPY－1D和AN/SPY－1D(V)则为四面相控阵，装备在驱逐舰上。AN/SPY－1雷达性能如表6.2所列。

表6.2 AN/SPY－1雷达性能

机动性	"宙斯盾"舰
功能	探测、跟踪、识别来袭目标，引导"标准"导弹发射
频率	S波段
波长	8.6～9.7cm
探测距离	310km
视角	方位360°，仰角90°
制造企业	洛克希德·马丁公司

2）海基X波段雷达（SBX）

SBX是美国国家导弹防御系统关键部分中段防御系统的重要组成部分，可用于辨别来袭的各种弹道导弹分弹头及假目标，为导弹拦截提供远程监视截获和精密跟踪。SBX是一部X波段雷达加装在半潜式钻井平台上的预警探测系统，同时具备自我推进和依靠拖船进行转移的能力，可以针对不同的任务需求进行远程机动。雷达采用有源相控阵技术设计，相控阵体制天线实际孔径面积为$384m^2$，有效孔径面积为$248m^2$，天线能在方位上移动270°、在仰角上移动0°～85°，对空作用距离超过4500km，距离分辨率优于20m。可在全球范围内部署，采用高频和最先进的雷达信号处理技术，用于提供详细的弹道导弹跟踪和识别信息，能提供来袭导弹的重要数据。除具有探测、提供预警情报的功能外，SBX还是一种火控雷达，可以掌握来袭导弹的最新弹道数据。作为唯一具备高分辨测量能力的海基超大型雷达，SBX在整个导弹防御系统中起到了至关重要的作用，在实际作战使用过程中，也不断暴露出该预警装备体系探测视角窄、部署时间长、维护耗时长、建设成本高等缺点以及电磁辐射安全等问题。目前，SBX仅处于"有限工作状态"，主要用于反导试验保障。SBX拥有一个性能极其强大的相控阵天线，理论距离分辨率达到0.15m，重达1814t，自2013年，SBX停泊在了珍珠港水域，处于优先测试任务支持状态，虽然SBX性能强大，但是其主要是用于试验用途，有着诸多限制条件，制约了其实战效果。SBX的性能如表6.3所列。

表 6.3 SBX 性能

机动性	半潜式平台,8km 速度机动
功能	探测、跟踪、识别来袭导弹,将数据传给 GBI 拦截弹
频率	X 波段
波长	3cm
探测距离	4800km
理论分辨率	0.15m
视角	上下左右各 50°,能够 360°旋转侦察
支持能力	60 天
机组人员	86 人
制造企业	波音公司、雷声公司

3. 空基雷达

空基预警探测系统主要是高空飞艇和空基红外(ABIR)无人机。

1) 高空飞艇

目前高空飞艇有平流层高空飞艇(HAA)和联合对地攻击巡航导弹防御架高组网传感器(JLENS)无人飞艇。

HAA 可以长时间停留在美国大陆边缘地区上空,监视可能飞往美国的导弹,目前可滞空 1 个月,而最终型号可以滞空 1 年。

美国陆军发展的联合对地攻击巡航导弹防御架高组网传感器无人飞艇于 2013 年 12 月完成研制,平台是两艘 74m 长的浮空飞艇,可在 3000m 高度上连续滞空 30 天。一艘搭载 VHF 监视雷达,探测距离达 500km,可同时跟踪数百个目标,另一艘则搭载了 X 波段火控雷达,可同时瞄准多个目标。该飞艇原本用于对抗巡航导弹,但是在试验中完成了对弹道导弹的精确跟踪,不过由于可靠性不足等问题,JLENS 并未投入战场。

2) ABIR 无人机

美国导弹防御局(MDA)估计,如果将无人机放到合适的位置,而且地面控制单元能够通过数据链对无人机进行指示的情况下,无人机可完成以下任务:

(1) 在弹道导弹飞行高度为 20km 距发射点横向距离为 18km 时,无人机可以捕获目标。

(2) 在弹道导弹飞行高度为 30km 距发射点横向距离为 30km 时,无人机可完成数据处理,将数据传递给情报处理单元,并向拦截杀伤系统发送指挥控制节点信息。

(3) 在弹道导弹飞行高度为 40km 距发射点横向距离为 40km 时,拦截系统完成导弹任务规划和数据装订,进行拦截弹发射。

无人机预警的优势是能够在没有得到天基预警信息的情况下也可能尽早发现弹道导弹,能够直接生成弹道导弹助推段跟踪数据,而不是像陆基或海基X波段雷达一样,仅仅提供简单目标提示,从而延伸交战距离,实现早期预警与早期拦截,实现了对弹道导弹目标助推段、上升段的粗跟踪提升为精跟踪。

2009—2011年,美国MDA在机载红外项目中进行了一系列的预警探测试验,探索利用高空长航时无人机对弹道导弹进行探测跟踪的可行性。该试验利用成熟的MQ-9"死神"无人机作为试验平台,利用AN/DAS-1 MTS-B多光谱瞄准传感器作为导弹探测传感器进行了至少10次试验,验证了ABIR无人机在导弹预警中的作用(表6.4)。

表6.4 无人机预警探测的能力

探测距离/km	1000
跟踪能力	跟踪处于助推段、以各种速度飞行的弹道导弹,能够直接生成弹道导弹助推段跟踪数据
两架飞机双站探测	弹道导弹目标三维跟踪效果
3架飞机三角测量定位	高精度弹道导弹跟踪数据
多目标跟踪能力	30枚以上,有抗超饱和攻击潜力

4. 天基预警卫星

天基预警卫星是美国导弹预警系统的重要组成部分,美国的导弹预警卫星主要经历了三大阶段:导弹探测警报系统(MIDAS)和"461"计划、"国防支援计划"(DSP)和天基红外系统(SBIRS)计划。目前美国导弹预警卫星体系共有14颗卫星在用,包括8颗GEO卫星、3颗HEO卫星和3颗LEO卫星。预警卫星传感器包含了可见光、中波红外和长波红外等不同谱段,采用扫描与凝视结合的手段对弹道导弹进行跟踪探测,可以对全球重点海区和地区发射的弹道导弹和洲际导弹分别提供15~30min的预警时间。

截至2021年1月,洛克希德·马丁公司制造的SBIRS-GEO-5卫星已经交付美太空部队,SBIRS-GEO-6卫星正在制造中,预计2022年交付。SBIRS-GEO-5卫星于2020年6月9日完成了热真空测试,是第四颗在洛克希德·马丁公司的新型现代化LM 2100卫星总线上制造的卫星。但是SBIRS系统被认为系统生存能力不高,美国空军于2018年取消了SBIR7和SBIR8卫星的采购计划,而与洛克希德·马丁公司签下了一个29亿美元的大单,开发下一代过顶持续红外(OPIR)天基预警卫星项目,该项目将具备功能更强大的传感器,在对抗环境中有着更好的适应性。预计该卫星星座将由 3 颗 GEO 和 2 颗 HEO 卫星组成。美国空军在 2018 年正式启动了该项目,作为 SBIRS 未来的替代方案。项目目标是将 SBIRS 历时 9 年的建设时间压缩为 5 年。最初的计划是在 2023 年之前交付第一颗下一代 OPIR 卫星。美国太空部队的太空和导弹系统中心计划在 2021 年 8 月之前将第一颗技术验证卫星发射到地球同步地球轨道,并计划在 2025 年正式发射第一颗下一代 OPIR Block0 卫星。

5. 美国预警雷达的最新发展

美国正在建造(或向盟国出售)许多最新型号的导弹防御雷达,重点是实现对东亚和太平洋方向的覆盖。这些最新的预警雷达都工作在 2~4 GHz 的 S 波段,包括计划远程识别雷达(LRDR)、夏威夷国土防御雷达(HDR-H)、太平洋国土防御雷达(HDR-P)和在日本部署的洛克希德·马丁固态雷达(SSR),除此之外还有计划部署的两个陆上"宙斯盾"雷达以及拦截弹。这些最新的导弹预警雷达都采用相控阵体制,由洛克希德·马丁公司使用最新的氮化镓(GaN)技术制造。

美国准备用新一代的 LRDR 对大型的远程预警雷达进行替换,该雷达是一款 S 波段雷达,能够对目标进行精确跟踪,以应对来自于中国、俄罗斯和朝鲜的导弹威胁。2015 年 10 月,MDA 授予洛克希德·马丁公司 7.84 亿美元的合同,用于开发、测试和建造 LRDR,目标是到 2020 年使 LRDR 在阿拉斯加中部的克利尔空军基地投入使用。建设成本预计将增加 3.29 亿美元,使 LRDR 的总建设成本超过 11 亿美元。2017 年 9 月,阿拉斯加 LRDR 的建设开始。截至 2018 年 3 月,LRDR 预计将在 2020 年首次投入使用,并在 2022 年时获得初始作战能力,但是根据美国 2021 年国防预算,该雷达被推迟交付。LRDR 工作在 S 波段(2~4GHz),由于 LRDR 将成为美国 GMD 系统的关键识别传感器,而用于目标识别最优的频段是 X 波段(8~12 GHz),相对于 S 波段,X 频段能够在目标识别能力方面提供了明显的优势。选择 S 频段最大的可能是成本上的考虑,另外,美国在历次导弹防御飞行和拦截测试表明 X 波段在实际操作中没有提供优于 S 波段的任何优势。LRDR 使用双极化方式,这有利于获得目标的形状方面的信息,有利于进行真假弹头识别。LRDR 将也将具有两个天线阵面,每个阵面具备 120°的方位覆盖性能,因此具有约 240°的方位角视场。

美国军方认为夏威夷地区未受到 GMD 系统现有的传感器覆盖和陆基拦截器的保护。从地理位置上看,美国现有远程预警雷达对从西太平洋方向飞往夏威夷的导弹覆盖范围存在明显盲区,而阿拉斯加和加利福尼亚的 GMD 系统的地基拦截弹需要飞行较长的时间进行拦截。通过在夏威夷部署 THAAD 终端或将现有的陆基"宙斯盾"系统设施转换为配备 SM-3 Block IIA 拦截导弹系统,能够提高夏威夷地区的导弹防御能力。但是,陆基"宙斯盾"系统的 SPY-1 雷达不足以支持 SM-3 Block IIA 拦截器。MDA 认为 THAAD 的 AN/TPY-2 X 波段雷达不足以防御夏威夷。MDA 在 2017 财年完成了针对 HDR-H 的现场调查。HDR-H 雷达不会达到 LRDR 的阵面规模,但比 THAAD 的 AN/TPY-2 雷达规模要大得多。HDR-H 雷达将能够提供持续的远距离搜索和目标识别能力,并通过其他传感器进行系统能力的增强,以减轻新的弹道导弹威胁目标对美国弹道导弹防御系统的影响。HDR-H 雷达优化了太平洋导弹防御架构中的目标识别能力,并增强了 GBI 拦截弹保护夏威夷地区的能力。HDR-H 雷达还能够执行太空态势感知等其他任务。HDR-H 雷达的总成本预计约为 10 亿美元,其中 7.63 亿美元用于设计和制造雷达,3.21 亿美元用于雷达部署。HDR 雷达计划部署 3 部,总耗资约 41 亿美元。HDR-H 雷达是 LRDR 雷达的缩小单面阵版本。预计 HDR-H 雷达将在 2023 财年完成弹道导弹防御系统集成、测试和运行准备工作的初始部署。

在 2018 年 12 月 7 日,MDA 授予了 3 家公司(洛克希德·马丁、诺斯罗普·格鲁曼和雷声公司)25 万美元的合同,以分析 HDR-P 雷达的性能要求,合同于 2019 年 4 月到期。MDA 表示 HDR-P 雷达将提供持续的中段识别能力、精确跟踪和打击评估,以支持导弹防御系统应对远程导弹威胁。与 LRDR 和 HDR-H 雷达一样,HDR-P 雷达也可以用于太空态势感知。2018 年 1 月,洛克希德·马丁公司宣布已成功展示了使用 LRDR 技术应用于陆基"宙斯盾"雷达系统的方法。日本于 2018 年 7 月宣布选择 SSR 作为陆基"宙斯盾"系统的雷达,SSR 的探测距离远超过 1000km,使用与 LRDR 相同的 S 波段技术,但是 SSR 的规模比 LRDR 雷达要小得多。

6.1.2 指挥控制系统

美国导弹防御系统(BMDS)是当今世界上作战能力最强、理念最先进、设计复杂程度最高的导弹防御系统,而该系统的核心就是 C2BMC 系统。C2BMC 系统即为指挥、控制、作战管理与通信,对于整个导弹防御系统而言,C2BMC 系统就是整个作战体系的大脑和中枢神经,能够将美军分散在陆、海、空、天的传感器和拦截器进行优化整合,大大提升了整个导弹防御体系的作战效能。自 2004 年部署以来,C2BMC 系统进行了不断地优化整合,先后有 10 个版本,使得美国导弹防御系统的指挥更加顺畅,极大地提升了作战效能。该系统是连接、集成导弹防御单元的全球网络,能够使不同作战层面的人员系统规划弹道导弹防御作战,动态管理网络中的探测和拦截系统,完成全球及区域作战任务。目前,美国已经在战略司令部(STRATCOM)、北方司令部(NORTHCOM)、太平洋司令部(PACOM)、中央司令部(CENTCOM)和欧洲司令部(EUCOM)部署6.4版本,正在研制8.2版本,于2017年开始部署,预计到2021年部署完毕。6.4版本系统实现了区域管理多部雷达的能力,初步验证了全球作战管理能力。8.2版本是对6.4版本系统进行改进和扩充,能够管理多部AN/TPY-2雷达、SBX、UEWR、"丹麦眼镜蛇"雷达等,并利用导弹防御系统过顶持续红外架构(BOA)直接获得天基红外预警信息。目前,C2BMC系统已经为美国导弹防御系统的所有单元搭建起桥梁,部署在世界各地前方传感器的数据可以汇聚到C2BMC航迹服务器实现航迹融合,为后方传感器提供目标指示。此外,C2BMC还能够快速准确地将前置AN/TPY-2雷达的数据转发到"宙斯盾"导弹防御系统中,为"标准"-3拦截弹的提早发射提供支援。作为BMDS的神经中枢,C2BMC系统将美军分散在全球陆基、海基和天基反导单元高效整合,统筹作战规划和拦截方案,在最短的时间内,分配最优的传感器资源、武器资源、指挥控制资源和作战人员,使BMDS的作战效能发挥到最大。C2BMC系统自2004年首次交付以来,至今已经产生了10个版本。它逐步改变了BMDS形态松散、耦合力度小、作战效能低等缺陷,为美国导弹防御体系的全球化、一体化和高效化提供了有力支撑。未来,C2BMC系统将加装更先进的软硬件系统,融入更多的作战单元,从而将BMDS整合为真正意义上的分布式协同防御体系,并在未来反导作战中发挥愈加重要的作用。

从组成上来看,C2BMC是由网络、计算机、软件组成,硬件设施包括工作站、服务器、处理器、通信设施支架及通信设备、态势感知网页浏览器及视频分配设备(图6.3)。美国在全球五大司令部、军事指挥中心、军种作战中心和其他作战保障机构中部署了超过70个C2BMC工作站和近千套设备,站点数达到33个。C2BMC相连的系统可归为三大类:第一类是指挥单元,包括五角大楼的国家军事指挥中心、战略司令部、北方司令部、太平洋司令部、欧洲司令部和中央司令部,以及战区司令部下属的防空反导司令部、空中空间作战中心和海上作战中心;第二类是集成维护单元,主要是位于施里弗基地的导弹防御集成与运行中心,该中心隶属于MDA,旨在为各C2BMC节点提供运维保障,并负责规划和管理C2BMC系统的试验、开发和集成工作;第三类是传感器与武器单元,包括天基红外系统/"国防支援计划"星座、前置AN/TPY-2雷达、"宙斯盾"系统、地基中段防御系统、THAAD系统和"爱国者"系统。在建的远程识别雷达(LRDR)计划于2021后接入C2BMC系统。

导弹预警系统概论
Introduction to Missile Early Warning System

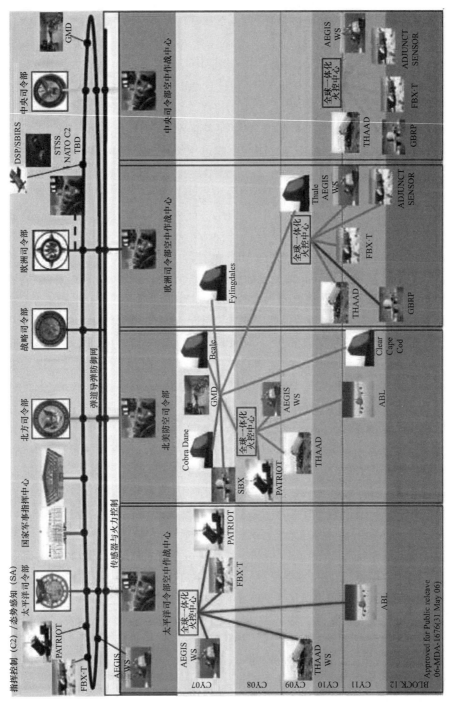

图 6.3 C2BMC 系统架构

第 6 章
美国导弹防御体系与作战运用

1. 连接 SBIRS/DSP 星座

SBIRS 和 DSP 星座有两个 OPIR 任务控制站,分别位于巴克利基地和施里弗基地,任务控制站通过网络接口处理器连接到 C2BMC 系统,从而使 C2BMC 直接获取卫星数据。值得一提的是,除了 C2BMC 通信线路外,陆基弹道导弹火控中心(GFC)还可通过 GMD 专用通信网络与 OPIR 任务控制站连接。与已经服役的 SBIRS/DSP 星座不同,两颗空间跟踪与监视系统(STSS)卫星是隶属于导弹防御空间中心的验证星,主要用于采集空间环境和导弹目标特征数据。考虑到 STSS 已服役 9 年(设计寿命 2 年),且后继项目精密跟踪空间系统(PTSS)已经于 2014 年被取消,可预测出未来 STSS 星座也不会接入 C2BMC 网络。

2. 连接前置 AN/TPY-2 雷达

每部前置 AN/TPY-2 雷达可通过阵地通信车的网络接口处理器接入 C2BMC 网络,之后再通过光缆或通信卫星接入对应战区的陆军防空反导司令部或空军空中空间作战中心,由该司令部或作战中心对雷达进行指挥控制。AN/TPY-2 雷达的数据一方面进入航迹服务器进行航迹关联,另一方面也为其他的 BMDS 传感器提供目标引导。

3. 连接舰载"宙斯盾"与陆基"宙斯盾"系统

目前,与 C2BMC 相连的"宙斯盾"BMD 系统包括日本海和西班牙罗塔基地的"宙斯盾"驱逐舰,它们通过星载 Link-16 数据链终端和活动目录服务接口(ADSI)将数据中继到 C2BMC 陆上节点。"宙斯盾"BMD 的数据一方面进入航迹服务器进行航迹关联,另一方面为 AN/TPY-2 雷达等传感器提供目标提示。夏威夷太平洋导弹靶场的陆基"宙斯盾"已经接入 C2BMC 网络。在 2015 年 10 月的 FTO-02 试验中,陆基"宙斯盾"系统借助 C2BMC 接收靶场内的前置 AN/TPY-2 雷达数据,利用自身的 AN/SPY 雷达捕获、跟踪目标,制定交战方案,验证了远程发射能力。罗马尼亚的陆基"宙斯盾"已于 2016 年 5 月实现初始作战能力,但尚未接入 C2BMC 网络;波兰的陆基"宙斯盾"系统于 2019 年实现初始作战能力。

4. 连接地基中段防御(GMD)系统

GMD 系统与 C2BMC 系统的接口位于施里弗基地和格里利堡的 GFC。上述传感器的数据将通过 C2BMC 传入 GFC,之后再中继给 GMD 专用雷达,以提供目标指示;GMD 雷达的数据也通过 GFC 中继到 C2BMC 航迹服务器中,以形成一体化导弹图像(IBMP)。

5. 连接 THAAD 系统与"爱国者"-3 系统

THAAD 和"爱国者"作为两款末段防御系统,通过 Link-16 数据链和 ADSI 与 C2BMC 相连,以接收前面所有传感器的提示信息。但 C2BMC 不具备控制 THAAD 和"爱国者"系统的权限,仅能提供态势感知和作战管理(如选择和搭配合适的传感器与拦截弹)功能。

6. 连接 LRDR

"螺旋8.2.5"版本的 C2BMC 系统将直接与 LRDR 相连,并负责 LRDR 的管理、控制和任务分配。在 C2BMC 支持下,SBIRS/DSP 星座、前置 TPY-2 雷达、"宙斯盾"BMD 和 GMD 系统的传感器可为 LRDR 提供目标指示,LRDR 也可为 GFC、THAAD 和"爱国者"系统提供识别数据,LRDR 数据也可融合到 BMDS 系统中以形成更精确的一体化导弹图像。

7. C2BMC 系统功能

从功能上来看,C2BMC 系统能够实现以下 5 个功能:
1)生成弹道导弹防御计划

一枚洲际弹道导弹从开始发射到击中目标只需要数十分钟,这给导弹防御系统带来了极大的挑战,要求能够迅速地作出反应,制订周密的防御计划,进行多层次的拦截。而 C2BMC 系统能够根据各类预警探测装备探测到的弹道导弹轨道信息进行规划,生成最佳的全球导弹防御计划和互补的战区防御计划,并由此派生出作战方案、战役计划、支援计划、详细的防御计划和交战次序。

2)态势感知显示及驱动

C2BMC 向分布于全球的每一个作战单元、计划人员、执行人员、高级指挥人员提供与其任务和责任相对应的全部信息和所有数据,从而将作战信息、情报信息和后勤信息集为一体,能够将预警探测系统和拦截系统联为一体,更好地执行作战任务。

3)全球统一火力控制与作战指挥

C2BMC 具有强大的作战功能,能够将指挥控制与作战管理功能合二为一,从多个战区的角度提供有效的防御。

4)建模、仿真与分析

C2BMC 具有分析和制订行动方案的功能,C2BMC 能够利用己方已知信息,对多个传感器、武器、目标和作战想定作出自动的仿真和评估。

5）网络通信

C2BMC 通信是导弹防御体系组织结构内任意实体之间交换数据、信息和产品的枢纽，它以网络为中心，允许相关作战部门共享导弹防御系统数据集和数据库，使得信息能够流通，更好地发挥作战效能。

8. C2BMC 作战能力

经过 15 年的螺旋式开发与试验验证，C2BMC 系统的功能和可靠性已大幅改善。截至 2019 年 2 月，C2BMC 系统参与的大小导弹防御试验超过 30 次，逐步验证了系统的态势感知、作战规划和作战管理能力，但目前的作战能力距离全球化、一体化、敏捷化的要求仍有不小距离，主要表现在以下方面：

（1）实现 BMDS 单元的互联互通，与大型地基雷达和海基 X 波段雷达的交联程度较低。目前，C2BMC 系统已经为 BMDS 的所有单元搭建起了桥梁，前方传感器的数据可以汇聚到 C2BMC 航迹服务器实现航迹融合，为后方传感器提供目标指示。此外，C2BMC 还能够快速、准确地将前置 AN/TPY-2 雷达的数据转发到"宙斯盾" BMD 系统中，为"标准"拦截弹的提早发射提供支援。但是，当前的 C2BMC 系统与大型地基雷达的交联能力偏弱。升级预警雷达、"丹麦眼镜蛇"雷达和海基 X 波段雷达的数据必须先通过 GMD 专用网络（而非 C2BMC 网络）传送到 GFC，GFC 进行融合处理后再转发给 C2BMC。这种单通道的传输方式增加了数据处理和传输时间，极大影响了传感器的信息交互效率，降低了反导作战效能。

（2）实现对前置 AN/TPY 雷达的作战管理能力，但缺乏对其他单元的指挥控制功能。MDA 尤其注重发展 C2BMC 系统对 AN/TPY-2 雷达的作战管理能力。现役的"螺旋 8.2"版本已经可以远程实时操控多部 AN/TPY-2 雷达，使特定雷达跟踪特定的威胁目标。此外，C2BMC 还可以改变 AN/TPY-2 的搜索参数和工作状态，启用宽带分辨功能，转发航迹报告，以支援武器系统进行交战。但目前 C2BMC 系统却仅能为其他 BMDS 传感器提供航迹转发和目标指示，显示"宙斯盾"BMD、THAAD 和"爱国者"的武器系统状态。这种设计虽然简化了 C2BMC 系统的技术开发难度，降低了成本，但导致 C2BMC 对整个 BMBS 系统的指挥控制能力不足，限制了导弹防御的一体化和敏捷性。

未来，C2BMC 系统将加装更先进的软硬件系统，融入更多的作战单元，从而将 BMDS 整合为真正意义上的分布式协同防御体系，并在未来反导作战中发挥愈加重要的作用。在协同维度上，由陆海基重点协同向天基全面协同转变。目前，C2BMC 系统侧重为"宙斯盾"舰船和前置 AN/TPY-2 雷达提供信息交互，且需要通过 GFC 接收大型地基雷达和海基 X 波段雷达的信息。2017 年起，SBIRS/DSP

星座的两个任务控制站可直接连入C2BMC系统,从而使得BMDS各单元可以直接获取卫星数据。位于阿拉斯加的LRDR将于2021年直接接入C2BMC系统,处于设计阶段的两部本土防御雷达(HDR)也将在建成后接入C2BMC。届时,BMDS将成为组成架构更完整、集成度更高、信息传输更迅捷的协同防御体系。

在协同深度上,由弱耦合交联向强耦合交联转变。现役的C2BMC系统能够为BMDS各单元转发目标航迹,但这种航迹数据精度差、更新率低,仅能提供目标提示与指引功能。新版本的C2BMC系统可提供武器级的传输数据,帮助"标准"-3拦截弹和地基拦截弹实现视距外远程交战,完成传感器到武器之间的强耦合,提高拦截效率和防御范围。

在协同广度上,由美国一家防御向多国联合防御转变。2009年,奥巴马政府启动"欧洲分阶段适应方案",标志着BMDS由一国防御向美国-北联合防御的形式转变。目前,罗马尼亚的陆基"宙斯盾"已实现初始作战能力,波兰的陆基"宙斯盾"站点也于2019年完成建设。服役后,这两座欧洲的导弹防御骨干装备会接入C2BMC网络,大幅扩增导弹防御范围,增加对来袭弹头的拦截次数。此外,美军也与北约盟国开展技术开发和试验合作,试图将北约的主动分层战区弹道导弹防御系统和舰载导弹防御系统接入C2BMC网络中,最终实现美国-北约反导一体化。

6.1.3 地基中段防御系统

地基中段防御(GMD)系统是美国正在研制的一种固定式、地基、非核弹道导弹防御系统,旨在保护美国本土、阿拉斯加和夏威夷免遭远程弹道导弹的攻击,属于美国整个反导系统中段防御的陆基部分,由MDA拨款和管理。GMD系统主要由地基拦截弹、作战管理、指挥控制和通信系统、预警系统和跟踪制导系统组成。2004年7月,美国在阿拉斯加州格里利堡部署了首枚地基拦截弹,并宣布具备了初始作战能力,部署数量达到40余枚。

GMD反导系统由遍布地、天、空、海、网多维空间的众多内部与外部组件构成,其物理空间和网络空间分布的广域性,远远超出了传统地空导弹系统在地理与空间分布的概念,该系统主要由预警探测网、跟踪制导网、指挥控制网、杀伤拦截网四大部分装备构成,以分布式、网络化方式部署在全球的天基、地基、海基和空基平台上,在地理与空域分布范围上涉及全球多个国家和地区。GMD系统自身的核心作战装备是GBI导弹及其地下发射设施、地基或海基跟踪制导雷达以及C2BMC网络中心指控装备。

1. 系统预警探测装备

GMD系统实际上没有直接隶属的预警探测装备,而是利用美军构建的导弹预警体系中的天基和陆基传感器作为目标指示信息源。目前主要包括两大部分：一部分是部署在空间的导弹预警监视卫星；另一部分是部署在地面的升级型早期预警雷达。

预警监视卫星用于探测敌方导弹的发射，提供预警和敌方弹道导弹发射点和落点的信息；升级型早期预警雷达在预警卫星的引导下，探测、持续跟踪和计算来袭导弹的弹道，并能为更高分辨率的跟踪制导雷达目标指示。早期预警雷达和跟踪制导雷达共同提供来袭导弹的位置和导弹数据。目前在轨的导弹预警卫星若干颗，与卫星配套的还有若干个地面站和移动地面终端，地面站分布在美国、澳大利亚、德国等地；升级早期预警雷达若干部，分布在美国本土、阿拉斯加州、丹麦格陵兰岛和英国。

陆基预警雷达尽管可以通过前置部署来增加预警时间，但由于地理距离和地球曲率的限制，而致使很多内陆目标无法及时探测到。因此，天基预警探测系统是弹道导弹防御系统至关重要的组成部分。美国的天基预警探测系统包括静止轨道的 4 颗国防支援卫星（DSP）、4 颗新一代的天基红外系统静止轨道星（SBIRS - GEO），3 颗颗天基红外系统高椭圆轨道星（SBIRS - HEO），外加 3 颗近地轨道的空间跟踪与监视系统（STSS）验证卫星。在重视卫星和地面雷达预警探测手段发展的同时，美国 MDA 还重视发展使用成本更低廉、反应时间更快的空基红外预警探测系统，通过在无人机上安装红外探测器，在导弹处在上升段以前对弹道导弹进行监视和跟踪，即要求机载红外系统用于探测弹道导弹从起飞上升到飞行最高点之间的飞行信息，并及时下传到地面处理站进行目标信息指示。在空基反导预警探测系统获得应用后，GMD 系统就会从外部获得天、空、地、海基传感器网络一体化目标指示信息的支援保障。

2. GMD 系统跟踪制导装备

目前，美国 GMD 系统的跟踪制导装备主要是海上移动以及地基固定的 X 波段跟踪制导雷达。此外，陆上移动前置部署的 X 波段跟踪制导雷达也可以用于 GMD 系统的跟踪制导。集搜索截获、跟踪、制导、杀伤效果评估等为一体的多功能地基或海基雷达，最重要的功能是进行目标识别，以对付具有各种突防手段的弹道导弹，从弹头目标群中识别出真弹头和诱饵，引导拦截弹对真弹头实施攻击。

地基固定 X 波段的 GBR 在对拦截导弹进行制导时，其制导数据通过拦截器弹载通信系统（IFICS）传输给拦截导弹弹载接收设备。GBR 既能探测大气层外目标（处于飞行中段），也能探测大气层内目标（处于再入段和飞行末段），其测量的精准性可确保拦截导弹准确命中目标。IFICS 虽然是一个独立的系统，但为了弹道导弹防御作战的需要，它被集成到了 GBR 系统之中。目前，共有 10 余套 IFICS 部署在全美国(包括夏威夷),IFICS 由分布在不同地理位置的地面站和 GBI 拦截弹上的通信单元组成,每套地面站包括数据终端方舱以及接收、发射设备、天线与天线罩、电站及储油箱等设备。

GMD 系统的雷达与 THAAD 系统的雷达均使用了陆基 X 波段脉冲雷达。二者虽然使用的是不同型号的 GBR,但部件的通用率达到了 90%~95%,其数据处理方法、目标选择和分配的算法基本相同。AN/TPY-2 机动型 X 波段雷达就是第一部研发出来的 GBR,并被首先使用在 THAAD 系统中。

位于日本的陆上移动前置部署的 X 波段跟踪制导雷达 FBX-T,可在助推段探测跟踪弹道导弹,然后将信息交接给部署在日本海或日本东部太平洋上的"宙斯盾"舰上的 SPY-1B 雷达,再由谢米亚岛上的升级"丹麦眼镜蛇"雷达接力交接给艾达克港的海基 X 波段雷达(SBX),最后由阿拉斯加的 GMD 火力单元引导拦截弹进行拦截。如果弹道导弹攻击洛杉矶等中西部地区,则应由加州比尔空军基地改进型早期预警雷达(UEWR)接力,由大福克斯基地的拦截弹拦截。

3. GMD 系统的指挥控制装备——C2BMC

C2BMC 系统由指挥控制、作战管理、网络通信等装备以及相关软件组成,C2BMC 系统主要起着计划、协调、指挥和控制拦截器和探测器的作用,支持必不可少的作战人员参与控制单元,并承担数据处理和管理、作战准备、监视和维护功能,C2BMC 通过地面的 IFICS 通信单元,向飞行中的反导拦截导弹上的 IFICS 提供来袭目标的实时飞行参数,直到拦截导弹上的动能拦截器与导弹的助推器分离,C2BMC 可提供广泛的决策支持、作战管理与显示以及态势感知信息等。

GMD 系统配属了 4 套 C2BMC 系统,第 1 套部署在美国本土的夏延山作战中心(北美防空防天反导作战指挥中心),其他 3 套分别部署在阿拉斯加的格利里堡、太平洋上的夏威夷和德国的拉姆斯泰因(Ramstein)。其中第 1 套为司令部级(决策级),后 3 套为基地级(执行级),构成两级 C2BMC,这两级 C2BMC 必要时可互为备用。通过若干套 C2BMC,可把分布在全球的天、地、海、空平台上的 GMD 系统武器装备以及飞向来袭目标的 GBI 拦截弹,构成以网络为中心的地基中段导弹防御体系。

C2BMC 主要涉及五大关键技术:①各种先进算法;②高吞吐量、高可靠大规模并行处理计算机技术;③依靠大量共享数据库运行的一体化实时宽域网和局域网技术;④可靠、高速率数传和保密通信技术;⑤标准化、直观化的决策支持技术。

4. GMD 系统的发射拦截装备

GBI 导弹是 GMD 系统的核心作战武器,是一种动能杀伤型反导地空导弹,全弹由动能杀伤弹头（EKV）和三级固体火箭助推器构成，即 GBI 由"EKV + 三级助推器"串接构成，GBI 导弹及其地下发射井等构成 GMD 系统的发射拦截装备。

GMD 反导系统配用 GBI 导弹（有 LM – BV 火箭/OBV 火箭助推的两种型号）的主要指标：最小/最大作战距离 1000/4500 ~ 5000km，最大作战高度约 2000km，导弹制导体制采用惯性导航/GPS 修正 + 末段双色红外成像/光学制导制导方式。导弹采用地下井垂直热发射，弹长 16.26m/16.8m，弹径 1.02m（第 1 级）~ 0.7m（第 2、3 级）/1.27m，导弹发射重量 14.682t/12.7t，由 3 台固体火箭发动机组成，采用 EKV 直接碰撞动能杀伤目标。

EKV 拦击弹弹头全长 1.39m，直径 0.61m，质量 64kg，拦截速度 7 ~ 15km/s，是一种自主寻的和机动飞行的动能杀伤器，在大气层外拦截处于弹道中段飞行的远程或洲际弹道导弹弹头，通过直接碰撞方式摧毁来袭目标，EKV 主要由导引头、推进系统、制导设备和姿轨控系统构成。多级助推器能够把 EKV 推进到 5000 ~ 2000km 空间高度的目标附近，当 EKV 与助推器分离后，EKV 利用自身的可见光与红外成像导引装置可自主捕获、选择和跟踪目标，此时 EKV 的飞行速度高达 7 ~ 8km/s，同时实时接收来自地面雷达或天基卫星的来袭目标飞行修正数据，增加拦截目标的概率，利用自身的轨道与姿态控制装置，精确控制 EKV 飞行，最终直接撞上目标，以自身巨大的飞行动能撞毁目标。

GBI 导弹的关键技术集中体现在 EKV 上，其上的红外导引装置要求作用距离远、视野大并能及时发现、捕获、跟踪和识别来袭目标，其轨道控制系统要能精确控制 EKV 的飞行方向和高度，姿态控制系统要能精确控制 EKV 的飞行姿态，最终使 EKV 能够精确地撞向来袭弹头。GBI 导弹发射场地包括地下发射井、拦截器接收和处理的建筑物及其储存与其他保障设备，要求的场地面积大、保障人员多，并且要求远离居住建筑区。

5. GMD 系统基本编制

GMD 部队由美国陆军空间与导弹防御司令部指挥。目前，已装备 1 个 GMD 第 100 反导旅并下辖 1 个 GMD 导弹营（第 49 反导营）。

GMD 反导部队由美国陆军与空军共同管理，陆军是领头军种。该部队编制在科罗拉多州国民警卫队第 100 反导旅和阿拉斯加国民警卫队第 49 反导营，后者是前者下属单位。2003 年 10 月 16 日第 100 导弹防御旅在彼得逊空军基地正式组建，当时装备"新型弹道导弹防御的指挥与控制系统"，主要用于拦截和摧毁来袭的弹道导弹。该旅是一个指挥与控制中枢，与北美防空司令部一起工作，它的唯一任务就是发现和拦截来袭导弹。该旅由陆军导弹部队的精英分子组建而成，此外，至少有 60 名国民警卫队员和美军现役士兵从事辅助工作。这支部队将部署在北美防空司令部所在地夏延山一带,部队将依靠卫星和地面雷达全天候监视天空,并与北美防空司令部分享信息资源。第100导弹防御旅是太空作战和导弹防御的联合体,该部队总部驻扎在科罗拉多州的科罗拉多泉,下属第49导弹防御营(驻阿拉斯加州格雷利堡)负责操纵陆基一体化弹道导弹防御系统。通过与其他军种的导弹防御作战能力相结合,并利用各类拦截弹、陆基、海基、空基和天基传感器、战斗管理指挥及控制系统,陆基一体化弹道导弹防御系统可为本土、海外驻防部队、友军和美国的盟国提供分层导弹防御能力,拦截各个飞行阶段的弹道导弹。正所谓攻守结合,相得益彰,该部队的作战能力对付的不仅仅是敌方的来袭导弹,也包括敌方的卫星系统,形成了美国太空作战部队的雏形。第100导弹防御旅旅部由指挥组、人事组、情报组、作训组、通信组等组成。指挥组共有8人,除旅长、副旅长、旅士官长外,其他均为各个参谋组的主官,其中以作训参谋最为重要,军衔也比其他参谋要高。第100导弹防御旅下属的第49导弹营于2004年1月22日成立于阿拉斯加格里利堡基地,成为美国历史上第一支导弹防御营。第49导弹营为陆军国民警卫队建制部队,由营部、宪兵连、雷达排组成,2006年编制人数为200人(现役军人),其中一半以上是负责基地设施保安任务的宪兵。

第100反导旅和第49反导营均配置了GMD火控系统,GBI发射任务分别由第49反导营、第100反导御旅分队承担。阿拉斯加格里利堡是拦截弹主基地,部署26枚GBI。范登堡空军基地内处于战备状态的GBI只有4枚,测试发射任务则由空军第30空间联队下属第1空天测试中队负责。依据美国2010年国防预算关于导弹防御计划调整,GBI产量不超过50枚,其中的30枚为战备库存,其余20枚用于测试。

导弹预警卫星及地基导弹预警雷达是由美国太空部队负责,具体部队是位于科罗拉多州彼得森空军基地的第21空间联队(负责雷达)和巴克利空军基地的第460空间联队(负责卫星)。第21航天联队其总部设在科罗拉多州的彼得森空军基地,是美国空军唯一一个为各大司令部和部署海外的美军作战部队提供全球导弹预警和太空能力的部队。该联队将相关情报提交给北美航天防御司令部和美国战略司令部,经上述两司令部处理后下发给部署海外的美军。该联队提供的具体情报包括:外国战略和战区导弹攻击的早期预警和航天发射。第21航空联队的官兵还负责侦测、跟踪和分析地球轨道上的人造天体。第21航空队有26个中队,分布在全球21个驻地。GMD系统使用的X波段地基制导雷达由陆军部队负责。美国空军第460空间联队的第2空间预警中队和第8空间预警中队担负弹道导弹预警卫星管理使命。

GMD系统的海基X波段雷达,目前暂由MDA直接管理,操作人员由承包商(雷声公司)提供,最终交付海军管理使用。战时,美军反导作战由美国战略司令部下属的一体化导弹防御联合司令部(JFCC – IMD)全权负责指挥。顾名思义,JFCC – IMD是联合司令部性质,不受军种限制。JFCC – IMD虽然编制上属于美国战略司令部,但战时,可根据实际情况由其他联合作战司令部调度 JFCC – IMD 执行导弹拦截使命。如果朝鲜向美国本土发射导弹,其反导责任属于美国北方司令部。如果朝鲜向美国在东亚驻军基地或美国盟友发射导弹,反导责任交给美国太平洋司令部。如果是伊朗向美国本土、以色列、欧洲美军发射导弹,反导责任属于美国欧洲司令部。如果伊朗向中东地区美军发射导弹,反导责任属于美国中央司令部。

6.1.4 海基中段防御系统

1. 系统概况

海基中段防御系统是美国弹道导弹防御计划的海基部分,主要是为保护海外军事基地、战区部队和海外盟国而研制的,任务是从海上为半径数百千米范围的地区提供针对射程在 3500km 以下的中近程弹道导弹的防御,还担负远程监视和跟踪任务。海基中段防御系统是在原美国海军全战区防御系统的基础上,进行改造与新研制相结合而形成的,防御系统使用"宙斯盾"防空系统与 Mk41 垂直发射系统,对拦截导弹与 AN/SPY 型雷达进行了升级更新。

海基中段防御系统作为经验证相对成熟的反导系统,在积极增加部署数量的同时,不断进行系统升级,主要表现在"宙斯盾"BMD 武器系统的版本不断提升以及"标准" – 3 导弹的改型上。目前已服役的武器系统是"宙斯盾"BMD3.6.1,正在测试的是"宙斯盾"BMD4.0.1,未来还要升级为"宙斯盾"BMD5.0、"宙斯盾"BMD5.1/5.X。目前,海基中段防御系统具有探测并跟踪所有射程的弹道导弹(包括洲际弹道导弹)以及在大气层外拦截处于飞行中段的弹头目标或中近程弹道导弹目标,但是不具备拦截洲际弹道导弹的能力。

2. 拦截弹的发展

"标准" – 3 导弹是海基中段防御系统的拦截弹,用于在大气层外拦截来袭弹道导弹。根据"宙斯盾"战舰部署位置的不同,"标准" – 3 导弹既可在大气层外拦截上升段和中段飞行的弹道导弹,也可在大气层外拦截下降段飞行的弹道导弹,但主要用于中段防御。主承包商为雷声公司导弹系统分部,分承包商主要有美国航空喷气发动机公司、阿连特技术系统公司、波音公司等。日本三菱重工公司参与了"标准" – 3 Block2 导弹的研制工作。1992 年开始"标准" – 3 导弹的研制,目前已装备和在研的型号主要有 4 种,分别为"标准" – 3Block1/1A、Block1B、Block2 和

Block2A 导弹。2005 年开始装备"标准"-3 Block1 导弹。"标准"-3 Block2 导弹尚处于研制阶段。"标准"-3 导弹的单价为 500 万~1000 万美元。"标准"-3 在不断地改进中吸收了之前大量的成功经验,在提升作战能力的同时降低了研制成本,缩短了交付时间。"标准"-3 导弹的研制工作分两个阶段实施。

第一阶段,由美国海军负责研制并部署具有有限目标识别能力的用于拦截近程至中程弹道导弹的"标准"-3 Block1/1A 和 Block1B 导弹。2006 年 6 月 7 日,雷声公司获得价值 4.24 亿美元的合同,用于完成"标准"-3 Block1A 导弹的研制,并继续开发"标准"-3 Block1B 导弹。"标准"-3 Block1A/1B 导弹的主要性能指标如表 6.5 所列。

表 6.5 "标准"-3 Block1A/1B 导弹的主要性能指标

作战高度/km	160(最大),70(最小)
速度	马赫数 3
制导体制	惯性 + 中段 GPS 与指令修正 + 末段被动红外成像寻的
发射方式	垂直发射
弹长/m	6.58
弹径/mm	343
翼展/m	1.57
发射质量/kg	1501
战斗部	Mk142 动能战斗部
动力装置	1 台 Mk72 固体助推器、1 台 Mk104 双推力固体火箭发动机和 1 台 Mk136 双脉冲固体火箭发动机

除采用"标准"-2 Block4 导弹的助推器和火箭发动机以及舵控制系统外,"标准"-3 Block1/1A 还采用了第三级火箭发动机、改进的制导舱、动能战斗部和级间装置。第三级发动机采用 Mk136 双脉冲固体火箭发动机,可按指令进行两次脉冲点火,这种脉冲间延迟可增强"标准"-3 拦截弹实施拦截时的机动性。为了逐步和可靠地获取上述机动性,美国先后在多次试验中进行了单脉冲、双脉冲点火模式的演示。Mk142 动能战斗部高度模块化,结构紧凑,可自动调节飞行方向和高度,做大机动飞行。

"标准"-3 Block1B 拦截弹弹头是在"标准"-3 Block1A 弹头的基础上采用双色红外导引头,并增加了一个新的先进信号处理器和一个先进的全反射光学系统,提高了对弹头、碎片和诱饵的识别能力。在 2011 年 2 月 8 日和 2011 年 9 月 1 日,"标准"-3 Block1B 拦截弹弹头先后进行了系统集成试验和首次拦截飞行试验,验证了相关性能。

第二阶段,美国和日本合作研制并部署目标识别能力更强的用于拦截中远程弹道导弹的"标准"-3 Block2 导弹。1999 年 8 月,美日签署"标准"-3 导弹先进部件的联合合作研究(JCR)计划,主要包括采用复合材料的先进蚌式头罩、作用距离更远的双色(中波/长波)红外导引头、先进的动能战斗部以及 534mm 的第二级和第三级火箭发动机,该计划于 2007 年 3 月完成。2006 年,美日签署了价值 30 亿美元的"标准"-3 导弹合作研发计划,在联合合作研究(JCR)成果的基础上研发"标准"-3 Block2 导弹。美国负责研发动能战斗部和红外导引头,日本负责研发头罩和两级火箭发动机,并负担 1/3 的计划成本。"标准"-3 Block2/2A 拦截弹的关机速度将比 Block1 系列导弹提高 45%~60%,达到 5~5.5km/s,具备拦截洲际弹道导弹的能力。"标准"-3 Block2A 导弹在 2014 财年获得了 3.08 亿美元的经费支持,2015 财年获得了 2.63 亿美元。该弹首次全制导拦截试验将于 2016 年进行。根据奥巴马政府 2009 年公布的 4 阶段在欧洲部署反导系统方案,"标准"-3 Block2A 型拦截弹在 2018 年前实现部署,以应对近程、中程及中远程导弹的威胁。2014 财年预算中,调整了"标准"-3 发展计划,取消了其中"标准"-3 Block2B 计划,将该计划的经费转用于采购更多的地基拦截弹,以及发展可提高地基拦截弹与其他"标准"-3 拦截弹型号性能先进的杀伤器技术。

3. 部署情况

"标准"-3 超过 180 枚"标准"-3 导弹部署于美国和日本。2009 年,美国奥巴马政府宣布将采用一种新的、更灵活的方法(即分段适应方案(PAA))为美国本土和欧洲提供弹道导弹防御能力。计划第一阶段在西班牙(2011 年)部署海基中段防御系统和"标准"-3 Block1A 拦截弹以应对欧洲面临的近程导弹威胁;第二阶段计划在罗马尼亚(2015 年投入使用)同时进行海上和陆地"标准"-3 Block1B 拦截弹的部署,以扩大对欧洲的保卫范围;第三阶段计划在波兰部署"标准"-3 Block2A 拦截弹,建设两个"宙斯盾"岸基设施;第四阶段计划在 2020 年部署"标准"-3 Block2B 拦截弹,提高对中、远程弹道导弹及可能打到美国本土的洲际导弹的拦截能力,使欧洲具有更强大、更精确、更快捷的保护能力,但第四阶段工作在 2013 年 3 月被取消。

该计划第一阶段的部署工作积极推进,但是时间表已经推迟。2014 年 1 月 31 日,美国海军"宙斯盾"驱逐舰唐纳德·库克号从诺福克军港出发前往西班牙罗塔海军基地,该舰将是美国驻扎在欧洲的 4 艘弹道导弹防御舰艇中的第一艘。继库克号之后,几个月内,罗斯号驱逐舰也将到达罗塔。2015 年,卡尼号和波特号"宙斯盾"舰也陆续抵达。除卡尼号母港在梅波特外,其余 3 艘都部署在诺福克。美国海军还在罗塔新建了一个地区维护中心,监管工业部门和承包商的舰艇维修与现代化工作。4艘舰艇全部抵达西班牙后,常规的运行模式是两艘舰艇在港,两艘执勤,这些舰艇不仅执行弹道导弹防御任务,还要开展海上安全、双边与多边训练演习以及北约的作战与部署行动。

第二阶段部署工作也已启动。据雷声公司2014年4月23日报道,通过与MDA的合作,美国海军首次部署了"标准"-3 Block1B,标志着其分段适应方案进入了第二阶段,并将于2015年完成在罗马尼亚的部署。2013年10月,美国首次在罗马尼亚部署"宙斯盾"岸上系统,可发射"标准"-3 Block1A、1B和2A。该设备还将作为2015年PAA第二阶段部署的基础设施。除了海上部署的"宙斯盾"弹道导弹防御舰艇外,罗马尼亚的"宙斯盾"岸上系统将为北约各国提供额外的弹道导弹防御能力。

目前,"宙斯盾"舰已经部署了38艘具备反导能力"宙斯"舰和1套陆基"宙斯盾"系统,其全球部署如表6.6所列。该舰配备200余枚"标准"-3拦截弹,初步验证了有限的一体化防空反导(IAMD)能力和中远程弹道导弹拦截能力。2020年预计全球部署40余艘具备反导能力的"宙斯盾"舰及2个陆基"宙斯盾"系统(波兰、日本),预计装备400余枚"标准"-3拦截弹,"宙斯盾"导弹防御系统能够探测、跟踪、瞄准和拦截巡航和弹道导弹,在探测并识别导弹威胁后,SPY-1雷达可以引导标准导弹来拦截来袭目标。MDA将继续研发"宙斯盾"基线9.C2(弹道导弹防御5.1版本)系统,使其具备"远程发射"和"远程拦截"能力,并能够发射"标准"-3IIA导弹和"标准"-6Dual2导弹。目前"标准"-3IIA型号已经投入部署,具备应对远程导弹的威胁的能力,"标准"-3系列的拦截弹,在历次试验中,成功率接近80%。

表6.6 海基"宙斯盾"反导舰全球部署

国家	舰船数和概况	部署舰船
日本横须贺港	10艘反导舰,其中1艘巡洋舰和9艘导弹驱逐舰	夏伊洛号导弹巡洋舰(CG-67)(未来退出反导系统)
		巴里号导弹驱逐舰(DDG-52)
		柯蒂斯威尔伯导弹驱逐舰(DDG-54)
		约翰·麦凯恩导弹驱逐舰(DDG-56)(在修)
		菲兹杰拉德导弹驱逐舰(DDG-62)(在修)
		斯特蒂姆号导弹驱逐舰(DDG-63)
		本福德号导弹驱逐舰(DDG-65)
		米利厄斯导弹驱逐舰(DDG-69)
		拉森号导弹驱逐舰(DDG-82)
		麦克坎贝尔号导弹驱逐舰(DDG-85)

续表

国家	舰船数和概况	部署舰船
夏威夷珍珠港海军基地	6艘反导舰,其中1艘巡洋舰和5艘导弹驱逐舰	伊利湖号导弹巡洋舰(CG-70)(未来退出反导系统)
		保罗·琼斯号导弹驱逐舰(DDG53)(基线9)
		拉塞尔号导弹驱逐舰(DDG-59)
		保罗·汉密尔顿号导弹驱逐舰(DDG-60)
		霍帕号导弹驱逐舰(DDG-70)
		奥卡纳号导弹驱逐舰(DDG-77)
加利福尼亚州圣迭戈海军基地	3艘反导舰,其中1艘巡洋舰和2艘导弹驱逐舰	皇家港号导弹巡洋舰(CG-73)(未来退出反导系统)
		希宾斯号导弹驱逐舰(DDG-76)
		德凯特号导弹驱逐舰(DDG-73)
西班牙罗塔港	4艘"宙斯盾"舰,1239名军事人员(其中包括4艘军舰总计1204名舰员和35名岸基支援人员)以及约2100名随军家属	罗斯号驱逐舰(DDG-71)
		唐纳德·库克号驱逐舰(DDG-75)
		卡尼号导弹驱逐舰(DDG-64)
		波特号导弹驱逐舰(DDG-78)
美国诺福克海军基地	11艘反导舰,其中2艘巡洋舰和9艘导弹驱逐舰	蒙特雷号导弹巡洋舰(CG-61)
		维拉湾号导弹巡洋舰(CG-72)(未来退出反导系统)
		阿利·伯克号导弹驱逐舰(DDG-51)
		斯托特号导弹驱逐舰(DDG-55)
		米切尔号导弹驱逐舰(DDG-57)
		拉布恩号导弹驱逐舰(DDG-58)
		拉梅奇号导弹驱逐舰(DDG-61)
		冈萨雷斯号导弹驱逐舰(DDG-66)
		科尔号导弹驱逐舰(DDG-67)
		马汉号导弹驱逐舰(DDG-72)
		麦克弗伦号导弹驱逐舰(DDG-74)
佛罗里达州梅波特海军基地	1艘导弹驱逐舰	沙利文号导弹驱逐舰(DDG-68)
日本	目前6艘反导驱逐舰,到2021年,有8艘具有反导能力的驱逐舰	金刚号(DDG-173)佐世保基地
		金刚级鸟海号(DDG-176)佐世保基地
		金刚级雾岛号(DDG-174)横须贺基地
		金刚级妙高号(DDG-175)舞鹤基地
		爱宕号(DDG-177)舞鹤基地
		爱宕级足柄号(DDG-178)佐世保基地
		摩耶号(DDG-179)(2020年服役)
		摩耶级羽黑号(2021年服役)

"标准"-6导弹是一种集防空反舰反导于一体的多功能导弹,对低空飞行的高超声速武器也有着较好的拦截效果,是美国标准系列导弹的最新型号,被美国媒体称为"海军最重要的导弹武器"。"标准"-6导弹采用了多种成熟技术和模块化设计,能够通过软件升级的方式实现快速升级,大大地提高了抗电子干扰能力,在现代战争中具有重要意义。表6.7列出了"标准"-6弹道的技战术指标。

表6.7 "标准"-6导弹技战术指标

目标	飞机、巡航导弹、近程和中程弹道导弹
最大拦截斜距	最大拦截斜距200km;协同作战信息支援条件下可以实现370km超视距拦截
最大拦截高度	33km
速度	马赫数3
制导体制	惯性+中段指令修正+末段主动雷达/半主动雷达寻的
发射方式	垂直发射
弹长/m	6.55
弹径/mm	343
翼展/m	1.57
弹头质量/kg	64
发射质量/kg	1497
战斗部	Mk125高爆破片杀伤战斗部
动力装置	1台MK72固体助推器和1台MK104双推力固体火箭发动机

6.1.5 末段拦截系统

末端拦截系统主要是THAAD系统和"爱国者"-3系统,与陆基中段和海基中段反导系统构成了一个多层次的反导体系。

1. THAAD系统

THAAD系统是末端高空区域防御系统的简称,是美国新导弹防御计划重要组成部分。该系统由拦截弹、车载式发射架、AN/TPY-2地面雷达以及C2BMC系统组成,是一种车载机动部署的反导系统,也可以通过陆、海、空各种平台运输到热点区域执行作战任务,它采用卫星、红外、雷达三位一体的综合预警方式,可以拦截洲际导弹的末段也能够拦截中短程弹道导弹的飞行中段,在美国导弹防御体系中起到了承上启下的作用。THAAD系统的拦截高度达到40~150km,这一高度段是射程3500km以内弹道导弹的飞行中段,是3500km以上洲际弹道导弹的飞行末段。因此,它与陆基中段拦截系统配合,可以拦截洲际弹道导弹的末段,也可以与"爱国者"等低层防御中的"末段拦截系统"配合,拦截中短程导弹的飞行中段,在美国导弹防御系统中起到了承上启下的作用。

THAAD 系统中的 AN/TPY-2 雷达不仅可以在 THAAD 系统中末段部署模式中承担火控雷达的作用,还可以脱离 THAAD 系统的发射装置,作为前置预警雷达单独部署在阵地前沿。THAAD 系统的作战过程可以分为探测、捕获、跟踪分析、制订计划、拦截作战(图 6.4)。拦截作战过程中,系统会实时评估作战数据修正计划并且在目标未摧毁的情况下还可进行二次拦截。因此,THAAD 防御系统的作战能力非常全面,在美国全球导弹防御系统中具有许多突出的特点和优势。

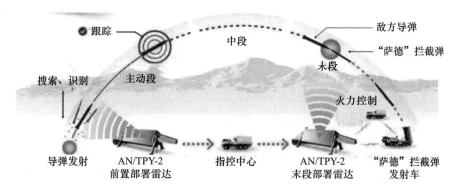

图 6.4　AN/TPY-2 雷达前置部署和末段部署工作模式

由于 THAAD 系统具有较高的机动能力和一体化协同作战能力,还可以与"宙斯盾"反导系统、"爱国者"-3 防空反导系统等协同作战,扩大反导作战保卫区域。THAAD 系统中的拦截导弹采用了直接碰撞杀伤器作为最终的拦截手段,所使用的侧窗式的红外导引头可以在大气层内外拦截目标,因此对于高超声速飞行器目标具备潜在拦截能力,但是仍需要足够的目标信息支持,并进一步扩大拦截范围和提高拦截弹末段飞行速度及机动能力。拦截弹的导引头的末段制导应用红外成像技术和毫米波探测技术。红外导引头体积小、质量轻,在大气层外干扰小的情况下具有绝对优势;毫米波探测技术对自然环境适应性高,能够在大气层内低空准确获取到目标信息。

洛克希德·马丁公司正在大力推出其 THAAD-增进型方案,重点是对现役拦截弹的助推器进行改进:为拦截弹加装一级助推器,由原来的一级变为两级。其中,新加装的第一级助推器直径为 535mm,原先助推器为 370mm,增加了拦截弹的射程和作战高度。THAAD-增程型的第二级被称为加速级,用于提高拦截弹末段飞行速度和机动能力,使拦截弹更快速、准确地接近目标,而用于实施拦截作战的动能杀伤器则未做改动。THAAD 与"爱国者"反导弹系统相互配合完成对来自导弹的末端高空,和末端低空的导弹拦截任务,需要注意的是"爱国者"负责拦截 40km 以下的突防弹头,早期的拦截弹主要采用破片杀伤的方式,"爱国者"-3 拦截弹则采用动能结合破片杀伤的方式。表 6.8 列出了

THAAD 系统战斗部性能指标。

表 6.8　THAAD 系统战斗部性能指标

最大作战距离/km	200
拦截高度/km	40～150
机动能力	大气层内 10 倍重力加速度,大气层外 5 倍重力加速度
速度	马赫数 8.45
制导体制	惯性制导、指令和红外成像复合制导
发射方式	8 联装式倾斜热发射
弹长/m	6.17
弹径/mm	340(助推器)
发射质量/kg	600
杀伤方式	直接碰撞杀伤
动力装置	单机固体燃料火箭发动机
平战准备时间	装弹到发射不超过 30min

2. "爱国者" - 3

"爱国者" - 3 导弹计划是美国当前列为重点发展的核心战区导弹防御计划之一,将作为双层陆基战区导弹防御系统的低层防御系统(图 6.5)。"爱国者" - 3 由四个基本部分组成:地基 AN/MPQ - 53 雷达、交战控制站、发射装置和拦截弹。交战控制站(ECS)是"爱国者" - 3 火力单元的作战中枢神经系统,它提供指挥、控制和通信以及火控功能。交战控制站采用人机交互的方式,可以由计算机辅助进行目标识别和优先级排序,也可以由交战控制站和计算机完全自主控制整个作战飞行中的拦截弹的地空通信。发射装置负责导弹的运输、保护和发射任务,它可以安装在离交战控制站和雷达较远的地方,通过微波数据链路自动接收指令。每一个发射装置可携带填装 16 枚"爱国者" - 3 导弹的弹箱。

图 6.5　"爱国者" - 3 拦截弹与火控雷达(AN/MPQ - 53)

第6章 美国导弹防御体系与作战运用

"爱国者"-3 反导系统是拦截系统中的最后一道防线,该系统是集防空和反导于一体的综合系统,是陆军防空能力的重要组成部分。"爱国者"火力单元以营为单位组织作战,每个营都有独立的指控站,能够指挥 4～6 个火力单元。"爱国者"的相控阵雷达可以同时产生 32 种不同扫描波束,处理 50～100 个飞行目标,并引导 8 枚拦截弹对不同方向的目标进行拦截,3 枚导弹可同时处在飞行最终阶段攻击目标。其拦截弹技战术指标如表 6.9 所列。

表 6.9 "爱国者"-3 导弹技战术指标

射程/km	3～80
拦截高度/km	0.5～24
雷达探测距离	170
速度	马赫数 5～6
制导体制	高精度 Ka 波段主动雷达导引头
弹长/m	5.2
弹径/mm	255
发射质量/kg	320
杀伤方式	直接碰撞杀伤
动力装置	固体燃料火箭发动机

"爱国者"-3 导弹的弹头以"碰撞杀伤",即 HITTOKILL 方式取代过去的"碎片杀伤"方式。PAC-3 拦截弹上有一个名为"杀伤增强器"的装置。该装置放在助推火箭与制导设备段之间,长 127mm,重 11.1kg。杀伤增强器上有 24 个 214g 的破片,分两圈分布在弹体周围,形成以弹体为中心的两个破片圆环。当杀伤增强器内的主装药爆炸时,这些破片以低径向速度向外投放出去,等于增大了拦截弹的有效直径,从而使目标或被拦截弹击中,或被破片击中,杀伤范围更大。拦截弹在中程使用惯性制导飞向预定的拦截位置,并能在飞行中接收地基雷达的更新数据。在飞行的最后 2s,"爱国者"-3 利用 50W 的 Ka 波段主动雷达终端导引头制导。地基雷达为 AN/MPQ-53G 波段频率捷变相控阵雷达,它对来袭导弹进行预警和跟踪,还提供与 THAAD 与"爱国者"反导弹系统相互配合完成对来自导弹末段高空和末段低空的导弹拦截任务。

2000 年以来,美国弹道导弹防御的作战范围从战区、本土扩展到了全球,原有理论和系统难以适应需求变化,因此美军以网络中心战理论为指导,基于 GIG,按照统一的系统架构和技术体制,以作战司令官一体化指挥控制系统,指挥控制、作战管理和通信系统等网络化、分布式信息系统的建设为抓手,基于全军共用通信网络、共用操作环境(COE)等基础设施,实践"统一共用、强化通用"的建设思路,逐步实现防空预警、导弹预警、空间监视能力的一体化建设。美国导弹防御系统的装备体系如图 6.6 所示。

导弹预警系统概论
Introduction to Missile Early Warning System

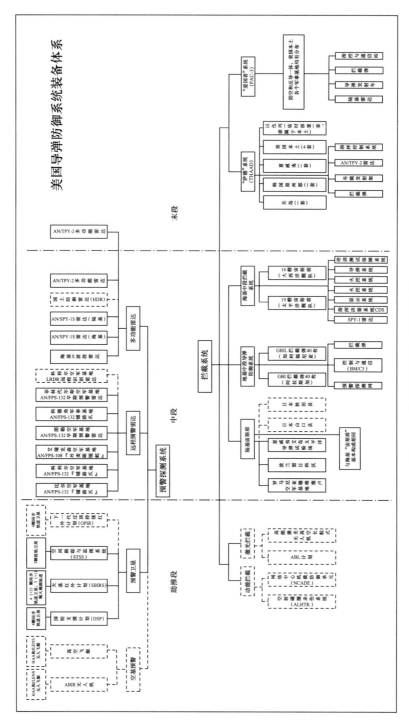

图 6.6 美国导弹防御系统装备体系

6.2 美国导弹防御体系作战运用

6.2.1 作战运用流程设计

美国地基中段导弹防御系统与来袭导弹目标的交战主要过程(图 6.7)如下:

(1) 当敌方的弹道导弹发射后,首先被预警卫星(DSP/SBIRS)或机载红外预警系统发现,并能够预测来袭弹道导弹的飞行方向和粗略的落点数据;然后由改进型早期预警雷达(UEWR)发现,并测量和粗略识别来袭的弹道导弹。

(2) 跟踪制导雷达(地基固定 X 波段雷达 GBR,或海基移动 X 波段雷达 SBX-1,或前置部署的机动 X 波段雷达)根据预警雷达的信息,捕捉来袭弹道导弹的弹头和假目标等目标群,并识别出真弹头,并近实时传输到指挥中心。

(3) 在司令部级指挥中心作出交战决策后,基地级指挥所进行目标分配,并发射地基拦截弹(GBI)。

(4) 地基拦截弹起飞后可接收 GPS 定位信息,并通过 C2BMC 中的拦截器弹载通信系统(IFICS),把飞行中的地基拦截弹的实时空天位置信息发送给基地级指挥所。

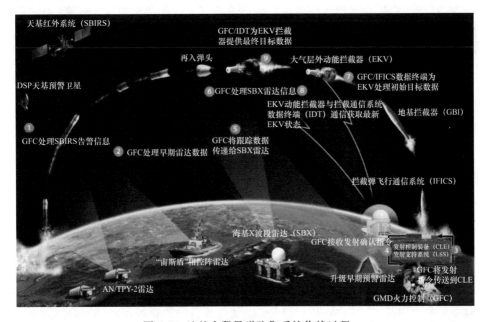

图 6.7 地基中段导弹防御系统作战过程

(5) 基地级指挥所根据来袭真弹头的空间位置和速度信息以及地基拦截弹的空间位置和速度信息,来计算出拦截弹与来袭弹头的空间遭遇点,并控制拦截弹飞行。

(6) 当地基拦截弹捕捉到真弹头后,GBI 上的 EKV 弹头就开始进行自动寻的末制导,飞向真弹头,用巨大的飞行动能直接撞毁目标。

以上交战过程可简述为预警探测、跟踪识别、决策发射、弹地通信、计算控制、寻的撞击。

在预警探测装备系统部署设计的基础上,针对弹道导弹来袭目标,美国导弹防御体系作战运用流程如下。

1. 获取目标信息

预警卫星在捕获目标后,将信息直接下传给巴克利空军基地的本土地面站、克利尔空军基地的机动地面站进行处理、卫星预警信息直接由战区的联合战术地面站或施里弗基地的战区攻击和发射早期报告系统。

固定地面站通过"军事星"通信卫星和抗毁综合通信系统将形成的预警信息报告提交给北美防空防天司令部/北方司令部导弹预警中心、战略司令部奥弗特基地的备用导弹预警中心。北美防空防天司令部内的导弹预警中心、防空作战中心能对来袭作战飞机、弹道导弹和巡航导弹等空中、空间目标的动态信息进行融合处理,为防空武器系统提供目标的方位、高度、距离和速度等信息,引导或指挥防空武器系统对目标实施有效拦截,图 6.8 给出了弹道导弹拦截的流程图。

机动地面站可将处理后的预警信息传给本土地面站的数据分发中心进行分发,也可以数据和话音告警两种广播模式,立即将预警信息分发给相应的战区司令部(如欧洲司令部、太平洋司令部、中央司令部)、"宙斯盾"系统、预警机以及"爱国者"武器控制单元等所有终端用户。数据告警信息通过"战术信息广播服务网络"实现战场范围内的分发,利用"战术相关应用数据分发系统",通过美国大陆战术网络任务中心的网关实现全球范围内导弹发射事件通告。话音通告主要采用 UHF 卫星通信网络、Link-16 数据链、单信道地面与机载通信系统、移动用户设备、陆地有线传输等通信方式。

2. 决策是否实施拦截作战

数据分发中心立即将数据提交给国家军事指挥中心,由最高决策当局决定是否实施导弹防御作战。战略司令部/北方司令部利用 C2BMC 发送作战指令,通过地基中段防御通信网络引导相应方向升级型早期预警雷达确定搜索区域。当来袭导弹进入升级型早期预警雷达的探测范围后,雷达获取目标导弹跟踪

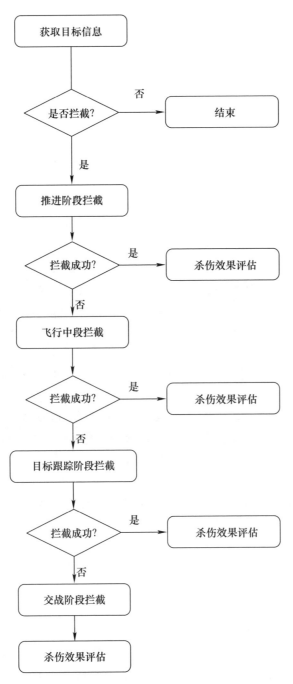

图 6.8 弹道导弹拦截流程图

信息。

随后,C2BMC利用预警雷达信息引导X波段雷达探测、跟踪和识别目标,以确定来袭目标数据(数量和型号、发射地点和弹道、发射时间、威胁等级、预计弹着点等)。C2BMC选择合适的武器系统进行拦截。随后制定出拦截方案,并将目标数据装订到准备发射的拦截弹上,下达发射拦截弹的命令。

3. 实施拦截

拦截弹发射后,X波段雷达将通过"拦截器弹载通信系统3"向拦截弹提供高分辨率的目标跟踪数据。拦截弹将利用这些数据机动到足够接近目标的位置,以便让EKV上的红外探测器跟踪和识别真假目标,并引导拦截器摧毁目标。拦截分为以下四个过程:

1) 推进阶段

在这一过程中,交战行动战术作战组将及时更新发射数据,并将之传给雷达。雷达将在推进阶段向飞行中导弹提供实时数据。关机被动飞行段中,交战行动战术作战组向导弹载入雷达获取的飞行中目标数据和导弹状态数据。助推器分离后,雷达向交战行动战术作战组提供杀伤器和目标状态数据。

2) 飞行中段

交战行动战术作战组将不断向导弹提供雷达获取的最新数据。交战行动战术作战组向导弹弹头载入雷达获取的最终飞行目标信息和目标图像信息。威胁目标图用于显示目标详细信息,包括来袭目标的距离、高度、速度和威胁等级等。拦截弹头上的探测器启动搜索模式,拦截器将得到的结果和威胁目标图进行匹配,拦截弹头进行目标定位,并启动跟踪模式。

3) 目标跟踪阶段

拦截弹头下传经过处理的自动引导数据,并根据雷达的预测调整方向。

4) 交战阶段

拦截弹处理器分解、识别目标图像,确定最终定位点。弹头转为拦截模式,并下传制导数据,进行目标拦截行动。雷达更新交战行动战术作战组数据,然后进行杀伤效果评估。

美国导弹预警系统的作战流程如图6.9所示。弹道导弹目标发射后,天基红外预警卫星发现目标,并向远程预警雷达、反导指控中心系统、反导预警中心系统等发送目标发射信息、位置信息等内容,各中心系统制定下发目标预警探测方案、作战方案;远程预警雷达在指定位置发现并跟踪目标,同时向精密跟踪识别雷达发送目标位置信息,精密跟踪识别雷达在指定区域截获并跟踪目标,对目标识别分析;探测过程中各类预警装反导预警中心发送目标监视信息,并对目标进行数据处理,形成综合态势,为反导指控中心系统提供辅助决策,为武器系统提供目标指示信息;武器系统在精跟识别雷达、制导雷达的指引下展开中段拦截、末高末低拦截,预警中心系统支持拦截评估,为反导指控中心系统提供目标综合态势。

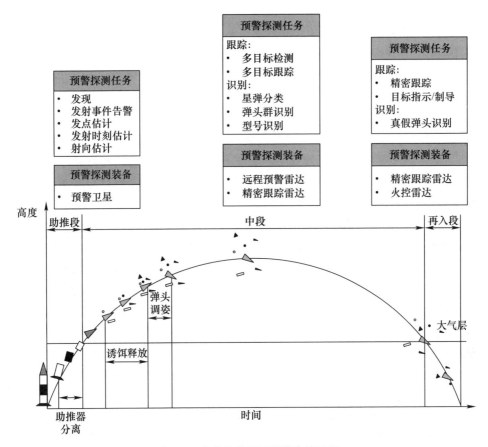

图 6.9　弹道导弹目标预警作战流程

在弹道导弹防御作战中,探测装备能够及时发现敌方来袭导弹是进行有效打击的重要前提,更是取得反导作战胜利的关键所在。对于反导预警而言,导弹预警系统作战流程主要可以分为 6 个阶段:

(1) 发射告警。预警卫星及时探测全球范围内的导弹发射活动,快速判别发射位置、发射方向,随后将导弹早期发射告警信息发送至导弹预警中心。

(2) 远程预警。导弹预警中心收到预警卫星的早期发射告警信息后,引导远程预警雷达在预测空域上对目标进行搜索、截获和持续跟踪。导弹预警中心综合多源信息,进行目标研判,推算导弹的发射点、落点,并发出来袭预警,同时向远程跟踪监视雷达、精密跟踪识别雷达发送交接引导信息。

(3) 目标指引。远程跟踪监视雷达、精密跟踪识别雷达在导弹预警中心的引导下,对包含弹头的目标群进行精密跟踪和特征测量,探测信息向导弹预警中心实时发送,导弹预警中心采用多种技术手段,对目标群中的弹头、诱饵、分离舱段、碎片残骸等真假目标进行综合识别,开展威胁评估,生成目标指示信息并实时发送至反导武器系统,反导武器系统根据上述信息制定中段拦截策略,完成地基中段拦截弹发射诸元计算和装订,适时下达命令,发射拦截弹。

(4) 中段拦截与评估。拦截弹发射后,精密跟踪识别雷达持续对目标群进行跟踪,并利用其距离和方位的高分辨能力对目标群中的真假弹头进行进一步的分辨和识别,导弹预警中心综合多源信息,形成包含弹头的目标指示信息,持续发送给反导武器系统。反导武器系统利用导弹预警中心发送的目标指示信息,生成拦截弹制导指令,并将指令数据上传至拦截弹,拦截弹根据指令进行中制导修正,机动接近目标,并在合适的位置释放拦截器,拦截器红外导引头捕获弹头目标后转入末制导,并自主向来袭弹头导引控制。

精密跟踪识别雷达同时对来袭导弹和拦截弹进行持续跟踪,对拦截过程进行严密监视和测量,在两者发生碰撞或交会后,导弹预警中心综合多源信息,以目标尺寸大小、相对位置、碎片扩散程度以及 RCS 回波散射特性等综合评估拦截效果,并将评估结果发送给反导武器系统,支持开展再次、多次拦截决策。

(5) 末段高层拦截与评估。根据导弹预警中心发布的拦截评估结果,若中段拦截失败,反导武器系统完成第二次拦截决策,指挥末段高层拦截系统发射拦截弹。导弹预警中心继续向反导武器系统更新目标指示信息,反导武器系统再次生成拦截弹制导指令,并上传至拦截弹,拦截弹根据指令向来袭导弹目标导引,并及时释放拦截器,于飞行末段再次与来袭弹头交会。

精密跟踪识别雷达同时对来袭导弹和拦截弹进行持续跟踪,对拦截过程进行严密监视和测量,在两者发生碰撞或交会后,导弹预警中心综合多源信息评估拦截效果,并将评估结果发送给反导武器系统,支持后续决策。

(6) 末段低层拦截与评估。根据导弹预警中心发布的拦截评估结果,若末段高层拦截失败,反导武器系统完成第三次拦截决策,指挥末段低层拦截系统发射拦截弹,拦截弹在地面制导雷达的信息支持下向目标导引,碰撞摧毁来袭导弹。导弹预警中心综合多源信息开展拦截效果评估,并将评估结果向反导武器系统发送。

6.2.2 作战运用交班准则

导弹预警作战中,天基预警卫星、早期预警相控阵雷达担负着目标警戒和早期预警任务,并为多功能相控阵雷达提供目标指示和引导信息,确保对目标探测跟踪的连续性和稳定性。导弹预警系统的工作可细化为 5 个阶段:

(1) 目标搜索,即雷达在责任区域设置搜索屏,进行弹道导弹等目标的搜索截获。

(2) 目标确认,即对穿过雷达搜索屏的目标,发射确认波束,确认为真实目标并转入跟踪状态,形成稳定航迹后,判明目标类型,作出发点、落点预报。

(3) 目标跟踪,对确认为真实的目标发射跟踪波束,进行稳定跟踪。

(4) 目标交接,随着跟踪时间的积累,弹道预报精度进一步提高,满足交班条件时,进行目标交接班。

(5) 目标消除,中枢情报处理单元反馈下一级雷达已经满足一定虚警条件下高概率截获目标,并对目标形成稳定跟踪,确认交接班成功,跟踪任务取消。

由于导弹目标不同于常规的飞机目标,具有飞行速度快、飞行轨迹有规律等特点,为确保预警雷达和下一级雷达的交接班效能,为导弹拦截系统提供充分的预警时间和引导精度,依据以上预警雷达早期预警任务流程,其任务交班时应遵循如下准则。

1. 尽早交班

预警雷达截获并跟踪目标后,在满足一定限制条件的前提下(例如,多功能雷达实现较高的接班成功率),预警雷达应尽早提交交班数据。这样不仅压缩了预警雷达的目标探测时间,同时也为后续的接班等工作提供了更大的时间裕度。原则上预警雷达应在导弹飞行的前半段交班。

2. 快速交班

预警雷达交接过程要快速完成,为拦截系统提供尽可能长的反应时间。这就要求在预警雷达跟踪目标时不仅关注跟踪精度的提高,也要在时间资源利用等方面进行权衡和折中。

3. 节约能量

由于目标与雷达的距离对雷达探测跟踪能量需求的差异,预警雷达更容易以较少的能量发现近距离的目标,因此,预警雷达应当在目标飞出一定距离范围时及时交班。

6.2.3 导弹防御作战实例分析

对导弹预警而言,弹道导弹的飞行过程分为助推段、中段和再入段。反导作战要求预警系统尽可能早地发现、捕获、跟踪和识别目标。从尽早发现和捕获的需求来讲,天基系统具有得天独厚的优势;从精确跟踪和识别的需求来讲,地基大型雷达不受平台限制,可以做到精密跟踪和高分辨率观测。

下面以一次导弹防御系统的作战例分析一下美国导弹预警体系的工作流程($T-0s$表示导弹发射时刻):

(1) $T-0s$,敌方弹道导弹发射。

(2) 最快约$T-15s$,携带扫描型和凝视型红外探测器的美国天基红外系统同步轨道预警卫星发现弹道导弹发射事件。(发射告警阶段)

(3) 最快$T-25s$,预警卫星完成导弹轨迹测量。SBIRS-H卫星扫码周期1s,号称能在10s内完成导弹轨迹测量,需要注意的是使用红外设备测量弹道导弹轨迹,必须要2~3颗卫星从不同角度同时观测才能得到三维空间信息,一个卫星只能给出导弹射向信息。(发射告警阶段)

(4) $T-30s$,预警卫星给出导弹发射警报,将信息传递给北美防空防天司令部、预警中心。进行数据融合处理,以计算出导弹三维的飞行轨迹。需要更多观测时间,以预估导弹的落点。但是对于采用机动变轨技术的导弹,不到主动段结束无法确定最终弹道,所以无法预报导弹的落点,也就无法对战区内部队发出警告。(发射告警阶段)

(5) $T-50s$,依据预警卫星给出的导弹飞行轨迹,远程预警雷达("丹麦眼镜蛇""铺路爪")或者X波段多功能相控阵雷达,在相应空域进行目标搜索,对导弹目标进行跟踪测量,为预警中心提供更为精确的目标轨道信息。(远程预警阶段)

(6) 根据预警卫星以及远程预警雷达给出的导弹飞行轨迹,X波段导弹精密跟踪雷达进行目标搜索跟踪,截获的目标,对目标进行跟踪测量与识别。跟踪测量与识别结束后,会向预警中心首次提交来袭导弹数据。(目标指引阶段)

(7) 导弹防御系统启动中段拦截程序。在首次提交来袭导弹数据至首次对目标识别完成期间,拦截弹发射到拦截弹中段飞行;在首次识别完成后,拦截导弹对目标会进行进一步修正,进行首次拦截;在首次拦截后,X波段弹道导弹精密跟踪与识别雷达会发起第二次目标识别过程,并进行杀伤评估;如果评估拦截失败,会第二次提交来袭导弹数据,发射拦截弹进行第二次拦截。在拦截过程中依然会有拦截弹飞行中的目标修正等动作。拦截过程中,X波段雷达会对杀伤效果进行评估,如果中段拦截失败,系统将会引导低层末段拦截系统。(中段拦截与评估阶段)

(8) 当弹道导弹突防进入150km高度之后,THAAD系统依靠其配置的X波段AN/TPY-2型探测、跟踪制导雷达和C2BMC系统从多种平台接收外部的目标指示信息。AN/TPY-2在外部信息的指引下,引导拦截弹进行高层两次拦截,并进行杀伤效果评估。(末段高层拦截与评估阶段)

(9)当弹道导弹突防到40km以下时,"爱国者"-3系统中的AN/MPQ253Q波段频率捷变相控阵雷达,对来袭导弹进行预警与跟踪,并且为飞行中的拦截弹进行地空通信。"爱国者"-3的导弹弹头在中程使用惯性制导飞向预定拦截位置,并能在飞行中接收地基雷达的更新数据。在飞行的最后2s,"爱国者"-3导弹弹头利用Ka波段主动雷达终端导引头进行制导。(末段低层拦截与评估阶段)

6.3 美国导弹防御体系作战指挥

了解美国导弹防御体系的指挥流程,对于整体把握美国导弹防御体系作战特点有着至关重要的作用,导弹防御体系是如何作战的,作战环节中有哪些薄弱点,这是我们最关心的问题。从本质上而言,美国导弹防御作战是一种联合作战,美国导弹预警的传感器和拦截器分散在各个军种,再通过联合作战司令部的指挥进行作战,但是美军能够进行较为顺畅的指挥,这和其高效的指挥体制不无关系。下面主要从指挥流和信息流出发,全面阐述美国导弹防御体系的作战。

6.3.1 美军联合作战指挥关系

1. 四种作战指挥关系

美军的导弹防御作战本质上是一种联合作战,而根据美军的指挥关系,可分为作战指挥权、作战控制权以及战术控制权和支援关系,作战指挥权是指挥授权,后三者为委托获得的,作战指挥权大于作战控制权大于战术控制权和支援关系,如图6.10所示。美军指挥关系详解见表6.10。

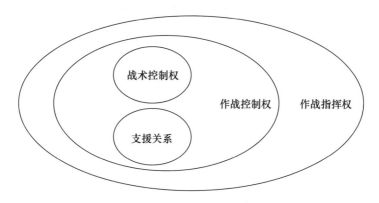

图6.10 美军指挥关系示意图

表 6.10 美军指挥关系详解

作战指挥权	不可转让的指挥权，是作战指挥官的职权	只有统一或者特定的作战司令部指挥官才能行使，作战司令部的指挥权是作战指挥官的职权，不可以被委托，可以对指派的部队行使职能。主要有：组织和运用指挥部队；分配任务，指定目标；对军事行动、联合训练及必需的后勤等各个方面给予权威指导，已完成指挥任务。作战指挥权通过下级的联合部队指挥官、军种和职能部队指挥官执行，当指挥官任务需要完成指定任务时，作战司令部提供充分的权力来组织和运用和指挥部队
作战控制权	是作战指挥权固有的，但是可以在指挥范围内被委托	作战控制是指挥职权，可以由处于或者低于作战司令部梯队的指挥官行使，以履行下级部队的指挥职能。主要有组织、运用和指挥部队力量、分配任务、指定目标，给出完成任务所必需的权威指导，还包括对军事行动、完成分配给指挥的任务所需的联合训练的所有方面的权威指导。作战控制权由下级的联合部队指挥官、军种和职能部队来行使，但是它本身不包括后勤指导或者行政、纪律、内部组织或者单位训练的事项
战术控制权	作战控制权固有的，是一种对指派或附属的部队、军事能力或者可用于任务的兵力所行使的职权	仅限于对作战区域内的运动或机动的部队提供详细指导和控制，由对附属部队实施作战控制或者战术控制的指挥官指定，是完成指定的使命或者任务所必需的。战术控制权提供充分的权力来控制和指导，在指定的职责或任务范围内，对兵力的使用或者战斗资产的战术应用。战术控制可以委托给处于或者低于作战司令部的任何梯队的下级指挥官，一般不提供行政、后勤支援或者纪律的权威指导。除特种作战部队外，职能部队指挥官通常对可用兵力/能力实施战术控制
支援关系	完成任务的有用选项	联合部队指挥官可以在所有职能部门指挥官和军种部门指挥官之间建立支援关系，联合部队指挥官可以同时指定多个受支援的指挥官，而部队既同时接受不同任务、职能或者行动的支援，又为不同任务、职能或者行动提供支持

2. 美军联合部队的组成

从本质上而言，导弹防御是一种联合作战，美军的联合部队的组成有助于从整体上把握联合作战的本质。美军联合部队指挥官的使命和作战方法，统一指挥和任务式指挥的运用艺术,是组织联合部队进行作战的指导原则。联合部队可以在地理基础上或者职能基础上建立,能够让所有军种部队都为联合作战贡献其独特能力,实现联合作战效能的最大化。

具体而言,联合部队由以下几个部分组成:

作战司令部。作战司令部是在一个指挥官的指挥下,实施广泛的持续任务的一个统一司令部或者特定司令部。统一司令部是为了进行广泛的持续任务,要求有两个或两个以上军事部门的重要部队来执行,以便于实现国家目标。特定司令部通常来自一个军事部门的部队组成,但可能包括来自于其他军事部门的部队或者工作人员。统一指挥计划确定了分配给地域作战指挥官的任务、责任和地理责任区。地域作战指挥官是一个指定了地理区域的作战指挥官,职能作战指挥官则是跨地域职能责任的作战指挥官。地域作战指挥官和职能作战指挥官有权使用其指挥内的部队,执行特定任务,并且对这些任务的规划和执行来说,他们作为被支援的指挥官来行动。对其他作战指挥官的任务的规划和执行来说,他们也可能同时会成为其他作战指挥官的支援指挥官。

下级统一司令部。统一司令部的指挥官可以建立下级统一司令部,以持续的方式进行作战,下级统一司令部可以建立在地理区域或者职能的基础上,下级统一司令部与统一司令部的职能和职责类似,他们对指定的司令部和部队进行作战控制,并且通常是指定的作战区域或职能区域中的附属部队。

联合特遣部队。联合特遣部队是由国防部长任命或者指定的一支联合部队、一名作战指挥官、一名下级统一司令部的指挥官或者一名联合特遣部队的指挥官,去完成特定有限目标的任务,不需要控制后勤,可以建立在地理区域或者职能的基础上。组建联合特遣部队的总部有几种方式,可以使用组成军种总部或者一支组成军种的现有下级总部(如陆军军部、空军航空队、舰队和海上远征部队)作为联合特遣部队的核心,然后用来自包含联合特遣部队的各军种人员和能力扩大该核心。

简而言之,作战指挥权可以看作是指挥官"拥有"部队,这个只能归最高指挥当局和联合作战司令部所有;作战控制权则是指挥官"租用部队",这部分权力授予给联合司令部下一级,使其具有部队的指挥权;战术控制权则可视为"短期租用"部队,是对任务的局部指挥权。而各个联合作战司令部之间是"支援与被支援"的关系,一旦某个联合作战司令部受领任务,其他的联合作战司令部要提供相应支援,将所属部队转隶给受援司令部。

美军作战指挥链如图6.11所示。

导弹预警系统概论
Introduction to Missile Early Warning System

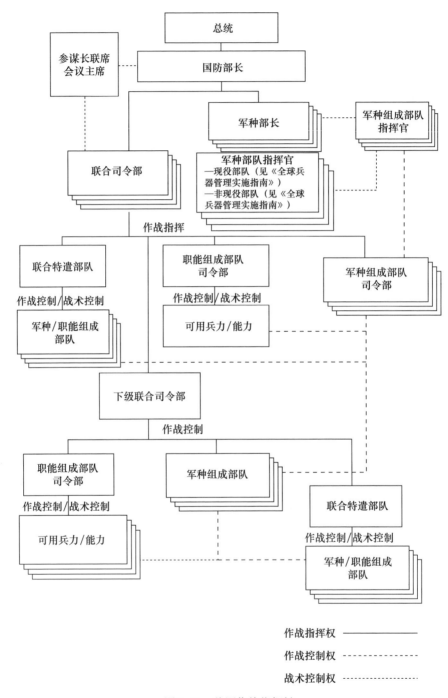

图 6.11　美军作战指挥链

6.3.2 美国导弹防御体系的各层级指挥机构

1. 战略级导弹防御指挥机构

1)国家军事指挥中心

根据美军的作战关系,拥有导弹防御最高优先级的作战指挥权归国家军事指挥中心所有,是总统和国防部长指挥全军作战的指挥所,对战略级导弹防御作战进行决策,决定是否进行导弹防御作战,并通过国家军事指挥中心进行下达。国家军事指挥中心由态势现实室、紧急会议室、通信中心和计算机室组成。国家军事指挥中心能够实时接收导弹预警情况,不间断地显示出全球各个区域的情报信息,能够在敌方导弹发射后迅速报告,当导弹防御作战启动时,还储存了8份全面战争和60多万份应急作战计划,能够自动选择最佳方案分发各军种和各联合作战司令部,以达到快速响应作战的目的。

2)美国战略司令部

美国战略司令部为美国国防部十大联合作战司令部之一,为职能作战司令部,司令官为四星上将,驻地位于内布拉斯加州奥马哈市的奥弗特空军基地内,编制2700余人。美国战略司令部可对四个联合职能组成司令部、联合特遣部队与军种组成司令部形式指挥权。与导弹防御相关的下级司令部是一体化导弹防御联合职能组成部队司令部、太空联合职能组成部队司令部、情报监视侦察联合职能司令部。

美国战略司令部负责对全球导弹防御作战的同步规划和协调支援,尽量减少责任区域之间的作战缝隙,提供导弹发射预警及空间和战略力量/能力,以及作战指挥官之间的联合情报支援。

美国战略司令部司令是战略威慑规划的主导作战指挥官,并按照指示,执行战略威慑作战,主要职能包括:

(1)同步全球导弹防御规划,协调全球导弹防御作战支援,向作战指挥官和盟友提供导弹预警信息,以及提供导弹攻击评估;根据指示提供备用的全球导弹防御执行能力,以及确保作战的连续性。

(2)根据指示,规划、协调和执行核、常规或全球性打击。

(3)针对国土防御,在联邦协同体系框架内为美国北方司令部司令的目标选择需求提供支援。

3)北美防空防天司令部

北美防空防天司令部(NORAD)是美国和加拿大合作成立的组织,总部设在彼得森空军基地,负责北美大陆的导弹防御。主要是拟制导弹防御作战需求、分析导弹威胁、改进多层防御体系中的传感器设施、建立各军种通信设施之间的作战链接。下属机构有指挥中心、导弹预警中心、防空作战中心、空间控制综合情报监视中心、系统中心和气象支援中心。

夏延山作战中心是北美防空防天司令部和美国战略司令部进行导弹防御作战的主要依托机构,于 1966 年正式投入使用,内部有导弹预警、空间监视、作战情报等部门,覆盖 $380m^2$ 的花岗岩,可抵御核武器打击,部分导弹防御职能迁移至彼得森空军基地。

2. 战区级导弹防御指挥机构

地区作战司令负责规划和执行弹道导弹防御,以应对针对其责任区的弹道导弹防御威胁,包括跨责任区边界的威胁。战区级指挥机构主要是各联合作战司令部,具体负责各个战区内的导弹防御作战指挥任务,北方司令部、印太司令部、欧洲司令部和中央司令部已经建成较为完善的导弹防御指挥机构,其他战区总部的也在筹备完善中。其中印太司令部负责印太地区的导弹防御作战,中央司令部负责中东地区导弹防御作战,欧洲司令部负责欧洲地区导弹防御作战,北方司令部则负责本土导弹防御。

1) 北方司令部

导弹防御指挥系统位于美国本土科罗拉多州的彼得森空军基地,统一管理和指挥各类预警探测、跟踪和拦截系统。战时则通过北美防空防天司令部尽早发现来袭导弹,争取足够预警时间,作出决定后执行导弹防御作战,保卫美国本土安全。

2) 印太司令部

印太司令部是于 2018 年 5 月 30 日由美国太平洋司令部更名而来,体现对印太地区的重视,也是对中国"威胁"忧虑的体现。其导弹防御指挥系统位于夏威夷州瓦胡岛的史密斯兵营,主要依托于第 613 航空航天作战中心,以协调美国在整个印太地区的导弹防御作战行动。

3) 欧洲司令部

欧洲司令部的导弹防御指挥系统设立在德国拉姆施泰因空军基地,主要为辖区内的"宙斯盾"舰船提供态势感知信息,也可以指挥位于以色列的 AN/TPY – 2 型 X 波段雷达进行支援。

4) 中央司令部

中央司令部的导弹防御指挥系统暂时未知。

第6章 美国导弹防御体系与作战运用

3. 各军种指挥机构

1）陆军空间与导弹防御司令部（SMDC）

陆军空间与导弹防御司令部司令是一名陆军中将，兼任美国战略司令部一体化导弹防御联合职能组成部队司令部，为全球导弹防御部队提供相同的计划、监督、控制、整合和协调功能，统一协调全球导弹防御中的陆军行动；指挥第100导弹旅；参与战略司令部领导的三军联合导弹防御计划。该司令部是全球导弹防御系统的联合用户代表、集中管理员和集成机构，执行所有一体化防空和导弹防御系统的横向集成，该司令部司令兼任美国战略司令部一体化导弹防御联合职能组成司令部司令，是陆军全球弹道导弹防御系统的集成机构和全球导弹防御系统的高级任务指挥官。美国陆军空间与导弹防御司令部架构如图6.12所示。

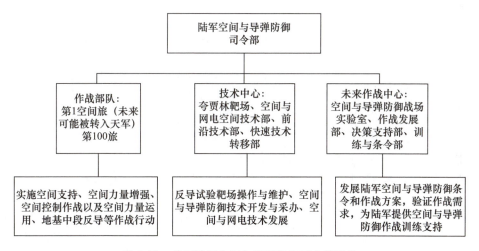

图6.12 美国陆军空间与导弹防御司令部架构

2）防空和导弹防御司令部

该类型司令部负责执行战区防空和导弹防御的计划、协调、整合和实施，组件战区一体化防空反导系统，目前共有三个防空和导弹防御司令部，共有11旅、31旅、35旅、69旅、108旅、111旅、164旅、174旅（11、35、69、38、164）8个防空旅，防空炮兵旅下辖的防空单元为THAAD反导系统或者"爱国者"防空系统。负责欧洲司令部的是第32防空和导弹防御司令部，其下辖了第11防空炮兵旅（辖第4防空炮兵团），负责太平洋司令部的是第94防空和导弹防御司令部，下辖第35防空炮兵旅，驻地为乌山空军基地，防空和导弹防御司令部不在指挥战略司令部一体化导弹防御联合职能组成部队司令部或美国陆军航天和导弹防御司令部内,但是在作战行动中,为一体化导弹防御联合职能组成司令部提供支持。美国陆军防空反导力量组织架构如图 6.13 所示。

3) 海军防空与导弹防御司令部(NAMDC)

该司令部是海军一体化防空反导作战的领导机构,向太平洋舰队司令和第三舰队司令部报告,负责海军航空与导弹防御工作,包括防空、巡航导弹防御以及弹道导弹防御,全面协调和集成海军防空反导任务,优化作战方案和指挥流程,为海军指挥官指挥防空反导作战提供支持。

4) 空军航天司令部(AFSPACECOM)(隶属于美太空部队)

该司令部是战略司令部的空军军种组成司令部,职责是指挥下属的第 14 航空队,通过大型地基雷达和预警卫星进行导弹预警。

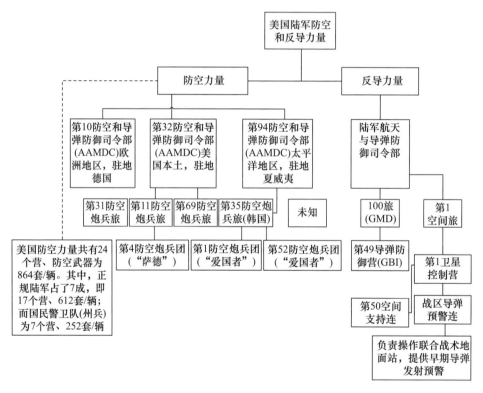

图 6.13 美国陆军防空反导力量组织架构

4. 各军种部队

1) 陆军

陆军主要是负责中段和末段的拦截任务,拥有陆基中段反导系统和

THAAD反导系统或者"爱国者"防空系统,美国陆军防空旅组织架构如图6.14所示。

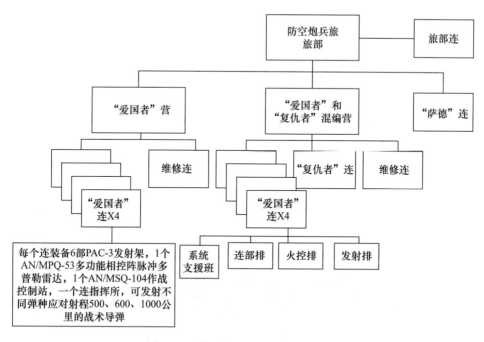

图6.14　陆军防空炮兵旅的组织架构

第100导弹防御旅:于2003年于彼得森空军基地组建,该旅负责陆基中段拦截系统地使用和维护,其中第49导弹防御营是负责GBI拦截弹的发射,该营由旅部和旅部连、警卫连和火力指挥中心组成。

第1空间旅:该旅的第一卫星控制营负责操作联合战术地面站,联合战术地面站向弹道导弹防御部队提供及时准确的战区导弹预警警报、战区导弹防御信息。

"爱国者"-导弹部队:"爱国者"-3在美国本土部署了41个连,在日韩美军驻地部署了3个营,中东和欧洲也部署了"爱国者"-3导弹部队,连是基本单元,包括1个连部、1个火控排、1个发射排和1个维修排。

THAAD部队:美国陆军的THAAD连目前共有7个,第4防空炮兵团"阿尔法"连和第2防空炮兵团"阿尔法"连,已经组建完成,隶属于第32陆军防空与导弹防御司令部。

陆基"宙斯盾"系统:目前部署在罗马尼亚德维塞卢空军基地、波兰雷西科沃和夏威夷艾岛太平洋导弹试射场,日本也准备引进两套陆基"宙斯盾"系统,其拦截武器和海基"宙斯盾"基本相同。

2) 海军

海军部队主要是"宙斯盾"拦截系统,预警探测由海基 X 波段雷达和"宙斯盾"系统的 SPY-1 雷达组成。美国海军防空和反导力量组织架构如图 6.15 所示。

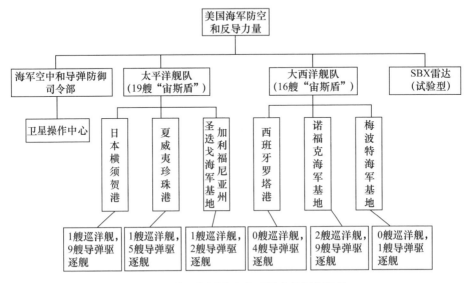

图 6.15　美国海军防空和反导力量组织架构

海基 X 波段雷达:负责预警探测。

海基"宙斯盾"系统:共有 35 艘"宙斯盾"弹道导弹防御舰,其中太平洋舰队有 19 艘,大西洋舰队有 16 艘。可通过 C2BMC 系统接收其他预警探测系统的信息,也可以传递预警探测信息。

3) 空军

空军主要负责早期预警和探测,包括大型的早期预警雷达和天基、空基的预警手段,未来发展的空基激光武器助推段和天基助推段拦截任务预计会放在空军。美国太空部队成立后,天基方面的能力由空军移交给新成立的太空部队。美国空军防空和反导力量组织架构如图 6.16 所示。

第 21 太空联队:其下辖的第 21 作战大队负责控制所有的早期预警雷达。

第 460 太空联队:其下辖的第 460 操作大队主要负责天基卫星的操作使用,下辖第 2、11 太空预警中队,负责对 DSP 和 SBIRS 卫星进行操作使用,还下辖第 460 太空通信中队和第 460 操作支援大队。

第 140 联队(空军国民警卫队):下辖的第 233 太空作战大队也负责导弹防

第6章 美国导弹防御体系与作战运用

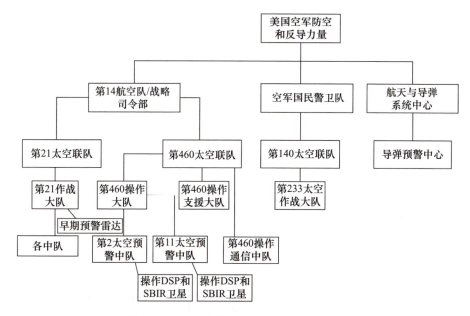

图 6.16　美国空军防空和反导力量组织架构

御方面的职能。

4）海军陆战队和海岸警卫队

海军陆战队和海岸警卫队暂时没有相关职能。

5）国民警卫队

国民警卫队负责向美国北方司令部提供受过弹道导弹防御培训的人员，导弹防御 100 旅，由在加利福尼亚州科罗拉多和阿拉斯加的现役部队陆军和空军国民警卫队士兵编组构成。

5. 其他机构

MDA 是美国国防部内部的一个研究、开发和采购机构，任务是开发和部署一个分层弹道导弹防御系统，来保护美国部署的部队、盟友免受各射程和各飞行阶段的弹道导弹攻击。

6.3.3　美国导弹防御体系的指挥流程

按照美军条令规定，本土弹道导弹防御的指挥关系和作战程序与其他战区弹道导弹防御的指挥关系和作战程序之间存在着显著的差异，全球导弹防御作战主要是依靠战略司令部进行协调，而战区导弹防御作战是依靠区域防空指挥官进行指挥协调。美国导弹防御指挥架构如图 6.17 所示。

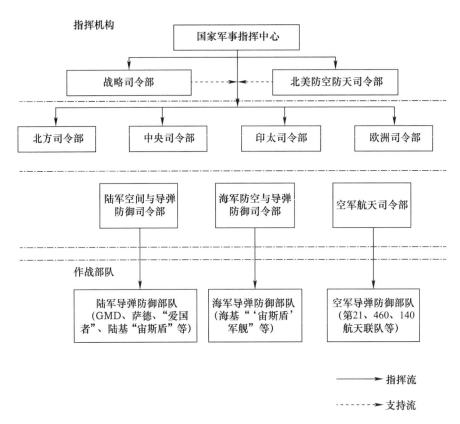

图 6.17 美国导弹防御指挥架构

1. 作战指挥

一体化导弹防御系统由美国战略司令部总体负责,并且根据任务情况,国家军事指挥中心、战略司令部、印太司令部、欧洲司令部、北方司令部和中央司令部直接指挥导弹防御作战,指挥的部队来自于不同军种。一般而言,通过国家军事指挥中心将命令下达给联合作战司令部,战略司令部、印太司令部、欧洲司令部、北方司令部和中央司令部也有作战指挥权,拥有对联合部队各方面的权威指导,进行导弹防御作战。在紧急情况下,位于五角大楼的国家军事指挥中心能够直接指挥一线部队,对全球一体化导弹防御作战中具有更加深远的意义。

2. 作战控制

负责导弹防御指挥的联合作战司令部也可以根据目标的情况下放至战区

内的联合司令部,例如美国海军的联合海上部队司令部、海上作战中心,陆军则有防空与导弹司令部,空军则是空中空间作战中心,这些被称为下级统一司令部,下级统一司令部得到战区司令部授权后获得了作战控制权,能够组织、运用和指挥各个军种的部队力量、给其分配导弹防御作战任务,给出完成任务中的指导。例如在印太司令部,印太地区的反导细节可以落实到联合部队海上司令部/海上作战中心,可以指挥战区级的反导资源,如"爱国者"导弹等,如果动用战略级反导资源("宙斯盾"导弹防御系统、THAAD 系统、地基中段导弹防御系统)则需通过印太司令部启动 C2BMC 系统,以实施更高级的作战指挥,第 7 舰队司令部在战时成为西太平洋的联合部队海上司令部,其海上作战中心负责海基反导作战,如果要进行战略级的反导使用"标准"-3 导弹,则启用印太司令部的 C2BMC 终端使用其他的传感器来提供信息。图 6.18 给出了 C2BMC 组织结构示意图。

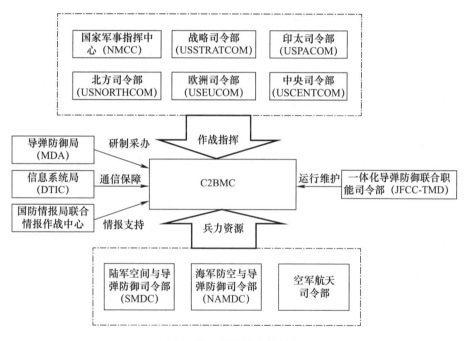

图 6.18　C2BMC 组织结构

3. 战术控制

职能组成部队司令部对所属部队一般进行战术控制,职能组成部队司令部一般是针对某一项具体的业务进行指导的。

4. 支援关系

在某一个战区司令部执行导弹防御作战时,其他的战区司令部有支援该战区的义务。

5. 导弹防御作战指挥流程示例

下面以某国通过北极弹道发射洲际战略导弹袭击美国本土为例,对美国导弹防御的指挥流程进行分析。

第一步:空军第14航空队的第460航天联队利用DSP预警卫星对来袭导弹进行预警探测,确认导弹威胁后,将导弹威胁信息发给巴克利空军基地的460航天联队地面站处理。

第二步:地面站将处理后的导弹威胁信息提交给战略司令部和北美防空防天司令部共用的导弹预警中心,导弹预警中心对来袭导弹信息进行分析鉴别,估算导弹落点,通过C2BMC系统分发给美国北方司令部。

第三步:美国北方司令部根据导弹预警中心下发的导弹预警信息,利用空军第21航天联队的AN/FPS-132升级预警雷达和海基X波段雷达进行跟踪、分辨和识别,获取更为详细的信息,通过C2BMC系统对将目标信息和作战指令发送给陆基中段拦截系统。

第四步:陆军空间与导弹防御司令部的全球导弹防御第100旅49营接收到目标信息后,对目标进行搜索,一旦捕获后便对其进行跟踪,并向C2BMC系统提交跟踪数据,C2BMC系统确定来袭导弹弹道数据后,计算拦截弹发射诸元,进行装订后,下达发射拦截弹指示。一枚拦截弹拦截,第二枚拦截弹进行效果评估。如果拦截成功,则结束。如果两枚弹都未拦截成功,则转交给后者进行拦截。

第五步:北方司令部通过C2BMC系统接收目标信息和作战命令下达给海军防空与导弹防御司令部指挥的海基"宙斯盾"系统,其AN/SPY-1雷达接收到目标后,对目标进行远距离搜索,一旦捕获目标立即对其跟踪,并向C2BMC系统提交跟踪数据,C2BMC系统确定来袭导弹弹道数据后,计算拦截弹发射诸元,进行装订后,下达发射拦截弹指令。如果拦截成功,则结束;如果未拦截成功,则转交给后者进行拦截。

第六步:北方司令部通过C2BMC系统接收目标信息和作战命令下达给陆军防空与导弹防御司令部指挥的THAAD导弹连,其AN/TPY-2雷达接收到目标后,对目标进行远距离搜索,一旦捕获目标立即对其跟踪,并向C2BMC系统提交跟踪数据,C2BMC系统确定来袭导弹弹道数据后,计算拦截弹发射诸元,进行装订后,下达发射拦截弹指令。如果拦截成功,则结束;如果未拦截成功,则转交给后者进行拦截。

第七步:北方司令部通过 C2BMC 系统接收目标信息和作战命令下达陆军防空到导弹防御司令部的"爱国者"导弹连,其 AN/MPQ-2 雷达接收到目标后,对目标进行远距离搜索,一旦捕获目标立即对其跟踪,并向 C2BMC 系统提交跟踪数据,C2BMC 系统确定来袭导弹弹道数据后,计算拦截弹发射诸元,进行装订后,下达发射拦截弹指令。如果拦截成功,则结束;如果未拦截成功,则宣告导弹防御作战失败。

6.3.4 美国导弹防御作战信息流程

信息流程方面,预警信息同步报送战略决策机构和战术指挥控制单元,确保尽早预警,尽快打击。在导弹预警和拦截作战过程中,红外预警卫星和 P 波段预警雷达的预警信息一方面直接上报战略司令部和北方司令部支撑战略决策,另一方面同时分发至第 100 导弹旅等作战部队。第 100 导弹旅等作战部队收到预警信息后,迅速完成战备等级转进,利用 C2BMC 系统引导"宙斯盾"SPY-1 雷达(S 波段)、AN/TPY-2 雷达(X 波段)、SBX 雷达(X 波段)、"丹麦眼镜蛇"雷达(L 波段)等探测,完成各传感器信息融合,生成统一精准航迹,规划武器配对,在获得武器发射授权后立即执行拦截任务。这些信息也同步报送战略司令部和北方司令部,用于支撑作战决策和拦截效果确认评估,美国导弹预警信息流程示意图如图 6.19 所示,美国导弹指挥体系信息流程如图 6.20 所示。

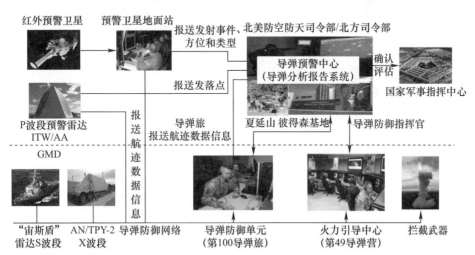

图 6.19 美国导弹预警信息流程示意图

I 导弹预警系统概论
Introduction to Missile Early Warning System

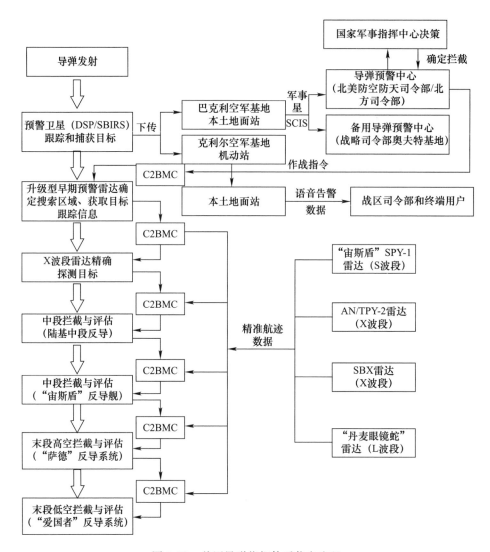

图 6.20 美国导弹指挥体系信息流程

1. 目标识别阶段

目标识别阶段是指从导弹发射到目标被精确识别和跟踪的时间段,在同步轨道的天基红外系统预警卫星具有很宽的视场,能够实现对全球目标的监视,主要有扫描型和凝视型两种红外探测器。在导弹发射后,预警卫星能够迅速捕获导弹发射时的尾焰,其中 SBIRS – H 卫星号称可以在 10s 内完成导弹轨迹测量,系统利用 2~3 个卫星从不同角度同时对目标进行测量。

获得导弹飞行数据实时将信息传递给北美防空防天司令部的导弹预警中心,导弹预警中心对数据进行融合处理,计算出来导弹的三维飞行轨迹,在得到更长时间的数据后,对导弹的落点进行预估。

天基预警的精度还达不到能够引导拦截弹拦截的要求,依据预警卫星给出的导弹飞行轨迹,确定远程预警雷达和 X 波段多功能雷达的搜索空域,对空域进行目标搜索,对导弹目标进行精确跟踪测量,并传输给导弹预警中心。

2. 决策阶段

导弹预警中心立即将数据传输给国家军事指挥中心,在最高决策当局决定实施拦截作战后,战略司令部/北方司令部利用 C2BMC 系统发送作战指令,通过地基中段的防御通信网络引导早期预警雷达确定搜索区域,进入搜索范围后,立即进行高精度跟踪,并将高精度的轨迹数据传输给 C2BMC 系统。

C2BMC 通过早期预警雷达信息引导 X 波段雷达探测、跟踪和识别目标,根据来袭目标数据选择合适的武器系统进行拦截,确定拦截方案后,将目标数据装定在拦截单上,发射拦截命令。

3. 拦截与评估阶段

拦截弹发射后,X 波段雷达通过"拦截器弹载通信系统"向拦截弹实时提供高分辨率的目标跟踪数据,根据高精度数据,拦截弹进行机动到足够接近目标的位置。

通过大气层外拦截器上的红外探测器跟踪识别真假目标,识别为真目标后,弹头定位目标,启动跟踪模式进行跟踪,继续根据雷达的预测进行调整方向,最后拦截器转为拦截模式并下传制导数据,拦截目标,进行杀伤效果评估。

下面以某国通过北极弹道发射洲际战略导弹袭击美国本土为例,对美国导弹防御的信息流程进行分析。

(1) 导弹发射。

(2) "国防支援计划"/天基红外系统卫星发现导弹发射事件,预测来袭导弹的飞行方向和粗略的落点数据。

(3) 在预警卫星的引导下,早期预警雷达测量和粗略识别来袭导弹。

(4) 卫星和早期预警雷达的信息发送给 X 波段 GBR 雷达、X 波段海基移动雷达(北冰洋没有)和机动 X 波段 FBX-1 雷达,这些雷达根据预警雷达信息捕捉来袭导弹,辨别出真假弹头,并实时传输到指挥中心。

(5) 司令部级指挥中心作出决策后,基地级指挥所进行目标分配,发射地基拦截弹(GBI)进行拦截,GBI 拦截弹采取"两发齐射"的模式进行拦截,两枚拦截弹依次发射,但是间隔时间很短,一枚负责发现并摧毁目标,另一枚则是负责进行打击效果评估。

(6)拦截弹起飞过程中不断通过拦截器弹载通信系统将飞行中的地基拦截弹实时位置发送回基地级指挥所。

(7)指挥所根据来袭导弹的真弹头和位置和速度信息、拦截弹的速度和位置信息计算拦截弹和来袭导弹真弹头遭遇点,控制拦截弹的飞行。

(8)当 GBI 弹捕捉到真弹头后,GBI 上的 EKV 就开始自动寻的末制导,飞向真弹头,用直接碰撞的方式撞毁目标。

(9)如果第一枚未命中,第二枚拦截弹继续拦截,都未拦截则由海基"宙斯盾"拦截,将发射"标准"系列导弹进行拦截,如果依旧没有命中,则交由 THAAD 系统进行拦截。

(10)当弹道导弹突防进入 150km 高度之后,THAAD 系统依靠其配置的 X 波段 AN/TPY-2 型探测、跟踪制导雷达和 C2BMC 系统。AN/TPY-2 在外部信息的指引下,引导拦截弹进行高层两次拦截,并进行杀伤效果评估。

(11)当弹道导弹突防到 40km 以下时,"爱国者"-3 系统中的 AN/MPQ253Q 相控阵雷达,对来袭导弹进行预警与跟踪,并且为飞行中的拦截弹进行地空通信。"爱国者"-3 的导弹弹头在中程使用惯性制导飞向预定拦截位置,并能在飞行中接收地基雷达的更新数据,利用 Ka 波段主动雷达终端导引头进行制导。

6.4 美国地基中段反导试验分析

6.4.1 美国地基中段反导试验组织与发展阶段

1. 组织机构

美国的陆基中段反导试验由美国 MDA 组织,发射操作由陆军负责,导弹预警信息提供与系统管理则由空军实施。陆基中段系统的发展与试验实际是美国各军种、各军火集团利益的集中体现。例如,陆基拦截弹由美国轨道科学公司制造;拦截弹的核心 EKV 及陆基雷达、远程警戒雷达由雷声公司设计;整套系统的作战管理与指挥控制系统由诺斯罗普·格鲁曼公司负责;洛克希德·马丁公司作为二级承包商担负了火箭及整流罩等设计和生产任务。

为了全面验证导弹拦截技术,美国 MDA 为陆基中段反导系统设计安排了分系统及综合测试等多种试验方式,总体来看,主要包括以下几种:一是助推器验证(BV)测试;二是突防与对抗测试;三是陆基飞行测试(FTG);四是野战训练演习(FTX);五是载具控制测试(CTV);六是综合飞行测试(IFT)。每次试验名称都是用测试类型缩写加流水号确定。

2. 试验阶段

拥有陆基中段反导能力原是20世纪美国"星球大战"计划的一部分,但由于技术难度非常大,从1997年才开始进行部件验证试验,直到1999年10月2日,美国才首次进行真正的陆基中段反导试验,即首次国家导弹防御系统飞行拦截试验,此后便一发不可收拾,陆续进行了十余年试验。总体来看,这些试验大致分为三个阶段。

1) 概念验证阶段(1999—2004年)

这一阶段共进行拦截试验9次,非拦截试验8次,其中拦截成功5次。这些试验主要是演示利用陆基拦截弹拦截远程弹道导弹的技术可行性,试验所用的软硬件设备多是代用的;每次试验的作战模式基本相同,即都是从美国西海岸加利福尼亚州向太平洋中部发射拦截弹(靶弹的飞行方向与攻击美国的方向相反),利用从太平洋中部的夸贾林岛发射的拦截弹进行拦截。虽然这些试验中采用了信标等被称为"作弊"的方式,但作为初期验证系统,整体成功率不低,其验证了EKV的动能杀伤能力,并最终促成了2004年的实际部署。

2) 能力增强第一阶段(2005—2008年)

在2004年实际部署后,美国开始实施"弹头能力增强"计划,并于2006年9月进行了第一阶段的拦截试验。这一阶段对改进的EKV从助推火箭进行了一系列试验,试验设计条件明显提高,难度加大,更加贴近实战。例如,2005年2月14日,首次采用新的交战模式,即从阿拉斯加州的科迪亚克岛发射靶弹,然后从太平洋中部的夸贾林岛发射拦截弹进行拦截。这模拟了(俄罗斯、中国和朝鲜)导弹飞越北极攻击美国本土的情况。在这一阶段共进行拦截试验9次,非拦截试验3次,其中拦截试验成功3次。这些试验主要用来检验预警雷达和EKV分诱饵与弹头性能,及验证新的软硬件试验设施。在这一阶段美国陆基中段反导系统初步部署完毕,并开始着手第一阶段拦截弹的实际部署。

3) 能力增强第二阶段(2009年至今)

美国MDA从2008年开始实施第二阶段的能力增强计划。这一阶段对EKV和助推火箭进行了改进,地基和海基X波段雷达的软硬件也进行了提升。这阶段试验的主要目的是为系统定型采集目标数据,以设计更加复杂的软件模型,提高雷达和EKV的真假弹头识别能力。这一阶段共进行拦截试验2次,非拦截试验2次,其中拦截试验均告失败。由于靶弹和海基X波段雷达存在故障,导致原本应在2009财年进行的第2次拦截试验推迟到了2010年1月31日。在这次试验中,首次采用新型EKV弹头,但由于海基X波段雷达故障导致试验失败。2010年12月25日,陆基中段反导系统再次进行拦截试验,仍以失败告终。这迫使美国暂停了原定2013年进行的齐射拦截项目,取而代之的是1月26日进行的非拦截试验。这次中段拦截器试验被命名为GM-CTV-01,试验旨在收集改进后的EKVCE-2(EKV增强2型)的飞行数据。这次试验不是2010年失败的FTG-06及FTG-06A试验的延续,而是在分析总结上次失败基础上,对改进型EKVCE-2进行的飞行测试。由于是改进型EKV的飞行性能测试,收集的都是飞行器自身的基本数据,并没有发射靶弹。这次试验成功后,MDA已表态希望在2013年3月至6月间使用经过这次测试的改进型EKVCE-2进行一次拦截试验。可见,美国MDA出于谨慎,将一次试验拆分成了两次,就连此次试验名称也是以前从未出现过的,其仅仅是为检验EKV的控制能力而单独命名的。从美方目前公布的情况看,第二阶段弹头能力增强计划目前仍有两项技术尚不成熟,分别为改进的红外导引头和目标识别系统。

6.4.2 美国地基中段反导试验FTG-11试验分析

1. FTG-11反导试验基本情况

美国时间2019年3月25日22时30分左右,美国MDA进行一次地基中段弹道导弹防御试验。参与本次试验的主要装备包括美国天基预警系统(可能为DSP或SBIRS或STSS等)、地基预警系统(AN/TPY-2雷达)和海基预警系统(SBX-1)以及指挥控制、战斗管理与通信(C2BMC)系统和GBI拦截弹头。

2. FTG-11反导试验主要流程

试验中靶弹是从太平洋马绍尔群岛夸贾林环礁发射的飞向美国本土,该靶弹是ICBM远程弹。试验过程,天基、地基、海基多种传感器随后发现并对目标进行跟踪,向C2BMC系统提供了目标信息。红外天基预警雷达在发现跟踪处于助推段的靶弹,前置部署在威克岛的AN/TPY-2参加了早期监视(助推段),其主要的任务是对目标进行了早期跟踪和识别,部署在太平洋上的SBX大型反导雷达也参与此次试验,其主要任务是精确跟踪,更新目标数据,该雷达成功发现和跟踪了目标,GMD系统接收到目标跟踪信息后,制定了火控拦截方案,两枚反导拦截器从美国加利福尼亚范登堡空军基地相继发射(齐射),拦截器在飞行途中能够实时接收地面控制指令,拦截器的红外导引头能够主动捕获、跟踪和识别目标,最终拦截器成功摧毁了模拟洲际导弹的靶弹。FTG-11反导试验流程示意图如图 6.21 所示。

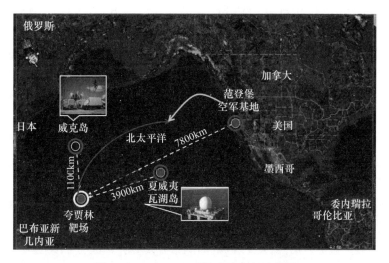

图 6.21　FTG-11 反导试验流程示意图

3. FTG-11 反导试验"齐射模式"

本次拦截 ICBM 靶弹的动能弹头为三级的 CE-Ⅱ BlockⅠ GBI 和三级 CE-Ⅱ 弹头,其中 CE-Ⅱ BlockⅠ GBI 在 2017 年 5 月 30 日美国的第一次对洲际弹道导弹拦击试验中第一次使用,并取得成功。在 FTG-15 中,一枚弹头称为"GBI-Lead"(怀疑为 CE-Ⅱ BlockⅠ GBI 弹头),另外一枚称为"GBI-Trail"(怀疑为 CE-Ⅱ GBI 弹头)用于测试这种"齐射"拦截模式。在本次试验中,"GBI-Lead"成功摧毁了 ICBM 靶弹弹头,然后"GBI-Trail"弹头继续对拦截产生的碎片和剩余目标进行观测,并且没有找到任何弹头目标的情况下,选择了它可以识别的下一个"最致命的目标",并按照它的设计目标对该目标进行拦截摧毁。这次 FTG-15 反导试验测试验证了这种动能拦截器进行"双击"式拦截的模式,即其中第一个拦截器成功击中了进入的目标;第二个拦截器查看了所产生的碎片和剩余的物体,并且没有找到任何其他再入飞行器,选择了它可以识别的下一个"威胁最大的目标"。

如表 6.11 所列,目前美国所进行的地基反导拦击试验的成功率约为 52%。目前,美国在加利福尼亚州格里利堡、阿拉斯加和范登堡空军基地共部署了 40 余枚 GBI 拦截弹。每个导弹有两个拦截器,在这种"齐射"模式下可以处理多达 20 个洲际弹道导弹。如果系统的参与模式增加到针对单个进入目标使用 4 枚导弹以增加拦截成功的概率的话,目前的 GBI 拦截弹数量只能拦截 11 个单弹头的洲际弹道导弹。原计划 GMD 系统将在未来几年内将部署的 GBI 总数增加到 64 个。2019 年 3 月,MDA 在评估 EKV 的后续版本 - RKV 的两个关键设计审查失败后,宣布 RKV 计划推迟两年。8 月 21 日,RKV 项目被取消。五角大楼现在要取代 RKV,要求国会为下一代拦截器(NGI)的发展提供资金。NGI 将不仅包括对杀伤拦截器的升级,而且还将对运载它的助推器的升级,研制部署的目标是完全取代当今的 GBI 拦截弹。NGI 可能会在每个助推器上携带多个杀伤拦截器,而不是单一的杀伤拦截器。NGI 在技术发展路径上将跳过 RKV。NGI 发展的目标是具备一次发射摧毁多个来袭目标的能力。由于来袭的导弹可能采取的对抗措施使拦截器传感器将真实目标和诱饵进行区分的难度增大,从而迫使美国国防部力求摧毁所有可能的目标。具有多个杀伤的拦截器的 NGI 可以使用单个助推器瞄准多个致命目标,而不必发射多个导弹拦截器。其中所提出的 NGI 将取代目前已经部署的 40 余个 GBI 拦截器架,并超越 2019 年导弹防御评估(MDR)中提出的 64 枚拦截器,预计需要 10 年的时间来开发/测试/证明和部署。

表 6.11　美国历次地基拦击试验情况

序号	时间	代号	动能拦截弹型号	是否成功
1	1999.10.02	IFT - 3	原型系统	是
2	2000.01.19	IFT - 4	原型系统	否
3	2000.06.08	IFT - 5	原型系统	否
4	2001.06.01	IFT - 6	原型系统	是
5	2001.12.01	IFT - 7	原型系统	是
6	2002.03.02	IFT - 8	原型系统	是
7	2002.10.14	IFT - 9	原型系统	是
8	2002.12.11	IFT - 10	原型系统	否
9	2004.12.15	IFT - 13c	原型系统	否
10	2005.02.14	IFT - 14	原型系统	否
11	2006.09.01	FTG - 02	CE - Ⅰ	否
12	2007.09.28	FTG - 03a	CE - Ⅰ	是
13	2008.12.05	FTG - 05	CE - Ⅰ	是
14	2010.01.31	FTG - 06	CE - Ⅱ	否
15	2010.12.15	FTG - 06a	CE - Ⅱ	否
16	2013.04.15	FTG - 07	CE - Ⅰ	否
17	2014.06.22	FTG - 06b	CE - Ⅱ	是
18	2017.05.30	FTG - 15	CE - Ⅱ BlockI	是
19	2019.03.25	FTG - 11	CE - Ⅱ + CE - Ⅱ BlockI	是

6.5 美国地基中段防御系统的发展与特点

6.5.1 美国地基中段防御系统的技术限制

经过十余年的试验与发展,美国虽然已经实际部署陆基中段反导系统,但诸多技术仍无法掌握,试验也一再失利,其中的技术障碍主要有以下几个方面。

1. 目标导引技术

从历次系统试验情况来看,陆基中段拦截中 EKV 的目标导引技术并没有得到充分验证,这主要是因为前期试验急于求成,为了达到宣传和游说的目的将 EKV 的寻的条件设置简单,导引技术没有得到充分验证。按照设计,EKV 上装有高度灵敏的红外探测器和轨姿控制系统,可以探测和识别弹头及诱饵,而且自身携带有推进系统、通信系统、指控系统和计算机等,能够保持与地面指控中心实时通信,并不断更新弹上的信息,将拦截弹头导引到目标点。而地面的 X 波段雷达所设计的 0.15m 距离分辨率与 1.3GHz 的信号带宽理论上能够准确识别弹头和诱饵,但无论是 EKV 还是雷达的这种目标识别能力都没有得到有效检验,这是因为试验中弹头的点位信息是主动报知的,因此距离实战要求相去甚远。例如,在 IFT-3、IFT-4、IFT-5 等综合飞行试验中,模拟弹头上均安装有 GPS 接收机和 C 波段无线电应答信标,来发送靶弹的点位数据信息,使参试的陆基 X 波段雷达能够全程跟踪到靶弹。这使目标在 EKV 红外导引头一开机时即落入搜索器,从而简化了试验程序,这也是前期试验被外界认为"作弊"的主要原因。

2. 假目标识别能力

对中段反导的质疑多存在于其真假目标的识别能力上,而在美国多次综合飞行测试中,虽然设置了诱饵项目,但由于试验中使用的真假目标差异较大,便于识别,并不能真正检验其真假弹头的分辨能力。例如在 IFT-3、1FT-4 和 IFT-5 三次拦截试验中,均使用了直径 2.2m、红外信号强度大于模拟弹头 6 倍以上的圆锥体大型气球诱饵。尽管在接下来的 IFT6、1FT-7 和 IFT-8 试验中增加了雷达的探测难度,使用了直径 1.7m、红外特性超过弹头 3 倍的气球诱饵,并在 IFT-8 中,添加了 2 个直径为 0.6m 的小气球诱饵,但从物理尺寸和外观上还是与真弹头有较大差异,因此杀伤拦截器能够轻易地从目标群中辨别出假目标。一份关于 IFT-3 的五角大楼简报称,EKV 第一次探测到气球时就确认其为气球而非弹头,这就意味着真假弹头的识别并不是靠比较两者目标的相对亮度来完成的,而是基于气球自身的亮度。虽然 IFT-8 中增加使用的两个小型气球大小与弹头相当,但亮度却远小于模拟弹头,与真实弹头也有较大差异,因此无法检验系统的假目标识别能力。

3. 测试条件设置

从历次试验选择的环境和人工设置条件来看,测试条件过于简单,无法真正检验和提高探测和拦截的技术水平。一是从试验场的地理环境看,前期试验中靶弹都是从加利福尼亚州的范登堡空军基地向夸贾林环礁方向发射,拦截弹则是从夸贾林环礁的麦克岛发射,两地相距约 7725km,方位和距离相对固定。这使得前期每次试验中,靶弹和拦截弹的弹道以及计划的拦截点都是相同的,等于是反复重复试验,没有太大意义。二是从试验选择的气象条件看,拦截试验均选择在良好气象条件下进行,这是因为在大雨和冰雹等天气条件下,X 波段雷达的信号将大幅度衰减,从而使其探测能力大大降低。三是从试验的实施时间看,在第一阶段中拦截弹的发射时间均在试验发射区与拦截区处于日落后的夜间进行,这减少了红外导引的背景阳光干扰,虽然后期试验改变了时间,但失败率也随之上升。四是从靶弹的诱饵设置看,拦截弹面对的目标基本相同:一个弹头、一个气球和由级间分离及投放诱饵所产生的碎片。诱饵数量少、技术简单,某些试验靶弹甚至未携带诱饵等突防措施。2007 年 9 月 28 日的拦截试验,尽管取得了成功,但从阿拉斯加发射的靶弹没有携带诱饵,这就减少了验证传感器识别真假目标能力的机会。

4. 参数设计与实战的差别

由于试验参数设置与未来实战差别较大,这一方面造成前期试验成功率较高,淹没了真实试验效果,另一方面造成了试验系统性能难以得到真正检验。这一问题已经造成了前后期试验成功率存在较大差异的现象。首先,目标探测能力未得到充分检验。在多次试验设计上,地面 X 波段雷达工作性能都未达到设计指标,这为以后出现拦截失败埋下了伏笔。例如,在 IFT3 拦截试验中,0s 时,一级助推器点火,火箭从夸贾林环礁升空,拦截开始;157s 时,EKV 与助推器分离、高度 188km;452s 时,在 200km 高度识别出模拟弹头;488s 时,EKV 在高度 230km 处与目标相撞,拦截成功。据此对其拦截试验部署情况推测,X 波段雷达在此次试验中的探测距离应小于 800km,远远小于 2000km 的设计探测距离。而在 2007 年的拦截试验中,海基 X 波段雷达也参与了飞行试验,根据部署位置推测,该雷达在此次试验中探测距离也较小,尚未达到设计指标。其次,从试验的拦截高度看,为了避免拦截产生的碎片干扰或击毁低地球轨道上的卫星或航天器,并使碎片在地面散落的范围最小,在拦截试验中,MDA 将拦截高度设定在大约 230km 的高度进行。此时,靶弹弹头已接近或进入弹道的末段。而在实战拦截时,拦截高度应在 600km 以上,甚至达到 1000km,而这一高度进行拦截从未得到验证。

6.5.2 美国导弹防御体系发展动向

1. 美国太空部队成立所带来的深刻变化

在导弹防御中,太空资产占有十分重要的地位,随着太空司令部和太空部队(天军)的成立,美国的导弹防御作战流程将进一步被改变,这值得进一步研究。2019 年,美国政府发布新版《导弹防御评估》报告,再次强调导弹防御是美国国家安全和防御战略的重要组成部分,是美国优先发展的国防项目,报告首次将俄、中列为潜在威胁对象,未来将构建可应对弹道导弹、巡航导弹和高超声速导弹等各类导弹武器的防御体系。报告明确提出,要将 F-35 隐身战斗机和高超声速防御项目纳入新的反导体系之中,同时构建天基探测系统,提升地基中段拦截系统的性能和部署规模,推进先进机载定向能拦截技术的研究和高超声速武器拦截能力的发展。

一是参与弹道防御的组织有变化,美国太空部队将参与甚至领导导弹防御作战。2018 年,美国正式成立了太空司令部,2019 年底正式成立独立太空部队。2020 年 3 月,在兰德公司的报告"分开的空间:为太空创建军事服务"("A Separate Space:Creating a Military Service for Space")中指出,美国太空部队目前所肩负的职能太小而无法充分支持其执行作战任务。报告中指出美国太空部队应该扩大到包括国防部大多数的太空作战和采购组织,还包括陆军和海军的相关的机构和组织,它还建议应该 MDA 的管控卫星的职能也交给美国太空部队。未来美国太空部队的独立权会进一步提升,但是一点基本可以肯定,美国太空部队将整合美国大部分的太空资产,有着独立的预算等,太空部队将正式成为导弹防御作战的关键一环,相应的作战条令都需要进行改变。

二是指挥机构有侧重,职能司令部将发挥更大的作用。当前美军成立了太空司令部,相关太空职能将由美国太空司令部进行集成。此外,前期美军的司令部是"战区中心型",地区作战司令部的权力较大,而由于地区作战司令部出现了非作战职能的无须扩展,作战职能持续弱化,助长了地区作战司令部的本位主义,压缩了职能司令部的职能作用,因此,美国正在全面提升职能司令部"全球一体化"方面的引领作用,未来美军司令部将由"战区中心型"向"职能中心型转变",美军也在大力推进防空反导一体化,未来美军的导弹防御作战将很有可能由美国战略司令部统一指挥,而不是当前战区防空反导和全球导弹防御相对分离的局面。

三是陆—海基反导到天海地一体化反导趋势增强。天基拦截有着无可比拟的优势,将成为重点发展方向。无论是弹道导弹还是巡航导弹,如果能够在敌方领土上实现拦截,将是一种极大的威慑,当前助推段拦截提出了一些激光拦截等新概念,但是实现难度仍然较大。而巡航导弹的拦截更是要在先敌发射前或者刚刚发射时这个短暂的时间窗口内进行拦截,一旦起飞升速,目标没有任何有效手段能够拦截。太空正式成为一个作战域时,美国要实现其以天制胜的理念,将太空从保障型到作战型的转变,会增加大量的太空作战类武器装备,很可能包括部署包括空基激光拦截、地基动能拦截甚至天基助推段拦截器等。

2. 美国及其盟友反导一体化趋势增强

美国正在推行和其盟友的防空反导一体化,推进由一国防御到多国联合防御的转变。2009 年奥巴马政府就启动了"欧洲自适应方案",将当时的 BMDS 向美国—北约联合防御转变,在罗马尼亚和波兰建设了两座陆基"宙斯盾"系统,这两个陆基"宙斯盾"系统将接入 C2BMC 网络中,日本建设的陆基"宙斯盾"系统也准备纳入其中,美国向其盟友大力推销的产品都是有着"美国标准"的产品,很容易和美军联为整体的网络,例如海基"宙斯盾"系统,日本和北约国家都有类似的舰船,在技术层面上,很容易实现。不过由于美国与其盟国的关系有所区别,各个国家的法律和民意等方面都存在着较大差别,因此美国和其盟友的一体化防空反导的具体模式还需要进一步摸索,如信息共享的范围、指挥关系等,需要签订一系列的协议。

3. 积极推进导弹防御全球部署,完善体系建设

为了提升对战略目标早期发现和全程跟踪的能力,美国积极推进战略预警体系全球部署。在欧洲地区,部署了大型固定相控阵雷达和前沿 X 波段雷达,提升了欧洲导弹防御系统的预警能力。从伊朗射向美国大陆东部的弹头以及从乌拉尔山西部基地射向美国的弹道导弹都可被该系统识别和跟踪。在亚太地区,为遏制该地区导弹力量增长对美国军事存在的威胁,美国大力前沿部署预警系统。美国分阶段在韩国、日本、夏威夷、阿留申群岛等地区部署了地基 X 波段相控阵雷达。2017 年 4 月,THAAD 反导系统进入韩国,其配备的 X 波段雷达在搜索模式下最远可探测 2000km,覆盖朝鲜全境并深入中国腹地。利用盟国关系,美国共享了日本 FPS－5 雷达的情报,并将澳大利亚的新型预警雷达纳入其反导计划。美国还积极发展机动式 X 波段雷达,包括地基机动式和海基机动式,提高 X 波段雷达的靠前部署和灵活部署能力,实现对重点区域的快速覆盖。

4. 升级改造现有装备,提升体系能力

针对现有系统的缺陷,美国利用技术优势和强大财力对现有系统进行改造或发展新的计划,持续提升战略预警能力。在弹道导弹预警方面,对"铺路爪"雷达进行技术改进,提高对多方向来袭弹道导弹的早期预警能力;加快发射 SBIRS – High 卫星以替代老旧的 DSP 卫星,持续推进新一代过顶持续红外预警卫星的建设,探索利用低轨道卫星星座实现对高超声速飞行器的探测跟踪。在空间监视方面,通过对部分监视雷达采取延寿计划,延长其服役时间;通过对地基光电深空监视系统进行现代化改造,提高了空间目标探测能力;积极研制天基空间监视系统,持续推进 SBSS 计划,提高对地球同步轨道目标的探测、跟踪和识别能力,增强美国的空间态势感知能力。在技术创新方面,在提高传感器自身能力的基础上进行传感器组网,协调各类型传感器在时域、频域、空域上同步工作,不但实现资源共享与集约使用,而且通过多源信息融合技术提高了探测精度;构建微小型卫星星座,降低系统建设成本,提高系统的快速部署和抗毁能力。

5. 加强预警情报保障,提高导弹防御作战效能

美国利用信息网络技术优势大力推进预警装备与作战武器的一体化建设,将信息优势转化为作战优势,不断提升预警情报的使用效能。一是大力推进以全球信息栅格为基础的网络化建设,实现预警装备与作战武器之间端到端的信息联系,从而提高预警情报保障流转效率,如新建的 SBIRS 系统在导弹发射后 20s 内即可将预警情报报送到反导部队。二是大力推进高度集成化的指挥、控制、通信、计算机(C4)和情报、监视、侦察(ISR)系统建设,提高指挥控制、预警情报、火力打击等作战单元的快速交互能力,通过系统间的紧密耦合实现预警情报的全流程保障、实时保障、精确保障和按需保障。三是大力推进战略预警体系的智能化水平,一方面,通过人工智能技术提升数据中心对海量数据的处理能力,提高目标发现识别能力和威胁估计水平;另一方面,为应对未来的无人化、分布式作战需求,基于地理信息系统、位置信息和决策支持系统等实现预警情报的主动化保障能力。

6. 应对高超声速武器需要,防空和反导作战界限将进一步模糊

当前美国的导弹防御体系设计上针对弹道导弹目标的预警与拦截,俄罗斯高调宣布"先锋"高超声速巡航导弹发射成功,对美国而言,是一个绝对不能容忍的事实。既能够达到当前弹道导弹的速度,又能够以很低的高度躲避对手雷达的攻击,像巡航导弹一样没有固定的路线,这对于目前的导弹拦截水平而言是无法进行拦截的。防空一般而言是应对飞机和低速飞行的巡航导弹等目标,因为目标飞行速度较慢,可以通过跟踪拦截,而反导是应对弹道导弹,通过预判弹道导弹的轨迹发射拦截弹进行拦截,美军推进的防空和反导一体化正是为了兼有二者优长的高超声速武器,倒逼其进行防空反导一体化。但是就目前而言,防空和反导是相对分离的,作战的原则和指挥流程差异性较大,在未来可能不再区分防空和反导作战,而是统一规范流程,统一规定各个指挥机构的指挥权限和指挥关系,以达到对防空和反导二者快速响应的目标。

6.5.3 美国导弹防御体系发展特点

面对全球军事力量的变化和新的战略目标威胁的出现,各国一直在加大投入、加紧研发前沿技术,发展新型预警监视手段,谋取战略预警领域的优势地位。美国认为随着敌对国家导弹规模和性能的不断提升,美国的导弹防御系统必须更紧密地融入联合部队。在未来冲突中,美军认为,其导弹防御系统必须在敌方导弹发射前开始对抗。这种综合导弹防御能力也是参谋长联席会议《一体化防空反导(IAMD)条令》的体现,通过综合使用进攻性空军和导弹武器、主动和被动防御以及攻击行动,有效阻止敌方攻击。除了防御手段外,导弹防御系统应对的威胁目标也从弹道导弹拓展到包括先进巡航导弹、高超声速助推-滑翔武器在内的所有导弹目标。由于天基探测系统具备发现、探测和跟踪地球上任何导弹发射,实现全程跟踪的潜在优势。美国国防部正在研制新的天基探测系统,提供更宽视场,可探测滑翔导弹等潜在目标,同时将具备对红外特征较弱的上面级进行跟踪。

美国导弹防御体系的主要力量分布于各个军种,虽然导弹防御的力量是分散的,但是使用时却是统一的,由战略司令部和战区司令部负责集中使用,依靠高效的 C2BMC 系统能够在较短的时间内调用各个军种资源进行导弹防御作战。美国正拓展导弹防御体系架构,发展集进攻与防御于一体的导弹防御体系;推进机载拦截技术研究,发展助推段拦截能力;继续推进高超声速防御项目,探索高超声速武器拦截能力;强化对天基探测系统的需求,提升对复杂威胁目标的全程探测与跟踪能力;着眼未来先进导弹武器,继续扩大本土防御规模,提升本土防御技术性能,进一步加强与盟国的合作,提升在印太和欧洲地区的导弹防御能力。美国国防部正在研制并部署杀伤评估能力。通过天基杀伤评估(SKA)项目部署天基红外探测网络,提高杀伤评估能力,具备可靠的拦截结果评估能力后,北美防空司令部考虑运用"拦截—评估—再拦截"的杀伤策略。根据 2019

财年国防授权法案,美国国会要求 MDA 对天基探测系统进行充分地研究和样机试验,天基探测系统可以采用分散的体系架构,依赖更小的卫星系统,甚至考虑搭载在商业卫星之上。

美国导弹预警体系建设的主要特点美国为实现"全球预警、全球到达、全球力量"的战略目标,在已形成由天基预警卫星以及陆基和海上各类预警系统的基础上,通过整合各军兵种预警资源力量,逐步建成了功能齐备、效能强大的全球性战略预警体系,呈现出独有的特点。

1. 导弹预警体系先进,指挥控制统一

体系结构先进完备弹道导弹预警系效能均处世界领先地位指挥体制高度集中统一美军战略预警体系的指挥机构包括北美防空防天司令部和国家战略司令部。夏延山设置的联合地下指挥控制中心,是整个美国战略预警体系的指挥中枢和情报处理分发中心。各系统所获得的情报统一送往北美防空防天司令部夏延山作战中心,由它综合后报给最高当局和有关部门。

2. 导弹预警能力基本实现全球化

预警能力达成全球化美军的战略预警以全球警戒为根本使命和职责,将全球作为基本战场,视全球警戒为确保美国本土安全和美国军队作战的基本前提,遵循全球战略预警的建设思路。天基预警多轨道导弹预警卫星覆盖了敌方弹道导弹发射区域,基本上解决了对弹道导弹发射的探测问题。陆基弹道导弹预警雷达和地面远程警戒雷达配置在不同的边界方向,覆盖美国四周空域并有重叠;再加上预警机的配合,可做到探测跟踪不同方向袭击美国的弹道导弹和战略轰炸机。全球化部署在地、空、天的预警雷达、预警飞机和预警卫星,昼夜不间断地监视地球表面各个地区,战略预警能力已实现全球覆盖。

3. 导弹预警体系实现信息网络化

预警体系实现信息网络化美军联合作战理念正在从以平台为中心的实现方式向以网络为中心的实现方式转变,美军通过技术手段把远程地基预警、空中预警和天基预警等系统有机联系在一起,形成了整体功能;通过信息技术手段特别是数据链系统将预警指挥、控制功能无缝连接,实现信息共享;通过计算机、光缆、卫星通信等手段将侦察、监视、预警、信息处理等装备联网成片,实现预警信息快速传递。通过以上技术手段,使远程预警信息在 10s 内可送至北美防空防天司令部指挥中心,空中预警机、天基预警卫星的预警信息均可在数秒内传至指挥中心。

4. 导弹预警探测的手段呈现多样化

美、俄在发展导弹预警系统时，注重多种预警探测手段的运用，形成包括地基、空基、天基多种平台的预警装备。地基/海基预警系统包括远程相控阵预警雷达、多功能相控阵雷达、天波超视距雷达、光电跟踪监视系统等；空基预警装备包括预警机、侦察机、气球载雷达等；天基预警系统主要包括各类型的预警卫星。通过综合运用天基、地基、空基、海基多种类型的预警装备实现对目标的早期预警、持续测量、精密跟踪与准确识别，各个系统之间能够相互衔接互有重叠，实现预警系统的可靠、稳定、高效运转，发挥系统最大效能。

5. 导弹预警探测系统呈现一体化与集成化

导弹预警探测系统的一体化与集成化是美、俄导弹预警系统发展的重要特征。通过将分散在不同地域、不同类型的各类型预警探测装备，采取综合优化集成，并通过通信信息网络将各个系统有机地链接组合在一起，形成一体化的导弹预警系统。美军依靠 C2BMC 系统组成连接、集成导弹防御单元的全球网络，能够使不同作战层面的人员系统规划弹道导弹防御作战，动态管理网络中的探测和拦截系统，完成全球及区域作战任务。

6. 导弹预警探测系统功能不断扩展

为了更大程度地发挥预警探测装备的效能，美国、俄罗斯通过拓展原有武器装备或者系统的作战功能和开发新的武器装备，进一步完善预警探测系统，满足新的作战需求。一是拓展现有预警探测装备功能，通过对现有装备的现代化升级改造，实现更远的探测距离、更高的定位精度、更优的目标识别能力、更快的处理速度。二是拓展预警系统的作战功能。针对新的威胁，导弹预警系统的功能从对洲际弹道导弹的预警，拓展到对战术弹道导弹、巡航导弹、高超声速飞行、临近空间飞行器的全面预警。三是拓展预警系统的作战范围，在预警范围上，从本土单一方向的预警，拓展到对本土全疆域甚至全球范围的战略预警。

7. 天基弹道预警为建设重点

以天基预警为建设重点，美国天基预警技术研究整体技术水平超前其他国家 10 年以上，并成为美国建立称霸太空战略的重要支柱。以天基预警系统为建设重点，形成以天基预警平台为主，在重点热点地区采用数量足够的空中手段加强预警力量，国土防空反导以天基预警和地基预警相结合的方式，是美国战略预警体系建设突出特色。

8. 军民融合、军民一体发展趋势明显

以美国为代表的导弹防御体系的建设和发展呈现出军民融合、军民一体的发展趋势。一是在预警探测技术的发展方面,美国十分重视军民协作,在雷达、红外、光学等航空航天领域,美国军方注重发挥地方公司一流的人才优势和最新的科技成果,极大地促进了预警探测系统的技术进步。二是为了提供空间航天器的使用效益,降低建设军用天基传感器的成本,美军在建设大规模组网天基传感器时,多采用搭载在商用航天器上的思路,从而极大地降低了天基预警探测系统的建设成本。三是充分地发挥军民兼容预警探测系统的效益,实现平时对敌方可进行空间目标编目的光学和雷达设备的数据共享,战时可与军方的预警探测资源联网工作,提高预警探测系统的战时生存能力。

参 考 文 献

[1] 全军军事术语管理委员会. 中国人民解放军军语[M]. 北京:军事科学出版社,2011.
[2] 刘宗和. 中国军事百科全书. 军事情报分册[M]. 2版. 北京:中国大百科全书出版社,2007.
[3] US Joint Chiefs of Staff. Joint Publication 1 – 02:Department of Defense Dictionary of Military and Associated Terms[M]. Washington,D. C. :GPO,2010.
[4] US. Joint Chiefs of Staff. Joint Publication 2 – 0,Joint Intelligence[M]. Washington,D. C. :GPO,2007.
[5] Davis J. Strategic Warning:If Surprise is Inevitable,What Role for Analysis[J]. Occasional Papers 2,No. 1. Washington,DC:Central Intelligence Agency,The Sherman Kent Center for Intelligence Analysis,2003(2):416.
[6] 张晓军. 美国军事情报理论研究[M]. 北京:军事科学出版社,2007.
[7] 刘强. 战略预警视野下的战略情报工作:边缘理论与历史实践的解析[M]. 北京:时事出版社,2014.
[8] Grabo,Cynthia M. Anticipating Surprise:Analysis for Strategic Warning[M]. Washington,D C:University Press of America,2005.
[9] Jan Goldman. Words of Intelligence:An Intelligence Professional's Lexicon for Domestic and Foreign Threats[M]. Second Edition. Toronto:Scarecrow Press,Inc. ,2011.
[10] 魏来. 关于新形式下"战略预警"概念界定的若干思考[J]. 情报杂志,2016,35(04):30 – 31.
[11] 张海城,杨江平,王晗中. 空间目标监视装备技术的发展现状及其启示[J]. 现代雷达,2011,33(12):13 – 14.
[12] 张春雁. 国外防空反导预警雷达发展分析[J]. 情报交流,2013(04):51 – 54.
[13] 伍干东,王炳森,杨文军. 美国本土防空体系建设特点分析[J]. 兵工自动化,2012,31(02):38 – 39,46.
[14] McCallGH. Space Surveillance[R]. Vandenberg:Air Force Space Command,2001.
[15] 汪洋,韩长喜. 美国"太空篱笆"计划概述[J]. 现代雷达,2014,36(3):16 – 18.
[16] 曹秀云. 美国空间监视系统的新发展[J]. 中国航天,2010(4):32 – 35.
[17] 田之俊,吴海洲. 一种实现"太空篱笆"系统接收波束形成的方法[J]. 无线电通信技术,2016,42(2):73 – 76.
[18] 刘海印,桐慧. 美国空间态势感知装备发展重要动向及影响[J]. 国际太空,2015(7):47 – 51.
[19] 孙涛,曹金坤,李琨. AN/FPS – 85雷达空间碎片监视能力分析[J]. 电信技术研究,2012(1):45 – 49.
[20] 汤泽滢,黄贤锋,蔡宗宝. 国外天基空间目标监视系统发展现状与启示[J]. 航天电子对抗,2015(2):24 – 30.
[21] 陆震. 美国空间态势感知能力的过去和现状[J]. 兵器装备工程学报,2016(1):7 – 8.
[22] 崔潇潇. 美国天基空间目标监视系统概况[J]. 国际太空,2011(07):38 – 43.
[23] 王鲁军,王青翠,王南. 美国水下预警探测体系建设及其启示[J]. 声学与电子工程,2015(1):49 – 52.
[24] 徐炳杰. 世界当代战略预警体系建设发展论述[J]. 军事历史研究,2010(3):102.

[25] 张海城,杨江平,王晗中. 空间目标监视装备技术的发展现状及其启示[J]. 现代雷达,2011,33(12):11-14.

[26] 袁骏. 弹道导弹预警系统及其发展趋势[J]. 尖端科技,2007(7):33-36.

[27] 孙新波,汪民乐. 国外弹道导弹预警系统的发展现状与趋势[J]. 飞行导弹,2013(2):30-38.

[28] 葛之江,刘杰荣,张润宁,等. 美俄导弹预警卫星的发展与现状[J]. 航天器工程,2003(4):38-44.

[29] 周万幸. 天波超视距雷达发展综述[J]. 电子学报,2011,39(6):1373-1378.

[30] 吴永亮. 美、俄弹道导弹预警系统中的地基战略预警雷达[J]. 飞航导弹,2010(2):45-50.

[31] 王盛超,李侠,王松,等. BM 早期预警相控阵雷达跟踪能力分析[J]. 舰船电子工程,2012,32(10):71-73.

[32] 乔永杰,刘金荣,李承延,等. 导弹探测系统发现概率的建模[J]. 系统工程与电子技术,2011,33(10):2244-2248.

[33] 杨萌,龚俊斌,丁凡. 国外海基弹道导弹防御系统架构分析[J]. 现代防御技术,2019,47(3):1-8,25.

[34] 张伟. 美国弹道导弹防御体系研究及对我国海军的启示[J]. 舰船电子工程,2016,36(8):16-20.

[35] 刘李辉,谭碧涛,张学阳,等. 美国机载激光武器发展-ABL 计划[J]. 激光与红外,2019,49(2):137-142.

[36] 岳江锋. 美国新版《导弹防御评估》报告解读[J]. 太空探索,2019(4):56-59.

[37] 王群,张昌芳. 美国中段导弹防御系统及其能力[J]. 装备学院学报,2014,25(3):54-58.

[38] 王春莉,谢亚梅,焦胜海. 针对美国导弹防御系统的弹道导弹突防通道研究[J]. 电子世界,2016(6):171,173.

[39] 王虎,邓大松. C2BMC 系统的功能组成与作战能力研究[J]. 战术导弹技术,2019(4):106-112.

[40] 熊瑛,王晖,齐艳丽. 美国导弹防御系统 2019 财年预算分析[J]. 飞航导弹,2018(7):1-5.

[41] 杨阳,李昌玺,黄兴龙,等. 美国高超声速武器防御举措及特点分析[J]. 飞航导弹,2019(9):20-24.

[42] 杨卫丽. 美国国防部《导弹防御审议》报告分析[J]. 战术导弹技术,2019(2):12-16,32.

[43] 慕小明. 美国陆基中段反导系统的进展、影响与发展趋势[J]. 国际研究参考,2017(11):37-40.

[44] 姜伟,张涛涛,李念瑄. 美军导弹防御指挥控制系统建模与分析[J]. 火力与指挥控制,2018,43(3):107-110,115.

[45] 邰文星,丁建江,刘宇驰,等. 美军弹道导弹防御指控系统发展变迁与启示[J]. 飞航导弹,2016(7):42-48.

[46] 何奇松. 特朗普政府《导弹防御评估》评析[J]. 国际论坛,2019(4):45-59,156.

[47] 吴日强. 新版《导弹防御审议报告》:透出抑制不住的冲动[J]. 世界知识,2019(4):50-51.

[48] 王虎,邓大松. 地基拦截弹发展研究[J]. 战术导弹技术,2019(3):34-40.

[49] 邰文星,丁建江,刘宇驰. C2BMC 系统的发展现状及趋势[J]. 飞航导弹,2018(6):64-70.

[50] 赵千里,古航,张文强. 美国防空支援力量运用及启示[J]. 地面防空武器,2017(4):34-36.

[51] 陈学惠,杜健,等. 美军作战指挥体制改革[M]. 北京:军事科学出版社,2013.

[52] 肖铁锋,李响,李卫东. 美军联合作战的支持力量:美军赋能司令部[J]. 外国军事学术,2012(5):46-48.

[53] 黄峻松. 美军联合作战指挥体制改革的经验教训及对我的启示[J]. 海军学术研究,2017(9):53-56.

[54] 李金桥,王丽. 美军联合作战指挥体制对我的启示[J]. 海军杂志,2015(5):15-18.

[55] 巩平,等. 美军联合特遣部队司令组建与编组[M]. 济南:黄河出版社,2016.

[56] 李金桥,龚都刚,樊鑫. 美军联合作战指挥的运行机制[J]. 海军军事学术,2014(4):56-59.

[57] 吴鹏,李越平,谢明玻. 弹道导弹突防对策及发展趋势[J]. 第二炮兵指挥学院学报,2016(1):18-20.

[58] 汪乐民,李勇. 弹道导弹突防效能分析[M]. 北京:国防工业出版社,2010.

[59] 陈映,程臻,文树梁. 弹道导弹助推段同时跟踪和类型识别算法研究[J]. 信号处理,2011(05):111-116.

[60] 李旭东. 弹道导弹预警信息处理系统研究[J]. 现代雷达,2011(05):17-20.

[61] 马林. 雷达目标识别技术综述[J]. 现代雷达,2011(06):1-7.

[62] 高乾,周林,王森,等. 弹道导弹中段目标特性及识别综述[J]. 装备指挥技术学院学报,2011(01):78-82.

[63] 陈行勇,陈海坚,王祎,等. 弹道导弹目标回波信号建模与雷达特征分析[J]. 现代雷达,2010(03):27-31.

[64] 高峰,刘涛,王书宏,等. 一种新的实时弹道导弹中段目标识别方法[J]. 红外与激光工程,2010(03):394-398.

[65] 吕金建,丁建江,项清,等. 弹道导弹识别技术发展综述[J]. 探测与控制学报,2010(04):7-14.

[66] 李涛,薛维民,李树. 弹道导弹目标特性建模分析[J]. 现代雷达,2010(12):20-24.

[67] 肖志河,任红梅,袁莉,等. 弹道导弹防御的雷达目标识别技术[J]. 航天电子对抗,2010(06):14-16.

[68] 高云剑,丁光强,莫剑冬. 弹道导弹的防御与突防技术[J]. 舰载武器,2002(02):1-5.

[69] 鲜勇,李少朋,雷刚,等. 弹道导弹中段机动突防技术研究综述[J]. 飞航导弹,2015(09):43-46.

[70] 叶名兰. 战略导弹总体工程中的一项重要技术——突防技术[J]. 世界导弹与航天,1988(02):13-15.

[71] 邹青,杨轶群,王庆春,等. 弹头突防技术与实现[J]. 海军航空工程学院学报,2007(02):219-221.

[72] 方喜龙,刘新学,张高瑜,等. 国外弹道导弹机动突防策略浅析[J]. 飞航导弹,2011(12):17-22.

[73] 桑林,李续武. 弹道导弹中段目标群及识别技术研究[J]. 飞航导弹,2015(01):66-69.

[74] 梁蕾. 洲际弹道导弹突防技术发展趋势[J]. 飞航导弹,2018(08):55-57.

[75] 徐青,张晓冰. 反导防御雷达与弹道导弹突防[J]. 航天电子对抗,2007(2):13-17.

[76] 高天祥,王刚,赵进. 远程弹道导弹威胁及防御体系发展分析[J]. 弹箭与制导学报(网络版),2018(05):55-58.

[77] 李毅,孙党恩. 国外战略导弹及反导武器高新技术发展跟踪[M]. 北京,国防工业出版社,2018.

[78] 刘畅,夏薇,张莹. 2019年国外弹道导弹发展回顾[J]. 飞航导弹,2020(01):7-10.

[79] 刘兴,梁维泰,赵敏. 一体化空天防御系统[M]. 北京:国防工业出版社,2011.

[80] 吕金建,丁建江,任超西. 弹道导弹雷达目标识别问题的新思考[J]. 空军雷达学院学报,2011(04):109-112.

[81] 肖志河,任红梅,袁莉,等. 弹道导弹防御的雷达目标识别技术[J]. 航天电子对抗,2010(04):14-19.

[82] 姜维,庞秀丽. 天基预警系统传感器调度方法[M]. 北京:科学出版社,2017.

[83] 李陆军,丁建江,胡磊,等. 基于运动特征的弹道导弹目标识别技术[J]. 控制与制导,2017(08):89-90.

[84] 唐毓燕,黄培康. 基于高精度径向测速的宽带雷达单诱饵速度识别法[J]. 宇航学报,2006(4):659-663.

[85] 吕江涛,高秉压,王高飞. 弹道导弹威胁度评估及其在雷达中的应用[J]. 现代雷达,2017,39(12),20-23.

[86] 姜维,庞秀丽. 天基预警系统传感器调度方法[M]. 北京:科学出版社,2017.
[87] 杨进佩,王俊,梁维泰. 反导作战中的目标威胁排序方法研究[J]. 中国电子科学研究院学报,2012,7(4):432-436.
[88] 张洪涛,张银河,李斌. 铺路爪远程预警雷达工作特性分析[J]. 防御系统,2011(06):78-80.
[89] 周文瑜,焦培南. 超视距雷达技术[M]. 北京:电子工业出版社,2008.
[90] 李明,黄银和. 战略预警雷达信号处理新技术[M]. 北京:国防工业出版社,2017.
[91] 吴敏. 逆合成孔径提高分辨率成像方法研究[D]. 西安:西安电子科技大学,2016.
[92] 罗敏. 多功能相控阵雷达发展现状及趋势[J]. 现代雷达,2011(9):14-15.
[93] Sabatini S,Tarantino M. Multi-function Array Radar System Design and Analysis[M]. London:Artech House Boston,1994.
[94] 闵荣宝. 爱国者雷达系统对付战术弹道导弹能力探讨[J]. 现代电子工程,2003(3):25-31.
[95] 邵正图,朱和平,郭建明,等. 多功能相控阵雷达在反导预警系统中的应用[J]. 火力与指挥控制,2008(6):6-9.
[96] 唐树威,杨海波,屈玉宝. 导弹防御预警系统仿真分析[J]. 光电技术应用,2008,23(5):66-69.
[97] 邵立,李双刚,孙晓泉. 导弹预警卫星探测原理及其攻防技术探讨[J]. 红外技术,2006,28(1):43-46.
[98] 范春懿,龙小武,田博,等. 天基红外系统的探测与跟踪能力研究[J]. 2016,37(6):13-18.
[99] 胡磊,刘辉,闫世强,等. 导弹预警卫星对助推段导弹的探测能力建模[J]. 火力与指挥控制,2015,40(01):174-177.
[100] 周伟,吴晗平,吕照顺,等. 空间紫外目标探测系统技术研究[J]. 现代防御技术,2011,39(6):172-178,190.
[101] 娄颖,白廷柱,高稚允. 紫外告警系统探测距离的估算[J]. 光学技术,2005,31(3):473-475.
[102] 张迪,王延春. 天基红外系统的干扰策略[J]. 科技资讯,2008(34):12.
[103] 王延春,张迪. 对美国天基红外系统的研究分析[J]. 电子技术,2008,45(5):57-58.
[104] 范春懿,龙小武,田博,等. 天基红外系统的探测与跟踪能力研究[J]. 红外,2016,37(6):13-18.
[105] 刘永祥. 导弹预警系统中的雷达目标综合识别研究[D]. 长沙:国防科技大学,2004.
[106] 张明智,娄寿春. TBM 分段拦截技术探析[J]. 飞航导弹,2001(9):33-35.
[107] 宗志伟. 再入弹道目标跟与质阻比识别方法研究[D]. 长沙:国防科学技术大学,2010.
[108] 胡杰民. 反导系统目标综合识别技术研究与仿真[D]. 长沙:国防科学技术大学,2006.

缩 略 语

3GIRS	3rd Generation Infrared Surveillance	第三代红外监视
ABIR	Airborne Infrared	空基红外
ADS	Advanced Deployable System	先进可部署系统
ADSI	Active Directory Service Interfaces	活动目录服务接口
AEHF	Advanced Extremely High Frequency	先进极高频
AESA	Active Phased Array Radar	有源相控阵雷达
AFSCN	Air Force Satellite Control Network	空军卫星控制网
AFSPACECOM	Air Force Space Command	空军航天司令部
AFSSS	Air Force Space Surveillance System	空军空间监视系统
AIRSS	Alternate Infrared Satellite System	替代红外卫星系统
ALERT	Attack and Launch Early Reporting to Theater	战区攻击和发射早期报告
ANGELS	Automated Navigation and Guidance Experiment for Local Space	近场自主评估防御纳星
ASWM	Antisubmarine Warfare Module	反潜作战模块
ASWOC	Anti–Submarine Warfare Operations Center	反潜作战中心
ATRR	Advanced Technology Risk Reduction	先进技术风险降低
BMC	Battle Management and Communication	战斗管理和通信
BMDS	Ballistics Missile Defense System	导弹防御系统
BOA	BMDS Overhead Persistent Infrared Architecture	导弹防御系统过顶持续红外架构
BV	Boost Verify	助推器验证
C2BMC	Command and Control, Battle Management, and Communications	指挥控制、作战管理和通信
CCIC2S	Combatant Commander's Integrated Command and Control System	作战指挥官综合指挥与控制系统
CENTCOM	Central Command	中央司令部
CEP	Circular Error Probable	圆概率误差
CHIRP	Commercially Hosted Infrared Payload	商业搭载红外有效载荷
COE	Common Operating Environment	共用操作环境

缩略语

续表

CTV	Control Test Vehicle	载具控制测试
DARPA	Defense Advanced Research Projects Agency	国防高级研究计划局
DOPLOC	Doppler Phase Lock	多普勒锁相
DSP	Defense Support Program	国防支援计划
ECM	Electronic Counter Measures	电子对抗措施
ECS	Engagement Control Station	交战控制站
EKV	Energy Kill Vehicle	动能杀伤弹头
EUCOM	European Command	欧洲司令部
FDS	Fixed Distributed System	固定分布式系统
FFT	Fast Fourier Transform	快速傅里叶变换
FOV	Field of View	视场角
FTG	Flight Test Ground	陆基飞行测试
FTX	Field Training Exercise	野战训练演习
GBSD	Ground Based Strategic Deterrent	地基战略威慑
GBI	Ground–based Interceptor	陆基拦截器
GBR	Ground–Based Radar	陆基雷达
GBR–P	Ground–Based Radar–Prototype	陆基雷达原型
GEO	Geostationary Earth Orbit	地球静止轨道
GEODSS	Ground–based Electro–optical Deep Space Surveillance	地基光电深空监视
GFC	GMD Fire Control	陆基弹道导弹火控中心
GIG	Global Information Grid	全球信息栅格
GMD	Ground–Based Mid–course Defense	陆基中段防御
GMTI	Ground Moving Target Indication	地面动目标检测
GPS	Global Positioning System	全球定位系统
GSSAP	Geosynchronous Space Situational Awareness Program	地球同步轨道空间态势感知项目
HAA	High Altitude Airship	平流层高空飞艇
HBTSS	Hypersonic and Ballistic Tracking Space Sensor	高超声速与弹道导弹跟踪空间探测器
HDR–H	Homeland Defense Radar–Hawaii	夏威夷国土防御雷达
HDR–P	Homeland Defense Radar–Pacific	太平洋国土防御雷达
HEO	Highly–elliptical Orbit	高椭圆轨道
HGV	Hypersonic Glide Vehicle	助推式高超声速滑翔式飞行器
HRRP	High Resolution Range Profile	高分辨一维距离像

Ⅰ 导弹预警系统概论
Introduction to Missile Early Warning System

续表

IAMD	Integrated Air and Missile Defense	一体化防空反导
IBMP	Integrated Ballistic Missile Picture	一体化导弹图像
ICBM	Intercontinental Ballistic Missile	洲际弹道导弹
IFICS	In-flight Interceptor Communications Systems	拦截器弹载通信系统
IFT	Integrated Flight Test	综合飞行测试
IOC	Initial Operational Capability	初始作战能力
ISAR	Inverse Synthetic Aperture Radar	逆合成孔径雷达
ISC2	Integrated Space Command and Control	综合空间指挥和控制
IUSS	Integrated Undersea Surveillance System	综合水下监视系统
JCR	Joint Cooperation Research	联合合作研究
JFCC-IMD	Joint Functional Component Command for Integrated Missile Defense	一体化导弹防御联合职能司令部
JFCC-SPACE	Joint Functional Component Command for Space	空间联合职能司令部
JLENS	Joint Land Attack Cruise Missile Elevated Netted Sensors	联合对地攻击巡航导弹防御架高组网传感器
JMS	JSpOC Mission System	联合太空作战中心任务系统
JSTARS	Joint Surveillance Target Attack Radar System	联合监视和目标攻击雷达系统
JTAGS	Joint Tactical Ground Station	联合战术地面站
LEO	Low Earth Orbit	低轨道
LRDR	Long Range Discrimination Radar	远程识别雷达
LWIR	Long-wave Infrared Detector	长波红外探测器
M3P	Multimission Mobile Processor	多任务移动处理器
MADM	Multiple Attribute Decision Making	多属性决策
MCS	Mission Control Station	地面任务控制站
MCSB	Mission Control Station Backup	备份任务控制站
MDA	Missile Defense Agency	导弹防御局
MHQ	Maritime Headquarters	海上司令部
MIDAS	Missile Defense Alarm System	导弹探测警报系统
MOC	Maritime Operations Center	海上作战中心
MPAR	Multi-function Phased Array Radar	多功能相控阵雷达
MSX	Midcourse Space Experiment	中段空间试验
NAMDC	Navy Air and Missile Command	海军防空与导弹防御司令部
NAVSPASUR	Naval Space Surveillance Radar	海军空间监视雷达
NEACP	National Emergency Airborne Command Post	国家紧急机载指挥所

续表

Next – Gen OPIR	Next Generation Overhead Persistent Infrared Program	下一代过顶持续红外项目
NGI	Next Generation Interceptor	下一代拦截器
NMCC	National Military Command Center	国家军事指挥中心
NMD	National Missile Defence System	国家导弹防御
NORAD	North American Aerospace Defense Command	北美防空防天司令部
NORTHCOM	United States Northern Command	北方司令部
NWIR	Mid – Wave Infrared	中波红外
ODSI	Orbit Deep Space Imager	轨道深空成像
OPIR	Overhead Persistent Infrared	过顶持续红外
OTH	Over – The – Horizon	天波超视距
PAA	Phased Adaptive Approach	分段适应方案
"PAC" – 3	Patriot Advanced Capability – 3	"爱国者" – 3
PACOM	Pacific Command	太平洋司令部
PAR	Phased Array Radar	相控阵雷达
PESA	Passive Electronically Scanned Array	无源电扫相控阵雷达
PTSS	Precision Tracking Space System	精确跟踪空间系统
PNT	Positioning, Navigation and Timing	定位、导航和定时
RADAR	Radio Detection and Ranging	雷达
RCS	Radar Cross Section	雷达反射截面积
RGS	Relay Ground Station	中继地面站
S2A2C	Surface Ship Antisubmarine Analysis Center	水面舰艇反潜分析中心
SAR	Synthetic Aperture Radar	合成孔径雷达
SBIRS	Space – based Infrared System	天基红外系统
SBSS	Space – based Surveillance System	天基空间监视系统
SBX	Sea – Based X – Band	海基 X 波段
SDA	Space Development Agency	太空发展局
SKA	Space Kill Assessment	天基杀伤评估
SLBM	Submarine – launched Ballistic Missile	潜射弹道导弹
SMC	Space and Missile Systems Center	太空与导弹系统中心
SMCS	Survivable Mission Control Station	抗毁任务控制站
SMDC	Space and Missile Defense Command	空间与导弹防御司令部
SODDAT	Small Orbit Debris Detection and Tracking	小型轨道碎片探测、捕获与跟踪

导弹预警系统概论
Introduction to Missile Early Warning System

续表

SOSUS	Sound Surveillance Underwater System	固定式水下监视系统
SPACETRACK	Space Track	空间跟踪
SPASUR	Space Surveillance System	空间监视系统
SRGS	Survivable Relay Ground Stations	抗毁中继地面站
SSN	Space Surveillance Network	空间监视网
SSR	Solid State Radar	固态雷达
STARE	Space-based Telescopes for the Actionable Refinement of Ephemeris	星历可精调天基望远镜
STRATCOM	Strategic Command	战略司令部
STSS	Space Tracking and Surveillance System	空间跟踪与监视系统
SURTASS	Surveillance Towed-Array Sensor System	拖曳阵列传感器监视系统
TAS	Tracking And Searching	跟踪加搜索
TBM	Tactical Ballistic Missile	战术型弹道导弹
THAAD	Terminal High Altitude Area Defense	末段高层区域防御
TNMC	Tactical Network Mission Center	战术网络任务中心
UEWR	Upgraded Early Warning Radar	改进型早期预警雷达
UHF	Ultrahigh Frequency	超高频
USC	US Space Command	美国航天司令部
USSTRATCOM	United States Strategic Command	美国战略司令部
VHF	Very High Frequency	甚高频
XSS	Experimental Satellite System	试验卫星系统